W0269414

Teubner Studienbücher

Mechanik

Becker: **Technische Strömungslehre.** 5. Aufl. DM 22,80

Becker: **Technische Thermodynamik.** DM 28,80

Becker/Bürger: **Kontinuumsmechanik.** DM 34,– (LAMM)

Becker/Piltz: **Übungen zur Technischen Strömungslehre.** 3. Aufl. DM 19,80

Bishop: **Schwingungen in Natur und Technik.** DM 23,80

Böhme: **Strömungsmechanik nicht-newtonscher Fluide.** DM 34,– (LAMM)

Hahn: **Bruchmechanik.** DM 34,– (LAMM)

Magnus: **Schwingungen.** 3. Aufl. DM 29,80 (LAMM)

Magnus/Müller: **Grundlagen der Technischen Mechanik.** 4. Aufl. DM 32,– (LAMM)

Müller/Magnus: **Übungen zur Technischen Mechanik.** 2. Aufl. DM 32,– (LAMM)

Wieghardt: **Theoretische Strömungslehre.** 2. Aufl. DM 28,80 (LAMM)

Mathematik

Ahlswede/Wegener: **Suchprobleme.** DM 29,80

Aigner: **Graphentheorie.** DM 29,80

Ansorge: **Differenzenapproximationen partieller Anfangswertaufgaben.** DM 29,80 (LAMM)

Behnen/Neuhaus: **Grundkurs Stochastik.** DM 36,–

Bohl: **Finite Modelle gewöhnlicher Randwertaufgaben.** DM 29,80 (LAMM)

Böhmer: **Spline-Funktionen.** DM 32,–

Bröcker: **Analysis in mehreren Variablen.** DM 32,80

Bunse/Bunse-Gerstner: **Numerische Lineare Algebra** 314 Seiten. DM 34,–

Clegg: **Variationsrechnung.** DM 18,80

v. Collani: **Optimale Wareneingangskontrolle.** DM 29,80

Collatz: **Differentialgleichungen.** 6. Aufl. DM 32,– (LAMM)

Collatz/Krabs: **Approximationstheorie.** DM 28,–

Constantinescu: **Distributionen und ihre Anwendung in der Physik.** DM 21,80

Dinges/Rost: **Prinzipien der Stochastik.** DM 34,–

Fischer/Sacher: **Einführung in die Algebra.** 3. Aufl. DM 22,80

Floret: **Maß- und Integrationstheorie.** DM 32,–

Grigorieff: **Numerik gewöhnlicher Differentialgleichungen** Band 2: DM 32,80

Hainzl: **Mathematik für Naturwissenschaftler.** 4. Aufl. DM 34,– (LAMM)

Hässig: **Graphentheoretische Methoden des Operations Research.** DM 26,80 (LAMM)

Hettich/Zenke: **Numerische Methoden der Approximation und semi-infinitiven Optimierung.** DM 24,80

Hilbert: **Grundlagen der Geometrie.** Aufl.

Fortsetzung auf der 3. Umschlagsei.

Numerische Behandlung mechanischer Probleme

mit BASIC-Programmen

Von Dr. rer. nat. Hans Heinrich Gloistehn
Professor an der Fachhochschule Hamburg

Mit 74 Abbildungen und 58 Beispielen

 B. G. Teubner Stuttgart 1985

CIP-Kurztitelaufnahme der Deutschen Bibliothek

Gloistehn, Hans Heinrich:
Numerische Behandlung mechanischer Probleme mit
BASIC-Programmen / von Hans Heinrich Gloistehn. —
Stuttgart : Teubner, 1985.

ISBN 978-3-519-02959-5   ISBN 978-3-322-92741-5 (eBook)
DOI 10.1007/978-3-322-92741-5

Das Werk ist urheberrechtlich geschützt. Die dadurch begründeten Rechte, besonders
die der Übersetzung, des Nachdrucks, der Bildentnahme, der Funksendung, der
Wiedergabe auf photomechanischem oder ähnlichem Wege, der Speicherung und
Auswertung in Datenverarbeitungsanlagen, bleiben, auch bei Verwendung von Teilen
des Werkes, dem Verlag vorbehalten.

Bei gewerblichen Zwecken dienender Vervielfältigung ist an den Verlag gemäß
§ 54 UrhG eine Vergütung zu zahlen, deren Höhe mit dem Verlag zu vereinbaren ist.

© B. G. Teubner, Stuttgart 1985

Gesamtherstellung: Beltz Offsetdruck, Hemsbach/Bergstraße
Umschlaggestaltung: W. Koch, Sindelfingen

VORWORT

In den Grundvorlesungen über Technische Mechanik werden aus didaktischen Gründen vorwiegend solche Probleme behandelt, die in die Denkweise dieses Gebiets einführen und ohne allzu große mathematische und rechnerische Schwierigkeiten zu lösen sind. Diese Vorgehensweise ist richtig, denn der Student soll in den ersten Semestern nicht durch aufwendige und komplizierte Berechnungsverfahren von den wesentlichen Prinzipien der Mechanik abgelenkt werden. Nachdem die Grundbegriffe sicher erarbeitet worden sind, kann man dazu übergehen, auch numerisch schwierigere oder zumindest aufwendigere Probleme der Mechanik zu behandeln. Dabei treten seltener Schwierigkeiten im mechanischen Verständnis auf, sondern vielmehr in der mathematischen Formulierung der Probleme und deren Lösung bis zum numerischen Endergebnis. Ziel dieses Buches ist es, diese oftmals vorhandene Lücke zwischen Grundwissen und numerischer Durchführung einer konkreten Aufgabe zu schließen.

Das vorliegende Buch soll also in das umfangreiche Gebiet der numerischen Methoden einführen. Hier gibt es prinzipiell zwei Möglichkeiten der Darstellung. Man kann numerische Methoden (wie z.B. Differenzenverfahren, Newtonsches Verfahren usw.) beschreiben und diese dann auf spezielle mechanische Aufgaben anwenden. Die andere Art der Darstellung geht von der mechanischen Problemstellung aus und entwickelt hierfür eine numerische Methode. Der erste Weg wird im allgemeinen stärker von einem Mathematiker bevorzugt, während der Ingenieur wohl lieber den zweiten Weg wählen wird. Ich habe mich in diesem Buch für die zweite Darstellungsart entschlossen. Diese mehr induktive Vorgehensweise kostet zwar etwas mehr Zeit, erfaßt aber die Besonderheiten einer mechanischen Aufgabe besser, d.h. die numerische Methode ist dem jeweiligen Problem besser angepaßt.

In diesem Buch wurden solche Probleme ausgewählt, die der Student in den Anfangsvorlesungen für Sonderfälle bereits kennengelernt hat. Die behandelten Probleme werden mathematisch aufbereitet und nach einem ausgewählten und beschriebenen Algorithmus gelöst. Daß dabei vor einem programmierbaren Rechner nicht mehr haltgemacht werden darf, dürfte heute selbstverständlich sein. Jedes beschriebene numerische Verfahren mündet daher in ein Programm, mit dem Aufgaben gelöst werden können, ohne daß von uns der oft erhebliche Rechenaufwand zu leisten ist. Selbstverständlich sollen die Programme so angelegt sein, daß jede nur erdenkliche Rechenarbeit dem Computer übertragen werden kann. So soll z.B. bei der Anwendung des Differenzenverfahrens nicht von uns das lineare Gleichungs-

system aufgestellt und dann durch Eingabe der einzelnen Elemente der
Matrix nach einem mathematisch numerischen Verfahren gelöst werden, sondern der Rechner soll selbst diese Gleichungen aufstellen und danach lösen. Wir werden dieses an vielen numerischen Beispielen demonstrieren.

Alle entwickelten BASIC-Programme werden vollständig aufgelistet für den
programmierbaren Taschenrechner SHARP PC-1500 (in Verbindung mit einem
Drucker) angegeben. Die Entscheidung für diesen weitverbreiteten Rechner
wurde getroffen, um dem Studenten auch zu Hause die Möglichkeit zu geben,
mit diesen Programmen zu arbeiten. Es dürfte aber keinem Leser schwer
fallen, die BASIC-Programme auf den Rechner umzuschreiben, mit dem er
arbeitet. Bis auf einige Besonderheiten ist der Befehlsvorrat in BASIC
für alle Rechner gleich. Zudem werden für bestimmte Aufgabentypen Struk-
togramme angegeben, nach denen der Leser sein eigenes Programm entwickeln
kann.

Die in diesem Buch entwickelten Programme sind zwar an vielen Beispielen
getestet worden, trotzdem können natürlich in einem Programm noch Fehler
enthalten sein. Für Hinweise auf fehlerhafte Programme werde ich dem
Leser dankbar sein.

Dem Verlag B. G. Teubner danke ich an dieser Stelle für die angenehme und
problemlose Zusammenarbeit bei der Herstellung dieses Buches.

Hamburg, im Juni 1985   H.H. Gloistehn

INHALT

Formelzeichen

A	Flächeninhalt
c_d	drehelastische Federkonstante
c_w	wegelastische Federkonstante
d	Durchmesser
E	Elastizitätsmodul
F	Kraft
F_H	Längskraft
F_K	Knickkraft
F_q	Querkraft
f	Verschiebungs eines Knotenpunktes am Fachwerk
I	Flächenträgheitsmoment
k_i	Bezugszahlen für Flächenträgheitsmomente (I_i/I_o)
m	Masse
M	Moment, Biegemoment
n_K	kritische Drehzahl
q	Belastungsintensität, Streckenlast
u,v,w	Verschiebungen, Verformungen
$\underline{U}, \underline{V}$	Übertragungsmatrizen
W	Widerstandsmoment
x,y,z	Koordinaten
$\underline{z}$	Zustandsvektor
α_{jk}	Einflußzahlen
ν_K	Knicksicherheit
ω	Winkelgeschwindigkeit
φ	Winkel, Neigungswinkel der Biegelinie
σ	Normalspannung
τ	Integrationsvariable
ρ	Dichte
ARB	Anfangsrandbedingung
ERB	Endrandbedingung

1 EBENE FACHWERKE

1.1 Voraussetzungen und Geometrie des Fachwerks

Ein Fachwerk besteht aus geraden Stäben, die in den Knotenpunkten gelenkig miteinander verbunden sind. Wir setzen voraus, daß ein solches Fachwerk nur in den Knotenpunkten durch äußere Kräfte belastet wird (s.Abb.
1.1). Unter diesen idealen Voraussetzungen treten im Innern des Fachwerks nur Kräfte in Richtung der einzelnen Stäbe auf. Diese Stabkräfte,
die Auflagerkräfte und die Verschiebung eines beliebigen Knotens unter
dem Einfluß der äußeren Belastung sollen möglichst rationell berechnet
werden.

Die Knotenpunkte numerieren wir in später noch genau festzulegender Reihenfolge von $l=1$ bis $l=k$ (in der Abbildung durch Klammern eingeschlos-
sen) und die Stäbe von $i=1$ bis $i=s$.

> Die Geometrie des Fachwerks wird festgelegt durch die Koordinaten
> x_l, y_l $(l=1,2,\ldots,k)$ der Knotenpunkte und durch die Angabe der
> Nummern g_{oi} und g_{1i} der Knoten, die durch den Stab mit der Nummer
> i verbunden sind.

So gehören z.B. zum Fachwerk der Abb.1.1 zum Stab $i=8$ die Knotenpunkte
$g_{08}=4$ und $g_{18}=6$. Die gesamte Geometrie des Fachwerks können wir auf
diese Weise durch die Matrix

$$(1.1) \qquad \underline{G} = (\, g_{ji} \,) \qquad (j=0,1;\ i=1,2,\ldots,s)$$

beschreiben. Für das Fachwerk der Abb.1.1 lautet diese Matrix

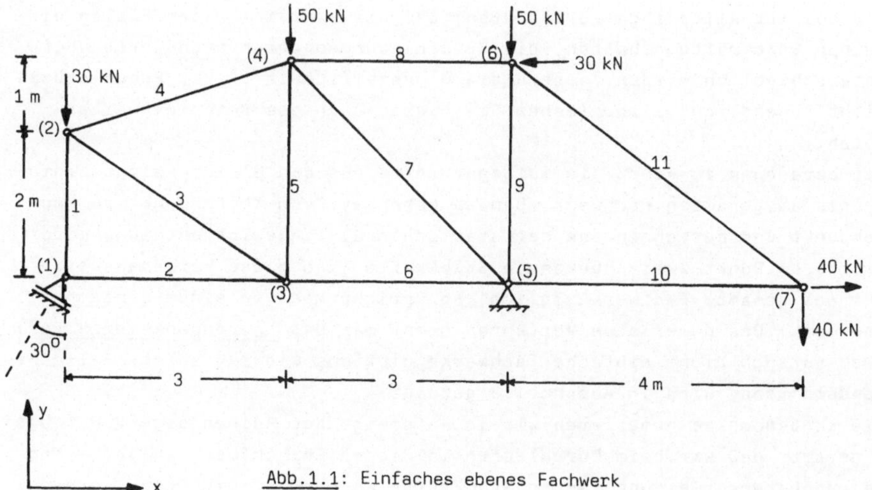

Abb.1.1: Einfaches ebenes Fachwerk

$$(1.1')\qquad \underline{G}=\begin{pmatrix}1 & 1 & 2 & 2 & 3 & 3 & 4 & 4 & 5 & 5 & 6\\ 2 & 3 & 3 & 4 & 4 & 5 & 5 & 6 & 6 & 7 & 7\end{pmatrix}$$

Zwei in einer Spalte stehende Elemente, also g_{oi} und g_{1i}, dürfen vertauscht werden. Hierdurch wird die Geometrie des Fachwerks nicht geändert.

Die äußere Belastung in den Knotenpunkten geben wir durch

$$(1.2)\qquad \underline{F}_1=\begin{pmatrix}F_{xl}\\ F_{yl}\end{pmatrix}\qquad (l=1,2,\ldots,k)$$

an, wobei für die Komponenten der Kraft $\underline{F}_1$ die Vorzeichenfestsetzung zu beachten ist.

1.2 Knotenpunktverfahren für einfache Fachwerke

Wir setzen voraus, daß das Fachwerk im Knoten k_1 durch ein festes Gelenklager (A) und im Knoten k_2 durch ein Rollenlager (B) gestützt wird und innerlich statisch bestimmt ist. Dann gilt

$$(1.3)\qquad s=2k-3\ .$$

Das Rollenlager kann durch eine Pendelstütze ersetzt werden und umgekehrt:

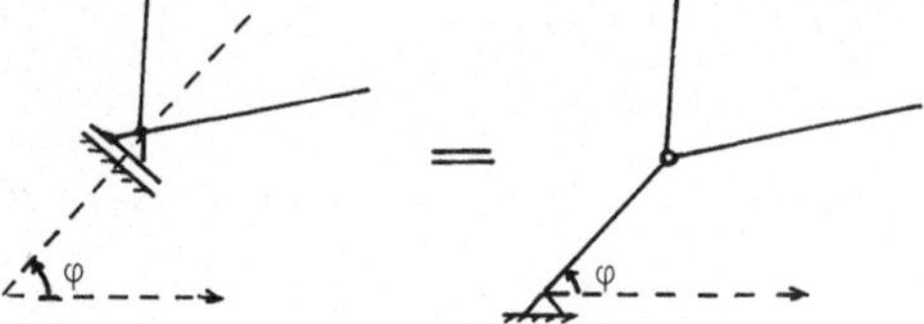

Hierbei ist allerdings zu beachten, daß wir zwar in beiden Fällen dieselben Stabkräfte erhalten, die Verschiebungen der Knotenpunkte aber unterschiedlich werden, sofern die Dehnsteifigkeit EA der Pendelstütze nicht "unendlich" wird. (Sehen Sie hierzu auch das Beispiel weiter unten.)

Wir berechnen zunächst die Auflagerkräfte aus den Gleichgewichtsbedingungen am gesamten Fachwerk. Danach gehen wir von Knotenpunkt zu Knotenpunkt und berechnen aus der statischen Gleichgewichtsbedingung für Kräfte am Punkt zwei unbekannte Stabkräfte. Ist diese Vorgehensweise für das gesamte Fachwerk möglich, so spricht man von einem einfachen Fachwerk. Das numerische Verfahren nennt man das Knotenpunktverfahren. (Daß es auch nicht-einfache Fachwerke gibt und wie man solche Fälle behandeln kann, wird in Abschn.1.3 gezeigt.)

Die Knotenpunkte numerieren wir in aufsteigender Reihenfolge von 1 bis k derart, daß wir beim Durchlaufen in dieser Reihenfolge an jedem Knoten höchstens zwei unbekannte Stabkräfte antreffen. Die Stäbe werden

so numeriert, daß an jedem Knoten in aufsteigender Folge die Stäbe mit
unbekannten Stabkräften die nächsten Nummern erhalten.
Nach diesen Vorbemerkungen entwickeln wir die Algorithmen zur Berechnung der Auflagerkräfte, der Stabkräfte und der Verschiebung eines Knotenpunktes.

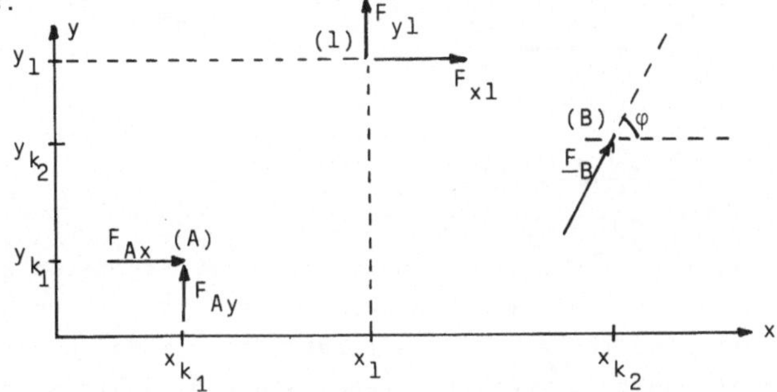

Abb.1.2: Berechnung der Auflagerkräfte

Zur Berechnung der Auflagerkraft F_B im Rollenlager (B) bilden wir das
Momentengleichgewicht in bezug auf den Punkt (A) des festen Gelenkla-
gers. Mit

$$(1.4) \qquad M = \sum_{l=1}^{k} (F_{yl}(x_1 - x_{k1}) - F_{xl}(y_1 - y_{k1})), \qquad F_x = \sum_{l=1}^{k} F_{xl}, \qquad F_y = \sum_{l=1}^{k} F_{yl}$$

folgt aus $M^{(A)} = 0$

$$F_B \sin \varphi \, (x_{k2} - x_{k1}) - F_B \cos \varphi \, (y_{k2} - y_{k1}) + M = 0$$

und hieraus

$$F_B = -M / ((x_{k2} - x_{k1}) \sin \varphi - (y_{k2} - y_{k1}) \cos \varphi),$$

$$(1.5)$$

$$F_{Bx} = F_B \cos \varphi, \qquad F_{By} = F_B \sin \varphi.$$

F_{Ax} und F_{Ay} bestimmen wir aus der Gleichgewichtsbedingung $\Sigma F_x = 0$ und
$\Sigma F_y = 0$ zu

$$F_{Ax} = - \sum_{l=1}^{k} F_{xl} - F_{Bx} = -F_x - F_{Bx},$$

$$(1.6)$$

$$F_{Ay} = - \sum_{l=1}^{k} F_{yl} - F_{By} = -F_y - F_{By}.$$

Die Auflagerkräfte lassen wir uns später vom Rechner ausgeben. Danach
addieren wir sie zu den äußeren Belastungen in den Knoten k_1 und k_2,
d.h. wir setzen

$$F_{xk_1} := F_{xk_1} + F_{Ax} \quad \text{usw.}$$

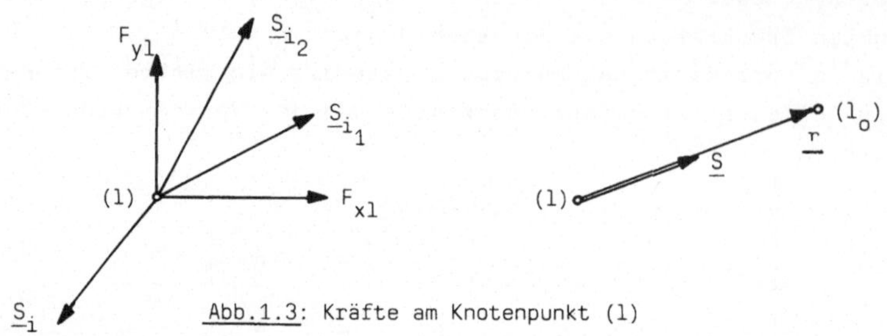

<u>Abb.1.3</u>: Kräfte am Knotenpunkt (1)

Durch Freischneiden am Knoten 1 erhalten wir das Kraftbild der Abb.1.3.
Darin sind F_{x1} und F_{y1} die äußeren Belastungen und $\underline{S}_{i1}$ und $\underline{S}_{i2}$ die unbekannten Stabkräfte (oder auch die Stabkräfte mit den höchsten Nummern
an diesem Knotenpunkt, s. weiter unten), während $\underline{S}_i$ als Repräsentant
der bekannten Stabkräfte steht. Wir nehmen dabei alle Stabkräfte als
Zugkräfte an, die vom Knotenpunkt wegweisen und positiv gezählt werden.

Ist $\underline{S}$ eine Stabkraft, die im Stab vom Knoten 1 zu einem beliebigen be-
nachbarten Knoten 1_o auftritt, so können wir mit

$$(1.7) \qquad \underline{r} = \begin{pmatrix} x_{1o} - x_1 \\ y_{1o} - y_1 \end{pmatrix} = \begin{pmatrix} \Delta x \\ \Delta y \end{pmatrix} \qquad \text{und} \quad w = |\underline{r}| = \sqrt{\Delta x^2 + \Delta y^2}$$

diese Stabkraft in der Form

$$(1.8) \qquad \underline{S} = \frac{S}{w}\,\underline{r} = \frac{S}{w} \begin{pmatrix} \Delta x \\ \Delta y \end{pmatrix}$$

darstellen mit $S = |\underline{S}| > 0$ für eine Zugkraft und $S = -|\underline{S}| < 0$ für eine Druck-
kraft.
Für die äußeren Kräfte und die bekannten Stabkräfte am Knotenpunkt 1
bilden wir

$$(1.9) \qquad \begin{aligned} F_{ox} &= -F_{x1} - \sum_{(i)} S_i \Delta x_i / w_i \ , \\ F_{oy} &= -F_{y1} - \sum_{(i)} S_i \Delta y_i / w_i \ . \end{aligned}$$

Aus der Komponentengleichgewichtsbedingung

$$\frac{S_{i1}}{w_{i1}} \Delta x_{i1} + \frac{S_{i2}}{w_{i2}} \Delta x_{i2} = F_{ox}$$

und

$$\frac{S_{i1}}{w_{i1}} \Delta y_{i1} + \frac{S_{i2}}{w_{i2}} \Delta y_{i2} = F_{oy}$$

berechnen wir die unbekannten Stabkräfte

$$(1.10) \qquad S_{i1} = w_{i1} D_1 / D \quad \text{und} \quad S_{i2} = w_{i2} D_2 / D$$

mit

$$D=\Delta x_{i1}\Delta y_{i2}-\Delta x_{i2}\Delta y_{i1} \; ,$$

(1.11) $$D_1=F_{ox}\Delta y_{i2}-F_{oy}\Delta x_{i2} \; ,$$

$$D_2=F_{oy}\Delta x_{i1}-F_{ox}\Delta y_{i1} \; .$$

Durch (1.7) bis (1.11) liegt der Algorithmus zur Bestimmung der Stabkräfte S_{i1} und S_{i2} am Knoten 1 vor. Wir müssen dem Rechner jetzt nur
noch mitteilen, welche Knoten durch Stäbe mit dem Knoten 1 verbunden
sind. Hierzu dient uns die Geometriematrix $\underline{G}$ des Fachwerks, die wir von
rechts her spaltenweise auf Elemente der Knotenzahl 1 absuchen. Finden
wir ein $g_{ji}=1$, so ist der Knoten 1 mit dem Knoten der Nummer $g_{1-j,i}$
durch den Stab der Nummer i verbunden. Die ersten beiden in dieser Form
gefundenen Stabnummern nennen wir i_1 und i_2, die restlichen (sofern
noch vorhanden) führen auf bekannte Stabkräfte.
Für unser obiges Fachwerk finden wir z.B. für l=4 aus der Matrix (1.1')
der Reihe nach

$$g_{08}=4, \; g_{18}=6, \; g_{07}=4, \; g_{17}=5, \; g_{15}=4, \; g_{05}=3, \; g_{14}=4, \; g_{04}=2.$$

Im Knoten 4 sind also die Stäbe 8, 7, 5 und 4 mit den unbekannten Stabkräften S_8 und S_7 und den bekannten Stabkräften S_5 und S_4 angeschlossen.
In den letzten beiden Knotenpunkten werden mit diesem Algorithmus Stabkräfte berechnet, die bereits vorher an anderen Knoten ermittelt wurden.
Wir nehmen diese überflüssige Rechnung aber in Kauf, um später im Programm keine weiteren Abfragebedingungen einbauen zu müssen. Bei manueller Rechnung oder zeichnerischer Lösung mit dem Cremona-Plan dienen
die Gleichgewichtsbedingungen an den letzten beiden Knotenpunkten zur
Kontrolle.
Wenden wir uns jetzt der Berechnung der Verschiebung f_o eines Knotens
k_o in Richtung eines Winkels φ_o zu. Die Herleitung der dazu benötigten
Formeln findet der Leser in Büchern über Technische Mechanik. Befindet
sich der Knoten k_o vor der Belastung des
Fachwerks im Punkt P_o und nach Aufbringung
der äußeren Belastung im Punkt P_o', so hat
er sich in Richtung φ_o um f_o verschoben. Um
diese Verschiebung zu berechnen, denkt man
sich im Knoten k_o eine Kraft der Größe
"1" in Richtung φ_o angebracht. Sind $S_i^{(1)}$
die durch die Kraft "1" hervorgerufenen
Stabkräfte, so wird die Verschiebung nach

(1.12) $$f_o=\sum_{i=1}^{s} \frac{S_i S_i^{(1)}\ell_i}{EA_i} .$$

berechnet. Hierin bedeuten E den Elastizitätsmodul, A_i die Flächeninhalte der Stabquerschnitte und ℓ_i die Längen der Stäbe.

Den gesamten Algorithmus zur Berechnung der Auflagerkräfte, der Stabkräfte und der Verschiebung eines Knotenpunktes stellen wir schematisch
im Struktogramm "FW1" (Fachwerk 1.Programm) dar. Hiernach entwickeln
wir das Programm "FW1". Die über eine READ-DATA-Anweisung eingegebenen
Größen x_1, y_1, g_{ji}, F_{x1}, F_{y1} lassen wir uns zur Kontrolle vom Drucker
ausgeben.

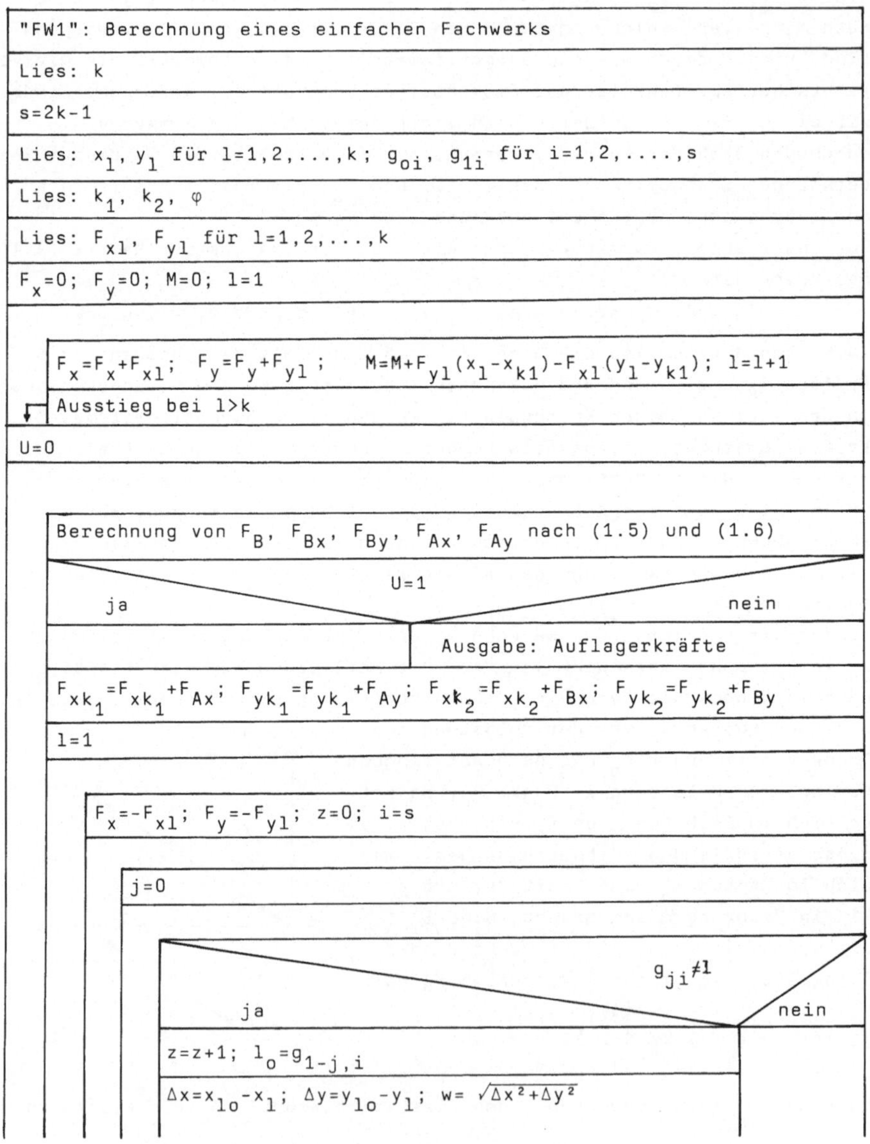

Struktogramm:

$z=1$

- ja:
  - $i_1=i$; $w_1=w$
  - $x_1=\Delta x$; $y_1=\Delta y$
- nein:
  - $z=2$
    - ja:
      - $i_2=i$; $w_2=w$
      - $x_2=\Delta x$; $y_2=\Delta y$
    - nein:
      - $F_x=F_x-S_{1i}\,\Delta x/w$
      - $F_y=F_y-S_{1i}\,\Delta y/w$

$j=j+1$

Ausstieg bei $j>1$

$i=i-1$

Ausstieg bei $i<1$

D, D_1, D_2 nach (1.11) berechnen

$S_{1i_1}=D_1 w_1/D$; $S_{1i_2}=D_2 w_2/D$

$U\neq 0$

- ja:
- nein:
  - $S_{i1}=S_{1i_1}$; $S_{i2}=S_{1i_2}$

$F_{xl}=0$; $F_{yl}=0$; $l=l+1$

Ausstieg bei $l>k$

$U=1$

- ja:
  - $f_0=0$; $i=1$
    - $f_0=f_0+S_i S_{1i}\,\ell_i/A_i$
    - $i=i+1$
  - Ausstieg bei $i>s$
  - $f_0=f_0/E$
  - Ausgabe: f_0
  - Ausstieg, falls keine weitere Verformung gewünscht
- nein:
  - Ausgabe: Stabkräfte
  - $U=1$
  - Eingabe: A_i für $i=1,2,\ldots,s$ und E (Elastizitätsm.)

Eingabe: k_0, φ_0

$F_x=\cos\varphi_0$; $F_y=\sin\varphi_0$; $F_{xk_0}=F_x$; $F_{yk_0}=F_y$; $M=F_y(x_{ko}-x_{k1})-F_x(y_{ko}-y_{k1})$

Ende

Programm "FW1": Knotenpunktverfahren für einfache ebene Fachwerke

```
 10:"FW1":REM  EIN
    FACHES EBENES
    FACHWERK
 20:READ K
 30:S=2*K-3
 40:DIM X(K),Y(K),
    FX(K),FY(K),G(
    1,S),Q(S),S(S)
    ,S1(S)
 45:LPRINT "KOORDI
    NATEN IN M:"
 50:FOR L=1TO K
 60:READ X(L),Y(L)
 65:LPRINT L;"   ";
    X(L);" ";Y(L)
 70:NEXT L
 75:LPRINT
 76:LPRINT "GEOMET
    RIE:"
 80:FOR I=1TO S
 90:READ G(0,I),G(
    1,I)
 95:LPRINT I;"   ";
    G(0,I);G(1,I)
100:Q(I)=SQR ((X(G
    (0,I))-X(G(1,I
    )))^2+(Y(G(0,I
    ))-Y(G(1,I)))^
    2)
110:NEXT I
115:LPRINT
120:READ K1,K2,P
125:LPRINT "BELAST
    UNG IN KN:"
130:FOR L=1TO K
140:READ FX(L),FY(
    L)
145:LPRINT L;"   ";
    FX(L);" ";FY(L
    )
150:FX=FX+FX(L)
160:FY=FY+FY(L)
170:MO=MO+FY(L)*(X
    (L)-X(K1))-FX(
    L)*(Y(L)-Y(K1)
    )
180:NEXT L
185:LPRINT
190:FB=-MO/((X(K2)
    -X(K1))*SIN P-
    (Y(K2)-Y(K1))*
    COS P)
200:BX=FB*COS P
210:BY=FB*SIN P
220:AX=-FX-BX
230:AY=-FY-BY
240:IF UM=1THEN 29
    0
245:LPRINT "AUFLAG
    ERKRAEFTE IN K
    N:"
250:LPRINT "FAX=";
    AX
260:LPRINT "FAY=";
    AY
270:LPRINT "FBX=";
    BX
280:LPRINT "FBY=";
    BY
285:LPRINT
290:FX(K1)=FX(K1)+
    AX
300:FY(K1)=FY(K1)+
    AY
310:FX(K2)=FX(K2)+
    BX
320:FY(K2)=FY(K2)+
    BY
330:FOR L=1TO K
340:FX=-FX(L):FY=-
    FY(L)
350:Z=0
360:FOR I=STO 1
    STEP -1
370:FOR J=0TO 1
380:IF G(J,I)<>L
    THEN 540
390:Z=Z+1
400:LO=G(1-J,I)
410:DX=X(LO)-X(L)
420:DY=Y(LO)-Y(L)
430:W=SQR (DX*DX+D
    Y*DY)
440:IF Z=1THEN 520
450:IF Z=2THEN 490
460:FX=FX-S1(I)*DX
    /W
470:FY=FY-S1(I)*DY
    /W
480:GOTO 540
490:I2=I
500:X2=DX:Y2=DY:W2
    =W
510:GOTO 540
520:I1=I
530:X1=DX:Y1=DY:W1
    =W
540:NEXT J
550:NEXT I
560:D=X1*Y2-X2*Y1
570:D1=FX*Y2-FY*X2
580:D2=-FX*Y1+FY*X
    1
590:S1(I1)=D1/D*W1
600:S1(I2)=D2/D*W2
610:IF UM<>0THEN 6
    40
620:S(I1)=S1(I1)
630:S(I2)=S1(I2)
640:FX(L)=0:FY(L)=
    0
650:NEXT L
660:IF UM=1THEN 85
    0
665:LPRINT "STABKR
    AEFTE IN KN:"
670:FOR I=1TO S
680:LPRINT "S";I;"
    =";S(I)
690:NEXT I
695:LPRINT
700:UM=1
705:LPRINT "STABQU
    ERSCHNITT IN C
    M^2:"
710:INPUT "KONST.Q
    UERSCHNITT: J/
    N ?";Q$
711:IF Q$<>"J"THEN
    719
712:INPUT "A=";A
719:WAIT 0
720:FOR I=1TO S
725:IF Q$="J"THEN
    LET Q(I)=Q(I)/
    A:GOTO 770
730:PRINT "A";I;
740:INPUT "=";A
745:LPRINT I;"   ";
    A
750:Q(I)=Q(I)/A
760:PRINT
770:NEXT I
780:INPUT "E-MODUL
     IN KN/CM^2: "
    ;E
790:INPUT "VERSCHI
    EBUNG AM KNOTE
    N: ";KO
800:INPUT "IN RICH
    TUNG: ";PO
810:FX=COS PO:FX(K
    O)=FX
820:FY=SIN PO:FY(K
    O)=FY
830:MO=FY*(X(KO)-X
    (K1))-FX*(Y(KO
    )-Y(K1))
840:GOTO 190
850:FO=0
860:FOR I=1TO S
870:FO=FO+S(I)*S1(
    I)*Q(I)
880:NEXT I
885:LPRINT
890:LPRINT "VERSCH
    IEBUNG AM"
900:LPRINT "KNOTEN
     ";KO;" IN"
905:LPRINT "RICHTU
    NG ";PO;" GRAD
    :"
910:LPRINT "FO=";
    USING "###.##"
    ;FO/E*1000;" M
    M"
915:USING
920:INPUT "WEITERE
     VERSCHIEBUNG:
     J/N?";V$
930:IF V$="J"THEN
    790
940:END
```

<u>Hinweise zum Programm "FW1":</u>

(1) Das Programm "FW1" ist anwendbar auf statisch bestimmte einfache
    Fachwerke, die im Knotenpunkt k_1 durch ein festes Gelenklager (A)
    und im Knoten k_2 durch ein Rollenlager (B), dessen Normale mit der
    x-Achse einen Winkel φ bildet, gestützt werden. Eine Pendelstütze
    in (B) kann auf ein Rollenlager zurückgeführt werden (s. Beispiel
    1.3).

(2) Die Knotenpunkte des Fachwerks sind von 1 bis k so zu numerieren,
    daß beim Durchlaufen in aufsteigender Folge an jedem Knoten höch-
    stens zwei unbekannte Stabkräfte auftreten, die die nächstfolgenden
    Stabnummern erhalten (s. hierzu insbesondere Beispiel 1.2).

(3) Der Stab mit der Nummer i verbindet die Knotenpunkte mit den Num-
    mern g_{oi} und g_{1i}.

(4) Die folgenden Daten (Koordinaten in m, Kräfte in kN) werden über
    eine DATA-Anweisung in nachstehender Reihenfolge eingegeben:

    $k,\ x_1,\ y_1,\ x_2,\ y_2,\ x_3,\dots,\ x_k,\ y_k$

    $g_{01},\ g_{11},\ g_{02},\ g_{12},\ g_{03},\dots,\ g_{os},\ g_{1s}$

    $k_1,\ k_2,\ \varphi$ (auf das Winkelmaß RAD oder DEG achten!)

    $F_{x1},\ F_{y1},\ F_{x2},\ F_{y2},\ F_{x3},\dots,\ F_{xk},\ F_{yk}$

    Nach RUN ENTER werden die Auflagerkräfte und Stabkräfte berechnet
    und ausgegeben.

(5) k_o ist die Nummer des Knotenpunktes, dessen Verschiebung f_o in Rich-
    tung des Winkels φ_o zur x-Achse berechnet werden soll. Bei Beachtung
    der geforderten Einheiten wird f_o in mm auf zwei Nachkommastellen
    ausgegeben. Ein anderes Ausgabeformat wird durch entsprechende Ände-
    rung der Programmzeile 910 erreicht. Die Berechnung einer Verschie-
    bung f_o für einen anderen Knoten k_o oder einen anderen Winkel φ_o
    kann beliebig oft wiederholt werden.

(6) Besitzen die Stäbe einen verschiedenen Elastizitätsmodul, so schrei-
    ben wir $E_iA_i=E(E_iA_i/E)$ und geben statt A_i die reduzierten Flächen-
    werte E_iA_i/E ein.

<u>Beispiel 1.1:</u> Für das Fachwerk der Abb.1.1 sieht die Eingabe mit den
DATA-Anweisungen folgendermaßen aus:

    1:DATA 7,0,0,0,2,3,0,3,3,6,0,6,3,10,0
    2:DATA 1,2,1,3,2,3,2,4,3,4,3,5,4,5,4,6,5,6,5,7,6,7
    3:DATA 5,1,60
    4:DATA 0,0,0,-30,0,0,0,-50,0,0,-30,-50,20,-40

Hiermit erhalten wir die weiter unten aufgelisteten Kontrollausgaben,
die Auflagerkräfte und die Stabkräfte.
Die Stäbe nehmen wir als I-Träger mit E=21 000 kN/cm^2 an und berechnen

die Druckstäbe auf dreifache Sicherheit gegen Knicken und die Zugstäbe
mit $\sigma_{zul}= 8$ kN/cm^2. Nach der Eingabe der Querschnittswerte, die wir uns
zur Kontrolle ebenfalls ausdrucken lassen, und des Elastizitätsmoduls
berechnen wir die Verschiebung der Knotenpunkte 3 und 7 für die waage-
rechte (0°) und senkrechte (-90°) Richtung. Um unser Programm zu testen,
berechnen wir noch die Verschiebung des Rollenlagers für 60° und -30°.
Die Verschiebung des Rollenlagers in Richtung der x-Achse können wir
leicht direkt angenähert aus der Verkürzung der Stäbe 2 und 6 ermitteln:

$$f_x \simeq \frac{S_2 \ell_2}{EA_2} + \frac{S_6 \ell_6}{EA_6} = 0,31 \text{ mm}.$$

Dieser Wert stimmt mit $f_o \cos 30^o$ am Knoten 1 überein.

```
KOORDINATEN IN M:        AUFLAGERKRAEFTE IN       VERSCHIEBUNG AM
  1   0   0                KN:                    KNOTEN  3 IN
  2   0   2               FAX=-15.01851167        RICHTUNG  0 GRAD:
  3   3   0               FAY= 126.6666667        FO=  0.11 MM
  4   3   3               FBX= 25.01851167
  5   6   0               FBY= 43.33333333        VERSCHIEBUNG AM
  6   6   3                                       KNOTEN  3 IN
  7  10   0               STABKRAEFTE IN KN:      RICHTUNG -90 GRAD:
                          S  1=-43.33333333       FO=  0.54 MM
GEOMETRIE:                S  2=-25.01851167
  1   1   2               S  3= 16.02467233       VERSCHIEBUNG AM
  2   1   3               S  4=-14.05456737       KNOTEN  7 IN
  3   2   3               S  5=-8.888888887       RICHTUNG  0 GRAD:
  4   2   4               S  6=-11.68517834       FO= -0.22 MM
  5   3   4               S  7=-51.85449729
  6   3   5               S  8= 23.33333334       VERSCHIEBUNG AM
  7   4   5               S  9=-90                KNOTEN  7 IN
  8   4   6               S 10=-33.33333333       RICHTUNG -90 GRAD:
  9   5   6               S 11= 66.66666667       FO=  3.37 MM
 10   5   7
 11   6   7               STABQUERSCHNITT IN      VERSCHIEBUNG AM
                           CM^2:                  KNOTEN  1 IN
BELASTUNG IN KN:           1   18.3               RICHTUNG  60 GRAD:
  1   0   0                2   18.3               FO=  0.00 MM
  2   0 -30                3   7.58
  3   0   0                4   14.2               VERSCHIEBUNG AM
  4   0 -50                5   10.6               KNOTEN  1 IN
  5   0   0                6   14.2               RICHTUNG -30 GRAD:
  6 -30 -50                7   39.6               FO=  0.36 MM
  7  20 -40                8   7.58
                          9   33.5
                         10   27.9
                         11   10.6
```

Beispiel 1.2: Für das K-Fachwerk der Abb.1.4 numerieren wir zunächst die
Knoten so durch, daß wir beim Durchlaufen in aufsteigender Folge an je-
dem Knotenpunkt höchstens zwei unbekannte Stabkräfte antreffen. Mit der
Stabnumerierung erhalten wir die Geometriematrix des Fachwerks:

$$\underline{G} = \begin{pmatrix} 1 & 1 & 2 & 3 & 3 & 3 & 4 & 4 & 5 & 5 & 7 & 8 & 7 \\ 4 & 3 & 5 & 2 & 4 & 5 & 7 & 6 & 8 & 6 & 6 & 6 & 8 \end{pmatrix}$$

Wir wollen uns die Stabkräfte auf zwei Nachkommastellen ausgeben lassen.
Dazu ändern wir das Programm in der Zeile 680:

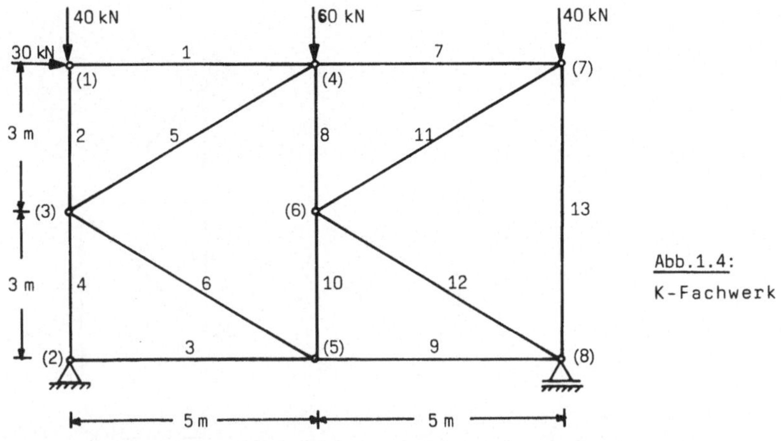


```
680:LPRINT"S";I;"=";USING"####.##";S(I)
685:USING
```

Hiermit erhalten wir die Auflager-und Stabkräfte und mit den gewählten Querschnittswerten (I-Träger) die Verschiebungen einiger Knotenpunkte.

KOORDINATEN IN M:

1	0	6
2	0	0
3	0	3
4	5	6
5	5	0
6	5	3
7	10	6
8	10	0

GEOMETRIE:

1	1	4
2	1	3
3	2	5
4	3	2
5	3	4
6	3	5
7	4	7
8	4	6
9	5	8
10	5	6
11	7	6
12	8	6
13	7	8

BELASTUNG IN KN:

1	30	-40
2	0	0
3	0	0
4	0	-60
5	0	0
6	0	0
7	0	-40
8	0	0

AUFLAGERKRAEFTE IN KN:

FAX=-30
FAY= 52
FBX= 0
FBY= 88

STABKRAEFTE IN KN:

S 1=	-30.00
S 2=	-40.00
S 3=	30.00
S 4=	-52.00
S 5=	-11.66
S 6=	11.66
S 7=	-40.00
S 8=	-54.00
S 9=	40.00
S 10=	-6.00
S 11=	46.64
S 12=	-46.64
S 13=	-64.00

STABQUERSCHNITT IN CM^2:

1	33.5
2	22.8
3	7.58
4	27.9
5	27.9
6	7.58
7	39.6
8	27.9
9	7.58
10	10.6
11	7.58
12	53.4
13	61.1

VERSCHIEBUNG AM KNOTEN 4 IN RICHTUNG 0 GRAD:
FO= 2.50 MM

VERSCHIEBUNG AM KNOTEN 4 IN RICHTUNG -90 GRAD:
FO= 2.27 MM

VERSCHIEBUNG AM KNOTEN 5 IN RICHTUNG 0 GRAD:
FO= 0.94 MM

VERSCHIEBUNG AM KNOTEN 5 IN RICHTUNG -90 GRAD:
FO= 1.91 MM

VERSCHIEBUNG AM KNOTEN 6 IN RICHTUNG 0 GRAD:
FO= 1.28 MM

VERSCHIEBUNG AM KNOTEN 6 IN RICHTUNG -90 GRAD:
FO= 1.99 MM

VERSCHIEBUNG AM KNOTEN 8 IN RICHTUNG 0 GRAD:
FO= 2.19 MM

<u>Beispiel 1.3</u>:

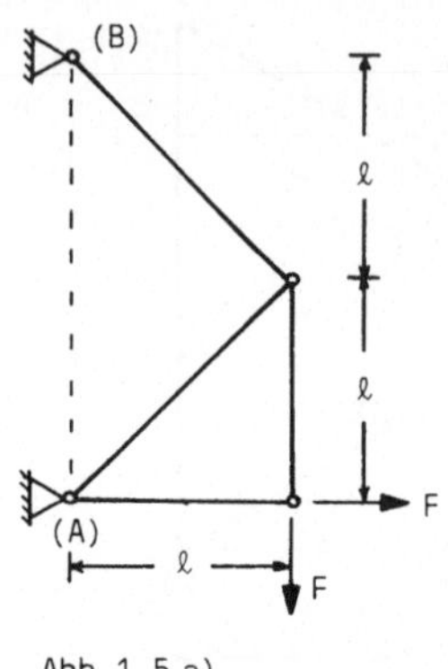

Abb.1.5 a)

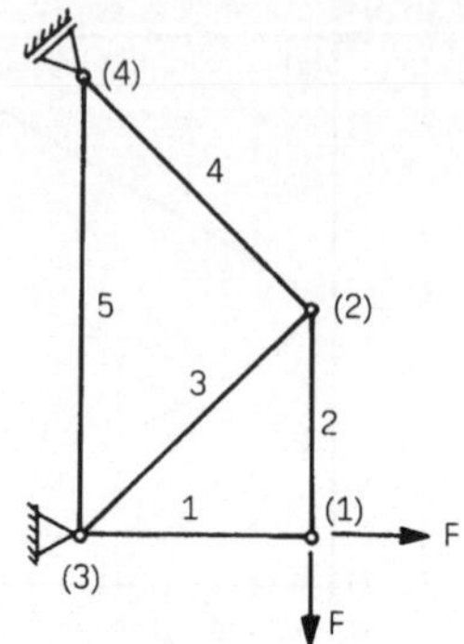

Abb.1.5 b)

Das Fachwerk der Abb.1.5a) besitzt in (A) ein festes Gelenklager und in
(B) eine Pendelstütze. Wir ersetzen dieses Fachwerk, auf das sich unmittelbar nicht das Programm "FW1" anwenden läßt, durch ein Fachwerk der
Abb.1.5b). Der hinzugefügte Stab 5 wird ein Nullstab, wenn die Normale
des Rollenlagers in Richtung der Pendelstütze gelegt wird. Mit der angegebenen Numerierung der Knoten und Stäbe lautet die Fachwerkmatrix

$$\underline{G}= \begin{pmatrix} 1 & 1 & 2 & 2 & 3 \\ 3 & 2 & 3 & 4 & 4 \end{pmatrix}$$

Wir wollen die Stabkräfte und die Verschiebung der Knotenpunkte 1, 2 und
zur Kontrolle auch 4 für beliebige ℓ, F und gleicher Dehnsteifigkeit EA
aller Stäbe bestimmen. Da das Programm "FW1" die Verschiebung in mm für
ℓ in m, F in kN, A in cm^2 und E in kN/cm^2 ausgibt, ändern wir die Pro-

```
KOORDINATEN IN M:          AUFLAGERKRAEFTE IN      VERSCHIEBUNG AM
 1    1   0                 KN:                    KNOTEN   2 IN
 2    1   1                FAX=-0.5                RICHTUNG   0 GRAD:
 3    0   0                FAY= 0.5                FO=   0.00
 4    0   2                FBX=-0.5
                           FBY= 0.5               VERSCHIEBUNG AM
GEOMETRIE:                                         KNOTEN   2 IN
 1    1 3                  STABKRAEFTE IN KN:      RICHTUNG -90 GRAD:
 2    1 2                  S 1= 1                  FO=   1.41
 3    2 3                  S 2= 1
 4    2 4                  S 3=-0.707106781        VERSCHIEBUNG AM
 5    3 4                  S 4= 0.707106781        KNOTEN   4 IN
                           S 5= 0                  RICHTUNG   45 GRAD:
BELASTUNG IN KN:                                   FO= -0.00
 1    1 -1                 VERSCHIEBUNG AM
 2    0  0                 KNOTEN   1 IN
 3    0  0                 RICHTUNG   0 GRAD:      VERSCHIEBUNG AM
 4    0  0                 FO=   1.00              KNOTEN   4 IN
                                                   RICHTUNG -45 GRAD:
                           VERSCHIEBUNG AM         FO= -0.00
                           KNOTEN   1 IN
                           RICHTUNG -90 GRAD:
                           FO=   2.41
```

grammzeile 910:

       910:LPRINT"FO=";USING"###.##";FO

Die vorstehende Tabelle zeigt die Ergebnisse. Für den Knotenpunkt 1
beträgt hiernach z.B.

$$f_{ox} = 1\,\frac{F\ell}{EA} \quad \text{und} \quad f_{oy} = -2{,}41\,\frac{F\ell}{EA}\ .$$

1.3 Stabaustauschverfahren nach Henneberg

Nicht alle Fachwerke können mit dem Programm "FW1" berechnet werden. Betrachten wir dazu das statisch bestimmte Fachwerk der Abb.1.6 mit den
Auflagerkräften

$$F_{Ax} = -15\ kN, \quad F_{Ay} = 21{,}67\ kN, \quad F_B = 48{,}33\ kN.$$

In dem Fachwerk können wir keinen Knotenpunkt angeben, in dem höchstens
zwei unbekannte Stabkräfte auftreten. Wir könnten in diesem Fall mit
dem Ritterschen Schnittverfahren eine Stabkraft ermitteln und dann mit
dem Programm "FW1" die restlichen Stabkräfte berechnen. Aber auch dieser
Weg führt nicht bei allen Fachwerken zum Ziel (s. weiter unten).

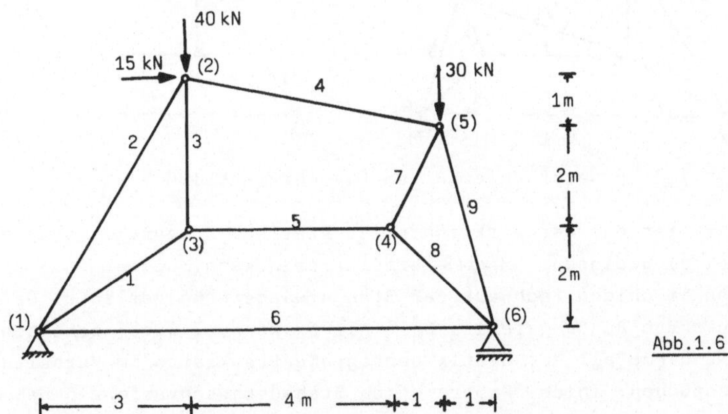

Der Lösungsweg beim Stabaustauschverfahren sieht folgendermaßen aus:

(1) Wir nehmen einen Stab aus dem Fachwerk heraus und setzen dafür einen
    Stab an anderer Stelle ein, so daß wir ein einfaches Fachwerk erhal-
    ten. Wir wählen in unserem Beispiel Abb.1.6 den Tauschstab t=6 und
    setzen diesen Stab mit derselben Nummer zwischen die Knotenpunkte
    3 und 5. Für dieses Ersatzfachwerk (Abb.1.7 links) berechnen wir die
    Stabkräfte $S_i^{(0)}$ nach dem Knotenpunktverfahren.

(2) In die Knotenpunkte des herausgenommenen Stabes t setzen wir jeweils
    eine Zugkraft der Größe "1". Für diese beiden Kräfte werden im Er-

satzfachwerk die Stabkräfte $S_i^{(1)}$ ermittelt. Ist S_t die tatsächliche
Stabkraft im herausgenommenen Stab, der dieselbe Nummer t wie der
Ersatzstab erhält, so betragen die Stabkräfte infolge der Belastung
mit den Kräften "1" im Ersatzfachwerk $S_t S_i^{(1)}$.

(3) Durch Überlagerung beider Belastungsfälle (1) und (2) muß die Stabkraft im Ersatzstab Null werden. Aus

$$S_t^{(0)} + S_t S_t^{(1)} = 0$$

bestimmen wir

(1.13) $S_t = -S_t^{(0)} / S_t^{(1)}$ für $S_t^{(1)} \neq 0$.

Setzen wir danach $S_t^{(0)} = S_t$ und $S_t^{(1)} = 0$, so erhalten wir für alle Stabkräfte des Fachwerks

(1.14) $S_i = S_i^{(0)} + S_t S_i^{(1)}$ für $i = 1, 2, \ldots, s$.

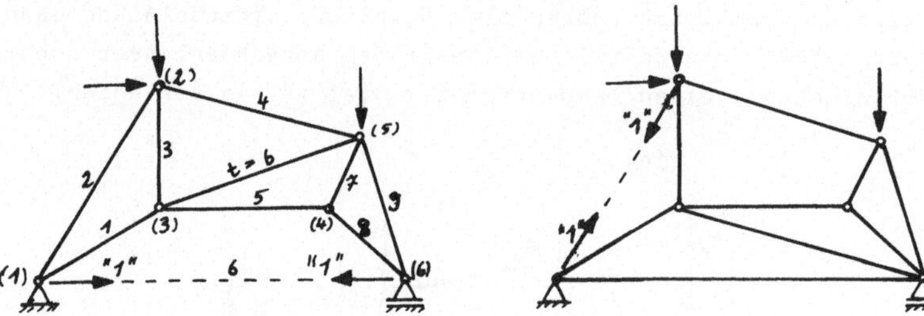

Abb.1.7: Ersatzfachwerke zum Fachwerk Abb.1.6

Für $S_t^{(1)} = 0$ ist das Fachwerk innerlich statisch unbestimmt, obgleich die
(notwendige) Bedingung $2k = s + 3$ erfüllt sein kann. Dieser Fall tritt z.B.
ein, wenn im obigen Fachwerk der Stab 4 waagerecht verläuft. Da im allgemeinen durch Rundungsfehler $S_t^{(1)}$ nie exakt Null wird, erhalten wir in
diesem Ausnahmefall der Statik sehr große Stabkräfte im Verhältnis zu
den Belastungen. In das Programm zum Stabaustauschverfahren haben wir
diesen Sonderfall nicht mit hineingenommen, sondern bedenkenlos durch
$S_t^{(1)}$ dividiert.
Das Programm "FW2" für das Stabaustauschverfahren ist ganz ähnlich wie
das Programm "FW1" aufgebaut, so daß die Darstellung durch ein Struktogramm überflüssig sein dürfte. Selbstverständlich müssen wir dem Rechner
mitteilen, welcher Stab t ausgetauscht und zwischen welche Knotenpunkte
er im Ersatzfachwerk gesetzt wird. Diese Knotenpunkte bezeichnen wir wie
früher mit g_{ot} und g_{1t}, während wir die Knotenpunkte des nicht ausge-
tauschten Stabes (also 1 und 6 in unserem Beispiel) mit l_1 und l_2 bezeichnen. Mit

$$\Delta x = x_{12} - x_{11}, \quad \Delta y = y_{12} - y_{11}, \quad w = \sqrt{\Delta x^2 + \Delta y^2}$$

erhalten wir für die Komponenten der Kräfte "1"

$$"1_x"=\Delta x/w, \quad "1_y"=\Delta y/w.$$

Programm "FW2": Stabaustauschverfahren nach Henneberg

```
10:"FW2":REM   AUS        220:IF UM=0THEN 36      560:Z=Z+1
   TAUSCHVERFAHRE            0                    570:LO=G(1-J,I)
   N                     230:IF UM=1THEN 28      580:DX=X(LO)-X(L)
20:READ K                    0                    590:DY=Y(LO)-Y(L)
30:S=2*K-3               240:FX=COS PO:FX(K      600:W=SQR (DX*DX+D
40:DIM X(K),Y(K),           O)=FX                   Y*DY)
   FX(K),FY(K),G(       250:FY=SIN PO:FY(K      610:IF Z=1THEN 690
   1,S),S(S),SO(S          O)=FY                 620:IF Z=2THEN 660
   ),S1(S),Q(S)        260:MO=FY*(X(KO)-X      630:FX=FX-SO(I)*DX
45:LPRINT "KOORDI           (K1))-FX*(Y(KO         /W
   NATEN IN M:"            )-Y(K1))             640:FY=FY-SO(I)*DY
50:FOR L=1TO K          270:GOTO 360               /W
60:READ X(L),Y(L)       280:DX=X(L2)-X(L1)     650:GOTO 710
65:LPRINT L;"   ";      290:DY=Y(L2)-Y(L1)     660:I2=I
   X(L);" ";;Y(L)       300:W=SQR (DX*DX+D      670:X2=DX:Y2=DY:W2
70:NEXT L                   Y*DY)                   =W
75:LPRINT               310:FX(L1)=DX/W         680:GOTO 710
76:LPRINT "GEOMET       320:FY(L1)=DY/W         690:I1=I
   RIE:"                330:FX(L2)=-FX(L1)      700:X1=DX:Y1=DY:W1
80:FOR I=1TO S          340:FY(L2)=-FY(L1)         =W
90:READ G(0,I),G(       350:GOTO 500           710:NEXT J
   1,I)                 360:FB=-MO/((X(K2)      720:NEXT I
95:LPRINT I;"   ";         -X(K1))*SIN P-      730:D=X1*Y2-X2*Y1
   G(0,I);G(1,I)           (Y(K2)-Y(K1))*      740:D1=FX*Y2-FY*X2
100:Q(I)=SQR ((X(G         COS P)              750:D2=-FX*Y1+FY*X
   (0,I))-X(G(1,I      370:BX=FB*COS P            1
   )))^2+(Y(G(0,I      380:BY=FB*SIN P         760:SO(I1)=D1/D*W1
   ))-Y(G(1,I)))^      390:AX=-FX-BX           770:SO(I2)=D2/D*W2
   2)                  400:AY=-FY-BY           780:IF UM<>0THEN 8
110:NEXT I             410:IF UM<>0THEN 4         10
115:LPRINT                460                   790:S(I1)=SO(I1)
120:READ K1,K2,P       415:LPRINT "AUFLAG      800:S(I2)=SO(I2)
122:LPRINT "K1=";K        ERKRAEFTE IN K      810:IF UM=2THEN 84
   1                      N:"                     0
123:LPRINT "K2=";K     420:LPRINT "FAX=";      820:S1(I1)=SO(I1)
   2                      AX                   830:S1(I2)=SO(I2)
124:LPRINT "PHI=";     430:LPRINT "FAY=";      840:FX(L)=0:FY(L)=
   P                      AY                      0
125:LPRINT             440:LPRINT "FBX=";      850:NEXT L
130:READ T                BX                   860:IF UM=2THEN 11
140:L1=G(0,T):L2=G     450:LPRINT "FBY=";         00
   (1,T)                  BY                   870:IF UM=1THEN 89
150:READ G(0,T),G(     455:LPRINT                 0
   1,T)                460:FX(K1)=FX(K1)+      880:UM=1:GOTO 280
155:LPRINT "BELAST        AX                   890:S(T)=-S(T)/S1(
   UNG IN KN:"         470:FY(K1)=FY(K1)+         T)
160:FOR L=1TO K           AY                   900:S1(0)=S1(T):S1
170:READ FX(L),FY(     480:FX(K2)=FX(K2)+         (T)=0
   L)                     BX                   905:LPRINT "STABKR
175:LPRINT L;"    ";   490:FY(K2)=FY(K2)+         AEFTE IN KN:"
   FX(L);FY(L)            BY                   910:FOR I=1TO S
180:FX=FX+FX(L)        500:FOR L=1TO K         920:S(I)=S(I)+S(T)
190:FY=FY+FY(L)        510:FX=-FX(L):FY=-         *S1(I)
200:MO=MO+FY(L)*(X        FY(L)                930:LPRINT "S";I;"
   (L)-X(K1))-FX(      520:Z=0                    =";S(I)
   L)*(Y(L)-Y(K1)      530:FOR I=STO 1         940:NEXT I
   )                      STEP -1              945:LPRINT
210:NEXT L             540:FOR J=0TO 1         946:LPRINT "STABQU
215:LPRINT             550:IF G(J,I)<>L           ERSCHNITT IN C
                          THEN 710                M^2:"
```

```
950:INPUT "KONST.Q       1050:NEXT I             1140:FO=FO+S(I)*S
    UERSCHNITT: J/     1060:INPUT "E-MOD          O(I)*Q(I)
    N? ";Q$                UL IN KN/CM^     1150:NEXT I
960:IF Q$<>"J"THEN         2: ";E           1155:LPRINT
    980                1065:LPRINT "E=";      1160:LPRINT "VERS
970:INPUT "A=";A           E                     CHIEBUNG AM"
975:LPRINT "A=";A      1070:INPUT "VERSC      1170:LPRINT "KNOT
980:WAIT 0                 HIEBUNG AM K           EN ";KO;" IN
990:FOR I=1TO S            NOTEN: ";KO            "
 1000:IF Q$="J"        1080:INPUT "IN RI      1180:LPRINT "RICH
     THEN LET Q(I          CHTUNG: ";PO           TUNG ";PO;"
     )=Q(I)/A:         1090:UM=2:GOTO 24          GRAD:"
     GOTO 1050             0                 1190:LPRINT "FO="
 1010:PRINT "A";I;     1100:SO(T)=-SO(T)          ;USING "####
 1020:INPUT "=";A          /S1(0)                 .##";FO/E*10
 1025:LPRINT "A";I     1110:FO=0                   00;" MM"
     ;"=";A            1120:FOR I=1TO S       1195:USING
 1030:Q(I)=Q(I)/A      1130:SO(I)=SO(I)+      1200:GOTO 1070
 1040:PRINT               SO(T)*S1(I)        1210:END
```

<u>Hinweise zum Programm "FW2"</u>:

(1) Durch Vertauschung eines Stabes bilden wir ein Ersatzfachwerk, bei
    dem die Knoten- und Stabnumerierung wie beim einfachen Fachwerk des
    Programms "FW1" vorzunehmen ist. Der Tauschstab erhält dieselbe
    Nummer wie der Ersatzstab.
(2) Koordinaten, Geometriematrix, Lagerung und Belastungen sind wie beim
    Programm "FW1" einzugeben mit dem folgenden Zusatz. <u>Vor</u> der Eingabe
    der Belastungen sind über eine DATA-Anweisung die Nummer t des <u>Tausch-</u>
    stabes und die Knotenpunktnummern des <u>Ersatz</u>stabes einzugeben.

<u>Beispiel 1.4</u>: Für das Fachwerk der Abb.1.6 sollen die Stabkräfte berech-
net werden. Mit dem Ersatzfachwerk Abb.1.7 (links) erhalten wir t=6 und
damit für die Geometriematrix des Fachwerks 1.6:

$$\underline{G} = \begin{pmatrix} 1 & 1 & 2 & 2 & 3 & 1 & 4 & 4 & 5 \\ 3 & 2 & 3 & 5 & 4 & 6 & 5 & 6 & 6 \end{pmatrix}$$

Die Nummern der Knotenpunkte des Ersatzstabes lauten 3 und 5. Nach Eingabe aller Daten erhalten wir die folgende Ausgabe:

```
KOORDINATEN IN M:      K1= 1                 AUFLAGERKRAEFTE IN
  1   0  0             K2= 6                  KN:
  2   3  5             PHI= 90               FAX=-15
  3   3  2                                   FAY= 21.66666667
  4   7  2             BELASTUNG IN KN:      FBX= 0
  5   8  4               1    0  0           FBY= 48.33333333
  6   9  0               2   15-40
                         3    0  0           STABKRAEFTE IN KN:
GEOMETRIE:               4    0  0           S 1= 191.2945265
  1   1  3               5    0-30           S 2=-149.0132155
  2   1  2               6    0  0           S 3= 106.1111114
  3   2  3                                   S 4=-93.48202461
  4   2  5                                   S 5= 159.1666672
  5   3  4                                   S 6=-67.50000027
  6   1  6                                   S 7= 118.635829
  7   4  5                                   S 8= 150.063773
  8   4  6                                   S 9=-159.1976898
  9   5  6
```

Nach der Aufforderung zur Eingabe der Stabquerschnitte gehen wir mit
einem BREAK aus dem Programm heraus.
Führen Sie die Rechnung mit dem Ersatzfachwerk der Abb.1.7 (rechts) aus,
und bestätigen Sie die obigen Ergebnisse.

Beispiel 1.5: Beim Fachwerk der Abb.1.8a) lassen sich die Auflagerkräfte
nicht durch Anwendung der Gleichgewichtsbedingung am gesamten Fachwerk,
so wie es bisher durchgeführt wurde, berechnen. Um das Programm "FW2"
anwenden zu können, verbinden wir die Auflagerpunkte durch einen starren
Stab (EA=∞) und ersetzen das rechte Auflager durch ein Rollenlager. Dadurch verändern sich die Auflagerkräfte, während die Stabkräfte unver-
ändert bleiben. Danach nehmen wir eine Stabvertauschung vor und machen
dadurch das Ersatzfachwerk zu einem einfachen Fachwerk.

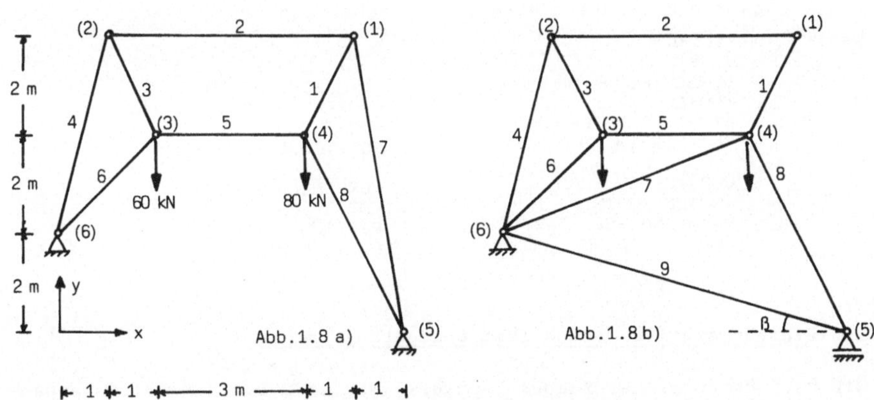

Abb.1.8: Fachwerk und Ersatzfachwerk beim Stabaustauschverfahren

Mit t=7, der Geometriematrix

$$\underline{G}=\begin{pmatrix} 1 & 1 & 2 & 2 & 3 & 3 & 1 & 4 & 5 \\ 4 & 2 & 3 & 6 & 4 & 6 & 5 & 5 & 6 \end{pmatrix}$$

und den Knotennummern 4 und 6 des Ersatzstabes erhalten wir die auf der
nächsten Seite aufgelisteten Ergebnisse.
Die tatsächlichen Auflagerkräfte berechnen wir aus

$$F_{Ax}:=F_{Ax}-S_9\cos\beta=20,00\text{ kN}, \quad F_{Ay}:=F_{Ay}+S_9\sin\beta=60,00\text{ kN},$$

$$F_{Bx}:=F_{Bx}+S_9\cos\beta=-20,00\text{ kN}, \quad F_{By}:=F_{By}-S_9\sin\beta=80,00\text{ kN}.$$

Mit den Querschnittswerten

$$A_i=10\text{ cm}^2 \text{ für } i=1,\ 2,\ \dots,8 \quad \text{und} \quad A_9=\infty$$

und dem Elastizitätsmodul E=21 000 kN/cm^2 berechnen wir die Verschiebung

```
KOORDINATEN IN M:        K1= 6              AUFLAGERKRAEFTE IN
   1   6  6               K2= 5                 KN:
   2   1  6               PHI= 90            FAX= 0
   3   2  4                                  FAY= 65.71428571
   4   5  4               BELASTUNG IN KN:   FBX= 0
   5   7  0                  1   0  0        FBY= 74.28571429
   6   0  2                  2   0  0
                            3   0-60         STABKRAEFTE IN KN:
GEOMETRIE:                  4   0-80         S 1= 67.08203926
   1   1  4                 5   0  0         S 2=-39.99999998
   2   1  2                 6   0  0         S 3= 59.62847936
   3   2  3                                  S 4=-54.97474165
   4   2  6                                  S 5= 19.99999996
   5   3  4                                  S 6=-9.428090445
   6   3  6                                  S 7=-60.82762525
   7   1  5                                  S 8=-22.3606798
   8   4  5                                  S 9= 20.80031399
   9   5  6
```

der Knoten 3 und 4. Statt ∞ geben wir einen sehr großen Wert ein und wählen 10^{20}=1E20.

```
        VERSCHIEBUNG AM            VERSCHIEBUNG AM
        KNOTEN  3 IN               KNOTEN  4 IN
        RICHTUNG  0 GRAD:          RICHTUNG  0 GRAD:
        FO=  13.30 MM              FO=  13.58 MM


        VERSCHIEBUNG AM            VERSCHIEBUNG AM
        KNOTEN  3 IN               KNOTEN  4 IN
        RICHTUNG -90 GRAD:         RICHTUNG -90 GRAD:
        FO=  13.47 MM              FO=  -6.26 MM
```

1.4 Einfach statisch unbestimmt gelagertes Fachwerk

Wir betrachten ein einfaches Fachwerk, wie es z.B. in Abb.1.9 dargestellt wird. Dieses Fachwerk ist innerlich statisch bestimmt, d.h. wären
die Auflagerkräfte bekannt, so ließen sich die Stabkräfte nach der Kno-
tenpunktmethode des Abschnitts 1.2 berechnen. Die vier Auflagerkräfte
F_{Ax}, F_{Ay}, F_{Bx}, F_{By} aber lassen sich nicht aus den Gleichgewichtsbedingungen der ebenen Statik berechnen. Das Fachwerk ist einfach statisch
unbestimmt gelagert.

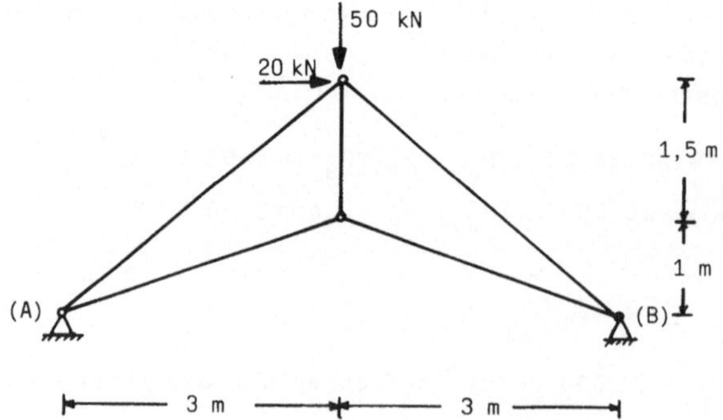

Abb.1.9: Einfach statisch unbestimmt gelagertes Fachwerk

Wir wollen im folgenden voraussetzen, daß das Fachwerk innerlich statisch bestimmt ist, in (A) durch ein festes Gelenklager und in (B) und
(C) durch ein Rollenlager gestützt wird. Mindestens eine Normale eines
Rollenlagers darf nicht durch (A) gehen (andernfalls liegt ein Ausnahmefall der Statik vor). Das Rollenlager mit dieser Eigenschaft bezeichnen
wir mit (B). Ein zweites festes Auflager (wie z.B. beim Fachwerk der
Abb.1.9) ersetzen wir durch zwei Rollenlager:

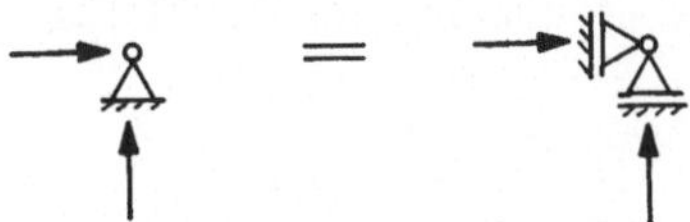

Zur Berechnung der Auflagerkräfte denken wir uns zunächst das Auflager
(C) fortgenommen. Für dieses statisch bestimmte Fachwerk, das wir das
"0"-System nennen, bestimmen wir nach den Methoden des Abschnitts 1.2
die Verschiebung f_{oc} des Punktes C in Richtung der Normalen des Auflagers (C). Danach nehmen wir im "1"-System die äußere Belastung in allen
Knotenpunkten fort und belasten das Fachwerk nur mit der Kraft F_C, die
in (C) die Verschiebung f_c hervorruft. Diese Verschiebung berechnen wir
zunächst für die Kraft F_C="1". Für eine beliebige Kraft F_C beträgt sie
dann $F_C f_{1c}$.

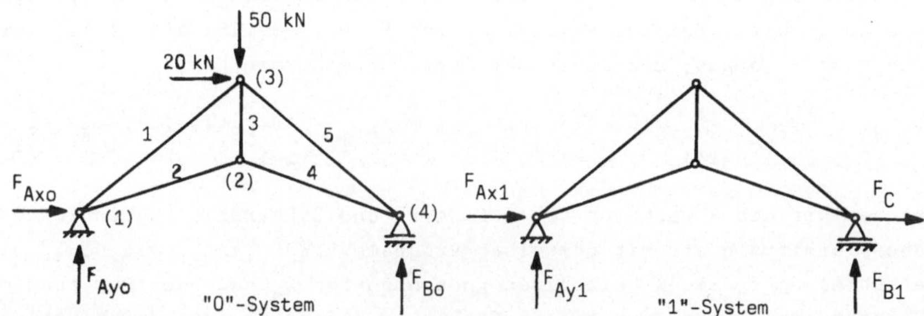

Abb.1.10: "0"- und "1"-System eines Fachwerks

Die Kraft F_C ist nun so zu wählen, daß die Summe der Verschiebungen des
"0"-Systems und des "1"-Systems Null wird:

$$f_{oc} + F_C f_{1c} = 0 .$$

Aus dieser Gleichung berechnen wir die Auflagerkraft F_C zu

(1.15) $F_C = -f_{oc} / f_{1c}$.

Bezeichnen wir die am "0"-System ermittelten Stabkräfte mit $S_i^{(0)}$ (im Programm "FW3" im Durchlauf UM=0 und DU=0) und die Stabkräfte am "1"-System

mit $S_i^{(1)}$ (UM=1, DU=0), so berechnen wir die Verschiebungen nach

$$(1.16) \qquad f_{oc} = \sum_{i=1}^{s} S_i^{(0)} S_i^{(1)} \ell_i / (E_i A_i), \qquad f_{1c} = \sum_{i=1}^{s} S_i^{(1)} S_i^{(1)} \ell_i / (E_i A_i) \ .$$

Durch Überlagerung beider Belastungsfälle erhalten wir für die Auflager-
und Stabkräfte

$$F_{Ax} = F_{Axo} + F_C F_{Ax1}, \qquad F_{Ay} = F_{Ayo} + F_C F_{Ay1}, \qquad F_B = F_{Bo} + F_C F_{B1},$$

$$(1.17)$$

$$S_i = S_i^{(0)} + F_C S_i^{(1)} \quad \text{für } i=1, \ 2, \ \ldots, \ s \ .$$

Aus (1.16) erkennen wir, daß die Berechnung der Auflager- und Stabkräfte
nur durchgeführt werden kann, wenn alle E_i und A_i der Stäbe bekannt sind.
Andererseits wird die Dimensionierung der Stäbe erst möglich sein, wenn
die Stabkräfte bekannt sind. Wir schätzen daher zunächst die A_i, berechnen hiermit die S_i und legen die neuen Querschnittsflächen A_i fest. Dann
werden erneut die S_i ermittelt usw., bis keine Änderung der neuen A_i ge-
genüber den bisherigen A_i auftritt. Die $S_i^{(0)}$ und $S_i^{(1)}$ brauchen dabei
nicht jedesmal neu berechnet zu werden, diese Größen sind unabhängig von
den A_i.
Im Programm "FW3", das ganz ähnlich aufgebaut ist wie die beiden vorhergehenden Programme, haben wir für alle Stäbe denselben Elastizitätsmodul
E vorausgesetzt. Bei der Ermittlung von F_C nach (1.15) mit (1.16) kürzt
sich dann E heraus, und berechnet werden die Summen

$$(1.18) \qquad E f_{oc} = \sum_{i=1}^{s} S_i^{(0)} S_i^{(1)} \ell_i / A_i = S_0, \qquad E f_{1c} = \sum_{i=1}^{s} S_i^{(1)} S_i^{(1)} \ell_i / A_i = S_1 .$$

Nachdem wir die Berechnung der Auflager- und Stabkräfte abgeschlossen
haben, ermitteln wir mit demselben Programm "FW3" (jetzt mit DU=1) die
Verschiebung f_o eines beliebigen Knotenpunktes k_o nach der Richtung φ_o.
Wir bestimmen hierzu für die Kraft "1" am Knoten k_o nach der Richtung φ_o
die Stabkräfte $S_i^{(1)}$ (die alten $S_i^{(1)}$ für DU=0 werden überschrieben) und
wie früher

$$f_o = \sum_{i=1}^{s} S_i S_i^{(1)} \ell_i / (E A_i) \ .$$

Es wäre nicht schwer gewesen, die Berechnung der Flächenwerte A_i (bzw.
I_i bei Knickstäben) aus S_i und zusätzlich gegebenen Festigkeitsforderungen in das Programm "FW3" mit hineinzunehmen. Wir haben darauf ver-
zichtet und überlassen es dem Leser, sich ein eigenes Programm nach
seinem Geschmack zurechtzubasteln.

Programm "FW3": Einfach statisch unbestimmt gelagertes Fachwerk

```
10:"FW3":REM  EIN
   FACH STATISCH
   UNBESTIMMT GEL
   AGERTES FACHWE
   RK
20:READ K
30:S=2*K-3
40:DIM X(K),Y(K),
   FX(K),FY(K),G(
   1,S),L(S),S(S)
   ,SO(S),S1(S)
41:DIM AX(1),AY(1
   ),BX(1),BY(1),
   A(S)
45:LPRINT "KOORDI
   NATEN IN M:"
50:FOR L=1TO K
60:READ X(L),Y(L)
65:LPRINT L;"   ";
   X(L);"  ";Y(L)
70:NEXT L
75:LPRINT
76:LPRINT "GEOMET
   RIE:"
80:FOR I=1TO S
90:READ G(0,I),G(
   1,I)
95:LPRINT I;"   ";
   G(0,I);G(1,I)
100:L(I)=SQR ((X(G
   (0,I))-X(G(1,I
   )))^2+(Y(G(0,I
   ))-Y(G(1,I)))^
   2)
110:NEXT I
115:LPRINT
120:READ K1,K2,P2,
   K3,P3
125:LPRINT "BELAST
   UNG IN KN:"
130:FOR L=1TO K
140:READ FX(L),FY(
   L)
145:LPRINT L;"   ";
   FX(L);FY(L)
150:FX=FX+FX(L)
160:FY=FY+FY(L)
170:MO=MO+FY(L)*(X
   (L)-X(K1))-FX(
   L)*(Y(L)-Y(K1)
   )
180:NEXT L
190:FB=-MO/((X(K2)
   -X(K1))*SIN P2
   -(Y(K2)-Y(K1))
   *COS P2)
200:BX(UM)=FB*COS
   P2
210:BY(UM)=FB*SIN
   P2
220:AX(UM)=-FX-BX(
   UM)
230:AY(UM)=-FY-BY(
   UM)
240:FX(K1)=FX(K1)+
   AX(UM)
250:FY(K1)=FY(K1)+
   AY(UM)
260:FX(K2)=FX(K2)+
   BX(UM)
270:FY(K2)=FY(K2)+
   BY(UM)
280:FOR L=1TO K
290:FX=-FX(L):FY=-
   FY(L)
300:Z=0
310:FOR I=STO 1
   STEP -1
320:FOR J=0TO 1
330:IF G(J,I)<>L
   THEN 490
340:Z=Z+1
350:LO=G(1-J,I)
360:DX=X(LO)-X(L)
370:DY=Y(LO)-Y(L)
380:W=SQR (DX*DX+D
   Y*DY)
390:IF Z=1THEN 470
400:IF Z=2THEN 440
410:FX=FX-S1(I)*DX
   /W
420:FY=FY-S1(I)*DY
   /W
430:GOTO 490
440:I2=I
450:X2=DX:Y2=DY:W2
   =W
460:GOTO 490
470:I1=I
480:X1=DX:Y1=DY:W1
   =W
490:NEXT J
500:NEXT I
510:D=X1*Y2-X2*Y1
520:D1=FX*Y2-FY*X2
530:D2=-FX*Y1+FY*X
   1
540:S1(I1)=D1/D*W1
550:S1(I2)=D2/D*W2
560:IF UM<>0THEN 5
   90
570:SO(I1)=S1(I1)
580:SO(I2)=S1(I2)
590:FX(L)=0:FY(L)=
   0
600:NEXT L
610:IF UM=1THEN 66
   0
620:FX=COS P3:FX(K
   3)=FX
630:FY=SIN P3:FY(K
   3)=FY
640:MO=FY*(X(K3)-X
   (K1))-FX*(Y(K3
   )-Y(K1))
650:UM=1:GOTO 190
660:IF DU=1THEN 77
   0
670:WAIT 0
675:LPRINT
676:LPRINT "STABQU
   ERSCHNITT IN C
   M^2:"
680:INPUT "KONST.Q
   UERSCHNITTE: J
   /N? ";Q$
690:IF Q$<>"J"THEN
   710
700:INPUT "A=";A
705:LPRINT "A=";A
710:FOR I=1TO S
720:IF Q$="J"THEN
   LET A(I)=A:
   GOTO 760
730:PRINT "A";I;
740:INPUT "=";A(I)
745:LPRINT "A";I;"
   =";A(I)
750:PRINT
760:NEXT I
770:SO=0:S1=0
780:FOR I=1TO S
790:SO=SO+SO(I)*S1
   (I)*L(I)/A(I)
800:S1=S1+S1(I)*S1
   (I)*L(I)/A(I)
810:NEXT I
820:FC=-SO/S1
830:IF DU=1THEN 10
   80
840:AX=AX(0)+FC*AX
   (1)
850:AY=AY(0)+FC*AY
   (1)
860:BX=BX(0)+FC*BX
   (1)
870:BY=BY(0)+FC*BY
   (1)
875:LPRINT
876:LPRINT "AUFLAG
   ERKRAEFTE IN K
   N:"
880:LPRINT "FAX=";
   AX
890:LPRINT "FAY=";
   AY
900:LPRINT "FB=";
   SQR (BX*BX+BY*
   BY)
910:LPRINT "FC=";F
   C
915:LPRINT
916:LPRINT "STABKR
   AEFTE IN KN:"
920:FOR I=1TO S
930:S(I)=SO(I)+FC*
   S1(I)
940:LPRINT "S";I;"
   =";S(I)
950:NEXT I
```

```
960:INPUT "NEUE QU       1030:INPUT "IN RI        1120:NEXT I
    ERSCHNITTE: J/           CHTUNG: ";PO        1125:LPRINT
    N? ";T$              1040:FX=COS PO:FX        1130:LPRINT "VERS
970:IF T$="J"THEN            (KO)=FX                  CHIEBUNG AM"
    670                 1050:FY=SIN PO:FY        1140:LPRINT "KNOT
980:INPUT "VERSCHI           (KO)=FY                  EN ";KO;" IN
    EBUNG: J/N? ";      1060:MO=FY*(X(KO)             "
    V$                       -X(K1))-FX*(        1150:LPRINT "RICH
990:IF V$<>"J"THEN           Y(KO)-Y(K1))             TUNG ";PO;"
    1180                1070:GOTO 190                 GRAD:"
 1000:INPUT "E-MOD      1080:FO=0               1160:LPRINT "FO="
    UL IN KN/CM^        1090:FOR I=1TO S             ;USING "###.
    2: ";E             1100:S1(I)=SO(I)+            ##";FO/E*100
 1010:UM=0:DU=1             FC*S1(I)                 0;" MM"
 1020:INPUT "VERSC      1110:FO=FO+S(I)*S       1165:USING
    HIEBUNG AM K            1(I)*L(I)/A(        1170:GOTO 1010
    NOTEN: ";KO            I)                  1180:END
```

<u>Hinweise zum Programm "FW3"</u>:

(1) Mit dem Programm "FW3" können Stabkräfte und Verschiebungen eines
    statisch unbestimmt gelagerten Fachwerks berechnet werden. Das Fach-
    werk wird im Knotenpunkt k_1 durch ein festes Gelenklager und in k_2
    und k_3 durch ein Rollenlager gestützt, deren Normale mit der x-Achse
    die Winkel φ_2 und φ_3 bildet. Die Normale durch den Knotenpunkt k_2
    darf nicht durch k_1 gehen.

(2) Die Numerierung der Knotenpunkte und Stäbe und die Eingabe der Fach-
    werksdaten sind bis auf die Lagerungsdaten wie beim Programm "FW1"
    vorzunehmen. Die Lagerungsdaten werden über eine DATA-Anweisung vor
    den Belastungen eingegeben:

$$k_1, \; k_2, \; \varphi_2, \; k_3, \; \varphi_3$$

(3) Die Flächenwerte A_i der Stäbe werden zunächst geschätzt und über
    eine INPUT-Anweisung abgefragt. Nach Eingabe dieser Werte werden
    Auflager- und Stabkräfte berechnet. Dieser Rechengang kann beliebig
    oft wiederholt werden.- Besitzen alle Stäbe denselben Querschnitt,
    so sind die Auflager- und Stabkräfte unabhängig von der Querschnitts-
    fläche.

<u>Beispiel 1.6</u>: Für das Fachwerk der Abb. 1.9 sind die Stäbe als mittel-
breite I-Träger auf 3-fache Sicherheit gegen Knicken oder mit
$\sigma_{zul}=12$ kN/cm^2 auf Zug zu bemessen. Für E=21 000 kn/cm^2 sind weiterhin
die Verschiebungen der Knotenpunkte 2 und 3 in x- und y-Richtung zu ermitteln.
Mit der Numerierung nach Abb.1.10 wird

$$\underline{G}=\begin{pmatrix} 1 & 1 & 2 & 2 & 3 \\ 3 & 2 & 3 & 4 & 4 \end{pmatrix}.$$

Wir wählen zunächst für alle Stäbe A=20,1 (I PE 160). Den weiteren Rech-
nungsgang zeigen die unten aufgelisteten Ergebnisse. Wir wählen schließ-

lich:

Stab 1: I PE 160,   Stab 2 und 4: I PE 100,
Stab 3: I PE 80,   Stab 5: I PE 200.

```
KOORDINATEN IN M:        STABQUERSCHNITT IN        STABQUERSCHNITT IN
  1   0   0               CM^2:                     CM^2:
  2   3   1              A 1= 16.4                 A 1= 20.1
  3   3   2.5            A 2= 13.2                 A 2= 10.3
  4   6   0              A 3= 7.64                 A 3= 7.64
                         A 4= 13.2                 A 4= 10.3
GEOMETRIE:               A 5= 23.9                 A 5= 28.5
  1   1   3
  2   1   2             AUFLAGERKRAEFTE IN        AUFLAGERKRAEFTE IN
  3   2   3              KN:                       KN:
  4   2   4             FAX= 26.30702581          FAX= 24.43254868
  5   3   4             FAY= 16.66666667          FAY= 16.66666667
                        FB= 33.33333333           FB= 33.33333333
BELASTUNG IN KN:        FC=-46.30702581           FC=-44.43254868
  1   0   0
  2   0   0             STABKRAEFTE IN KN:        STABKRAEFTE IN KN:
  3   20-50            S 1=-20.56089379          S 1=-22.18757539
  4   0   0            S 2=-11.08031489          S 2=-7.787194249
                       S 3=-7.007806425          S 3=-4.925054058
STABQUERSCHNITT IN     S 4=-11.0803149           S 4=-7.787194259
  CM^2:                S 5=-46.59505936          S 5=-48.22174096
A= 20.1
                       STABQUERSCHNITT IN        VERSCHIEBUNG AM
AUFLAGERKRAEFTE IN       CM^2:                   KNOTEN  2 IN
 KN:                   A 1= 16.4                 RICHTUNG  0 GRAD:
FAX= 29.71167077       A 2= 10.3                 FO=  0.00 MM
FAY= 16.66666667       A 3= 7.64
FB= 33.33333333        A 4= 10.3                 VERSCHIEBUNG AM
FC=-49.71167077        A 5= 28.5                 KNOTEN  2 IN
                                                 RICHTUNG -90 GRAD:
STABKRAEFTE IN KN:     AUFLAGERKRAEFTE IN        FO=  0.36 MM
S 1=-17.6063241         KN:
S 2=-17.06166639       FAX= 24.78128821          VERSCHIEBUNG AM
S 3=-10.79074527       FAY= 16.66666667          KNOTEN  3 IN
S 4=-17.0616664        FB= 33.33333333           RICHTUNG  0 GRAD:
S 5=-43.64048967       FC=-44.78128821           FO=  0.07 MM

                       STABKRAEFTE IN KN:        VERSCHIEBUNG AM
                       S 1=-21.8849373           KNOTEN  3 IN
                       S 2=-8.399867151          RICHTUNG -90 GRAD:
                       S 3=-5.312542425          FO=  0.40 MM
                       S 4=-8.399867161
                       S 5=-47.91910287
```

Beispiel 1.7: Das Fachwerk der Abb.1.11 ist statisch unbestimmt gelagert. Für konstante Flächenquerschnitte sind die Auflager- und Stabkräfte zu ermitteln.

Für die angegebene Numerierung lautet die Geometriematrix

$$\underline{G} = \begin{pmatrix} 1 & 1 & 2 & 2 & 3 & 3 & 4 \\ 2 & 3 & 3 & 4 & 4 & 5 & 5 \end{pmatrix} .$$

Für A geben wir den Wert 1 (oder irgendeinen anderen Wert) ein. Damit erhalten wir die angegebenen Ergebnisse.

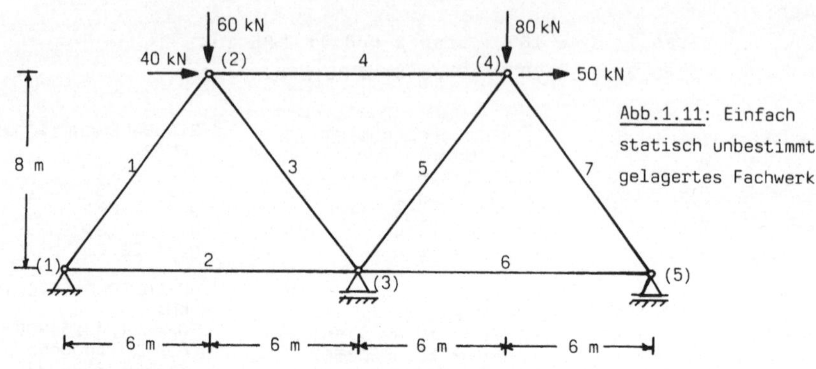


```
KOORDINATEN IN M:          STABQUERSCHNITT IN
  1   0   0                 CM^2:
  2   6   8                A= 1
  3  12   0
  4  18   8                AUFLAGERKRAEFTE IN
  5  24   0                 KN:
                           FAX=-90
GEOMETRIE:                 FAY=-11.5776699
  1   1 2                  FB= 93.1553398
  2   1 3                  FC= 58.4223301
  3   2 3
  4   2 4                  STABKRAEFTE IN KN:
  5   3 4                  S 1= 14.47208738
  6   3 5                  S 2= 81.31674758
  7   4 5                  S 3=-89.47208738
                           S 4= 22.36650485
                           S 5=-26.97208738
BELASTUNG IN KN:           S 6= 43.81674758
  1   0   0                S 7=-73.02791263
  2  40-60
  3   0   0
  4  50-80
  5   0   0
```

1.5 Einfach statisch unbestimmtes Fachwerk

Das Fachwerk der Abb.1.12 ist statisch bestimmt gelagert, aber es gilt
mit s=6 und k=4

$$s-2k+3=1, \text{ also } s=2k-2.$$

Ein solches Fachwerk nennt man innerlich einfach statisch unbestimmt
(wobei wir das "innerlich" im folgenden nicht weiter hinzufügen werden).
Zur Bestimmung der Stabkräfte müssen wieder Verformungsgleichungen hin-
zugezogen werden. Wir setzen voraus, daß alle Stäbe denselben Elastizitätsmodul besitzen.
Wir nehmen aus dem Fachwerk einen Stab heraus, so daß dadurch ein statisch bestimmtes (einfaches) Fachwerk entsteht. Dieser Stab erhält die
höchste Stabnummer s, während die anderen Stäbe und Knotenpunkte so wie
früher (s. Abschn.1.2) zu numerieren sind. Für das "0"-System der Abb.

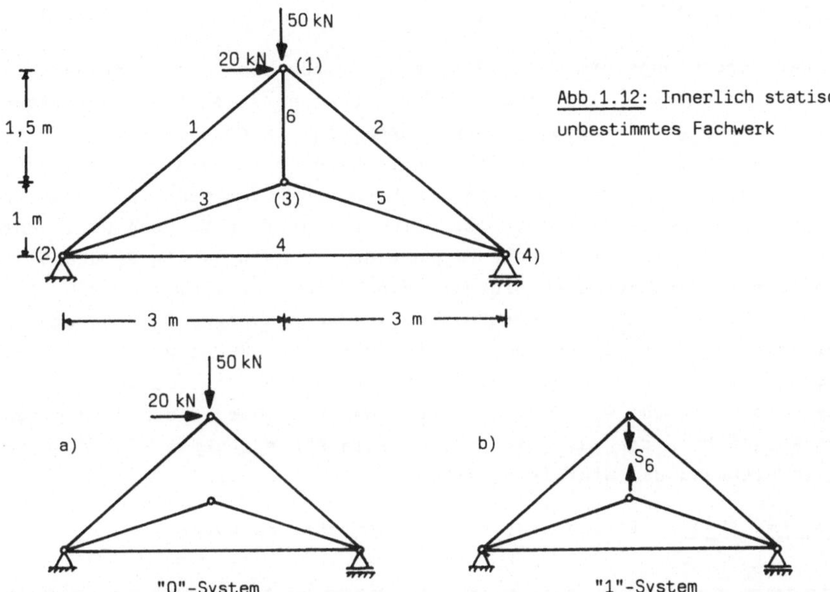

1.12 a) berechnen wir die Stabkräfte $S_i^{(0)}$ (i=1,2,...,s-1) und mit $S_6^{(1)}=1$ für das "1"-System (Abb.1.12 b) die Stabkräfte $S_i^{(1)}$. Für die Relativverschiebung der Knotenpunkte des Stabes s (hier: s=6) erhalten wir im "0"-System mit $S_s^{(0)}=0$

$$\Delta f^{(0)} = \sum_{i=1}^{s} S_i^{(0)} S_i^{(1)} \ell_i / (EA_i)$$

und im "1"-System mit dem Stab s, in dem wir zunächst die Stabkraft $S_s^{(1)}=1$ annehmen,

$$\Delta f^{(1)} = \sum_{i=1}^{s} S_i^{(1)} S_i^{(1)} \ell_i / (EA_i).$$

Mit der tatsächlich auftretenden Stabkraft S_s wird im "1"-System für den Stab s die Relativverschiebung der Knotenpunkte $S_s \Delta f^{(1)}$. Aus der Forderung

$$\Delta f^{(0)} + S_s \Delta f^{(1)} = 0$$

berechnen wir die unbekannte Stabkraft S_s:

$$(1.19) \qquad S_s = -\frac{\Delta f^{(0)}}{\Delta f^{(1)}} = -\sum_{i=1}^{s} (S_i^{(0)} S_i^{(1)} \ell_i / A_i) / \sum_{i=1}^{s} (S_i^{(1)} S_i^{(1)} \ell_i / A_i)$$

Durch Überlagerung des "0"- und "1"-Systems erhalten wir mit S_s (man beachte: $S_s^{(0)}=0$ und $S_s^{(1)}=1$) die Stabkräfte

$$(1.20) \qquad S_i = S_i^{(0)} + S_s S_i^{(1)} \qquad (i=1,2,\ldots,s).$$

In der Berechnungsformel (1.19) für S_s treten die noch unbekannten Flächenquerschnitte A_i auf, die sich erst aus den bekannten Stabkräften S_i und den Festigkeitsforderungen ergeben. Wie im Abschnitt 1.4 schätzen wir zunächst die A_i, berechnen hiermit nach (1.19) und (1.20) die S_i und ermitteln dann die Querschnitte der Stäbe. Mit den neuen A_i werden wieder die Stabkräfte berechnet usw. Dieser iterative Vorgang wird abgebrochen, wenn die neu errechneten A_i mit den Ausgangswerten A_i übereinstimmen. Der Rechenaufwand hierfür ist nicht sehr aufwendig, da die $S_i^{(0)}$ und $S_i^{(1)}$ nicht jedesmal neu berechnet zu werden brauchen. Im Programm "FW4" werden diese Werte in den Durchläufen DU=0 und UM=0 bzw. UM=1 ermittelt. Nachdem wir die Berechnung der Stabkräfte S_i und der Querschnitte A_i abgeschlossen haben, wird mit dem Programm "FW4" wie in den vorangegangenen Abschnitten die Verschiebung f_0 eines Knotenpunktes mit der Nummer k_0 in Richtung des Winkels φ_0 ermittelt.

<u>Programm "FW4"</u>: Einfach statisch unbestimmtes Fachwerk

```
10:"FW4":REM  EIN          140:FOR L=1TO K            350:BX=FB*COS P2
    FACH STATISCH          150:READ FX(L),FY(         360:BY=FB*SIN P2
    UNBESTIMMTES F             L)                     370:AX=-FX-BX
    ACHWERK                155:LPRINT L;"   ";        380:AY=-FY-BY
20:READ K                      FX(L);FY(L)            390:IF UM<>0OR DU=
30:S=2*K-2                 160:FX=FX+FX(L)                1THEN 440
40:DIM X(K),Y(K),         170:FY=FY+FY(L)            395:LPRINT "AUFLAG
    FX(K),FY(K),G(        180:MO=MO+FY(L)*(X              ERKRAEFTE IN K
    1,S),Q(S),S(S)            (L)-X(K1))-FX(             N:"
    ,SO(S),S1(S),L            L)*(Y(L)-Y(K1)        400:LPRINT "FAX=";
    (S),A(S)                  )                          AX
45:LPRINT "KOORDI         190:NEXT L                 410:LPRINT "FAY=";
    NATEN IN M:"          195:LPRINT                      AY
50:FOR L=1TO K            200:IF UM=0THEN 34         420:LPRINT "FBX=";
60:READ X(L),Y(L)             0                          BX
65:LPRINT L;"   ";        210:IF UM=1THEN 26         430:LPRINT "FBY=";
    X(L);"  ";Y(L)            0                          BY
70:NEXT L                 220:FX=COS PO:FX(K,        440:FX(K1)=FX(K1)+
75:LPRINT                     0)=FX                      AX
76:LPRINT "GEOMET         230:FY=SIN PO:FY(K         450:FY(K1)=FY(K1)+
    RIE:"                     0)=FY                      AY
80:FOR I=1TO S            240:MO=FY*(X(KO)-X         460:FX(K2)=FX(K2)+
90:READ G(0,I),G(             (K1))-FX*(Y(KO             BX
    1,I)                      )-Y(K1))              470:FY(K2)=FY(K2)+
95:LPRINT I;"   ";        250:GOTO 340                   BY
    G(0,I);G(1,I)         260:DX=X(L2)-X(L1)         480:FOR L=1TO K
100:L(I)=SQR ((X(G        270:DY=Y(L2)-Y(L1)         490:FX=-FX(L):FY=-
    (0,I))-X(G(1,I        280:W=SQR (DX*DX+D             FY(L)
    )))^2+(Y(G(0,I            Y*DY)                 500:Z=0
    ))-Y(G(1,I)))^        290:FX(L1)=DX/W            510:FOR I=S-1TO 1
    2)                    300:FY(L1)=DY/W                STEP -1
110:NEXT I                310:FX(L2)=-FX(L1)         520:FOR J=0TO 1
115:LPRINT                320:FY(L2)=-FY(L1)         530:IF G(J,I)<>L
120:READ K1,K2,P2         330:GOTO 480                   THEN 690
130:L1=G(0,S):L2=G        340:FB=-MO/((X(K2)         540:Z=Z+1
    (1,S)                     -X(K1))*SIN P2        550:LO=G(1-J,I)
135:LPRINT "BELAST            -(Y(K2)-Y(K1))        560:DX=X(LO)-X(L)
    UNG IN KN:"               *COS P2)
```

```
570:DY=Y(LO)-Y(L)
580:W=SQR (DX*DX+D
    Y*DY)
590:IF Z=1THEN 670
600:IF Z=2THEN 640
610:FX=FX-S1(I)*DX
    /W
620:FY=FY-S1(I)*DY
    /W
630:GOTO 690
640:I2=I
650:X2=DX:Y2=DY:W2
    =W
660:GOTO 690
670:I1=I
680:X1=DX:Y1=DY:W1
    =W
690:NEXT J
700:NEXT I
710:D=X1*Y2-X2*Y1
720:D1=FX*Y2-FY*X2
730:D2=-FX*Y1+FY*X
    1
740:S1(I1)=D1/D*W1
750:S1(I2)=D2/D*W2
760:IF UM=1THEN 79
    0
770:SO(I1)=S1(I1)
780:SO(I2)=S1(I2)
790:FX(L)=0:FY(L)=
    0
800:NEXT L
810:IF UM=1THEN 83
    0
820:UM=1:GOTO 260
830:IF DU=1THEN 94
    0
840:WAIT 0
845:LPRINT
846:LPRINT "STABQU
    ERSCHNITT IN C
    M^2:"
850:INPUT "KONST.Q
    UERSCHNITTE: J
    /N? ";Q$

860:IF Q$<>"J"THEN
    880
870:INPUT "A=";A
875:LPRINT "A=";A
880:FOR I=1TO S
890:IF Q$="J"THEN
    LET A(I)=A:
    GOTO 930
900:PRINT "A";I;
910:INPUT "=";A(I)
915:LPRINT "A";I;"
    =";A(I)
920:PRINT
930:NEXT I
940:SO=0:S1=0:S1(S
    )=1
950:FOR I=1TO S
960:SO=SO+SO(I)*S1
    (I)*L(I)/A(I)
970:S1=S1+S1(I)*S1
    (I)*L(I)/A(I)
980:NEXT I
990:X=-SO/S1
1000:IF DU=1THEN
     1180
1005:LPRINT
1006:LPRINT "STAB
     KRAEFTE IN K
     N:"
1010:S(S)=X
1020:FOR I=1TO S
1030:S(I)=SO(I)+X
     *S1(I)
1040:LPRINT "S";I
     ;"=";S(I)
1050:NEXT I
1060:INPUT "NEUE
     QUERSCHNITTE
     : J/N? ";T$
1070:IF T$="J"
     THEN 840
1080:INPUT "VERSC
     HIEBUNG:J/N?
     ";U$

1090:IF U$="N"
     THEN 1280
1100:INPUT "E-MOD
     UL IN KN/CM^
     2: ";E
1110:UM=0:DU=1
1120:INPUT "VERSC
     HIEBUNG AM K
     NOTEN: ";KO
1130:INPUT "IN RI
     CHTUNG: ";PO
1140:FX=COS PO:FX
     (KO)=FX
1150:FY=SIN PO:FY
     (KO)=FY
1160:MO=FY*(X(KO)
     -X(K1))-FX*(
     Y(KO)-Y(K1))
1170:GOTO 340
1180:FO=0
1190:FOR I=1TO S
1200:S1(I)=SO(I)+
     X*S1(I)
1210:FO=FO+S(I)*S
     1(I)*L(I)/A(
     I)
1220:NEXT I
1225:LPRINT
1230:LPRINT "VERS
     CHIEBUNG AM"
1240:LPRINT "KNOT
     EN ";KO;" IN
     "
1250:LPRINT "RICH
     TUNG ";PO;"
     GRAD:"
1260:LPRINT "FO="
     ;USING "####
     .###";FO/E*1
     000;" MM"
1265:USING
1270:GOTO 1110
1280:END
```

<u>Hinweise zum Programm "FW4":</u>

Das einfach statisch unbestimmte Fachwerk ist durch Herausnahme eines überzähligen Stabes, der mit s numeriert wird, zu einem statisch bestimmten Fachwerk zu machen. Bei diesem Fachwerk sind die Knotenpunkte von 1 bis k und die Stäbe von 1 bis s-1 wie beim einfachen Fachwerk des Abschnitts 1.2 zu numerieren. Die Eingabe der Daten erfolgt (einschließlich g_{os} und g_{1s}) wie beim Programm "FW1".

Beispiel 1.8: Für das Fachwerk der Abb.1.12 sind mit den entsprechenden Querschnittswerten aus dem Beispiel 1.6 (beachten Sie die andere Numerierung der Knoten und Stäbe) und A_4=7,64 cm^2 die Auflager- und Stabkräfte und die Verschiebung der Knoten 1 und 3 in x- und y-Richtung zu bestimmen (E=21 000 kN/cm^2). Mit

$$\underline{G} = \begin{pmatrix} 1 & 1 & 2 & 2 & 3 & 1 \\ 2 & 4 & 3 & 4 & 4 & 3 \end{pmatrix}$$

erhalten wir die folgenden Ergebnisse:

```
KOORDINATEN IN M:        AUFLAGERKRAEFTE IN       VERSCHIEBUNG AM
  1   3  2.5               KN:                    KNOTEN   4 IN
  2   0  0               FAX=-20                  RICHTUNG  0 GRAD:
  3   3  1               FAY= 16.66666667         FO=   1.250 MM
  4   6  0               FBX= 0
                         FBY= 33.33333333         VERSCHIEBUNG AM
GEOMETRIE:                                        KNOTEN   1 IN
  1   1 2                STABQUERSCHNITT IN        RICHTUNG  0 GRAD:
  2   1 4.                 CM^2:                   FO=   0.679 MM
  3   2 3                A 1= 20.1
  4   2 4                A 2= 28.5                VERSCHIEBUNG AM
  5   3 4                A 3= 10.3                KNOTEN   1 IN
  6   1 3                A 4= 7.64                RICHTUNG -90 GRAD:
                         A 5= 10.3                FO=   1.273 MM
                         A 6= 7.64
BELASTUNG IN KN:                                  VERSCHIEBUNG AM
  1   20-50              STABKRAEFTE IN KN:       KNOTEN   3 IN
  2   0 0               S 1=-31.732963            RICHTUNG  0 GRAD:
  3   0 0               S 2=-57.76712858          FO=   0.625 MM
  4   0 0               S 3= 11.53687813
                        S 4= 33.43309384          VERSCHIEBUNG AM
                        S 5= 11.53687814          KNOTEN   3 IN
                        S 6= 7.296562398          RICHTUNG -90 GRAD:
                                                  FO=   1.342 MM
```

<u>Beispiel 1.9</u>: Das Fachwerk der Abb.1.13 besteht aus Stäben gleicher Dehnsteifigkeit EA. Es sind die Stabkräfte, die Horizontalverschiebung des Rollenlagers und die Vertikalverschiebungen der Knotenpunkte 2 und 4 zu ermitteln.

Wir nehmen einen der mittleren Diagonalstäbe, der die höchste Stabnummer 10 erhält, heraus und numerieren für das dann statisch bestimmte Fachwerk die Knoten und Stäbe in der üblichen Weise. So erhalten wir die Geometriematrix

$$\underline{G} = \begin{pmatrix} 1 & 1 & 2 & 2 & 3 & 3 & 4 & 4 & 5 & 2 \\ 3 & 2 & 3 & 4 & 4 & 5 & 5 & 6 & 6 & 5 \end{pmatrix} .$$

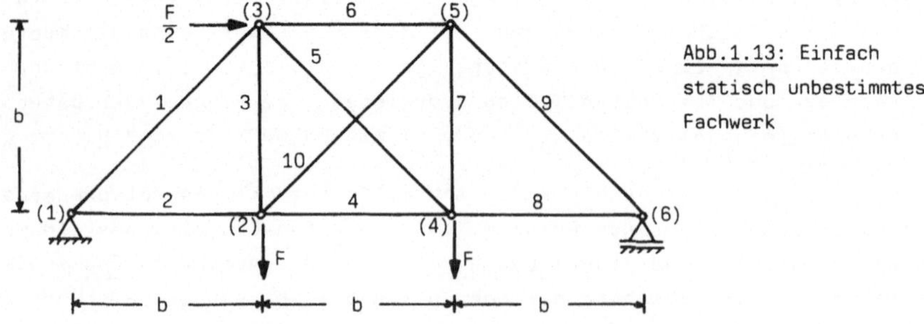

<u>Abb.1.13</u>: Einfach statisch unbestimmtes Fachwerk

Im Programm "FW4" geben wir

        b=1, F=1, A=1, E=1

ein und ändern die Zeile 126Ø, die uns beim Rechnen in bestimmten Einheiten f_o in mm ausgibt, in

      126Ø:LPRINT"FO=";FO

Die ausgedruckten Auflager- und Stabkräfte sind mit F und die Verschiebungen mit $\frac{Fb}{EA}$ zu multiplizieren. So beträgt z.B.

$$S_5 = 0,175\ F \quad \text{und} \quad f_{4y} = -6,23\ \frac{Fb}{EA}\ .$$

```
KOORDINATEN IN M:          AUFLAGERKRAEFTE IN        VERSCHIEBUNG AM
   1    0  0                 KN:                      KNOTEN   6 IN
   2    1  0               FAX=-0.5                   RICHTUNG  0 GRAD:
   3    1  1               FAY= 0.833333333          FO= 3.542893218
   4    2  0               FBX= 0
   5    2  1               FBY= 1.166666667           VERSCHIEBUNG AM
   6    3  0                                          KNOTEN   2 IN
                           STABQUERSCHNITT IN         RICHTUNG  90 GRAD:
GEOMETRIE:                  CM^2:                     FO=-6.014975143
   1    1  3               A= 1
   2    1  2                                          VERSCHIEBUNG AM
   3    2  3               STABKRAEFTE IN KN:         KNOTEN   4 IN
   4    2  4               S  1=-1.178511301          RICHTUNG  90 GRAD:
   5    3  4               S  2= 1.333333333          FO=-6.227665537
   6    3  5               S  3= 7.095598853E-
   7    4  5               Ø1
   8    4  6               S  4= 1.042893218
   9    5  6               S  5= 1.750420883E-
  10    2  5               Ø1
                           S  6=-1.457106781
BELASTUNG IN KN:           S  7= 8.762265513E-
   1    0  0               Ø1
   2    0-1               S  8= 1.166666667
   3    0.5 0             S  9=-1.649915823
   4    0-1               S 10= 4.107443492E
   5    0  0               -Ø1
   6    0  0
```

1.6   Sonderfälle

Bei der Berechnung der bisher behandelten Fachwerke wurde die Struktur
eines Fachwerks durch die Koordinaten aller Knotenpunkte, die Geometriematrix und die Auflagerpunkte angegeben. Für das statisch bestimmte Fachwerk sind bei k Knotenpunkten hierfür insgesamt

$$2k+2s+3 = 6k-3$$

Zahleneingaben erforderlich. In vielen Fällen läßt sich diese Anzahl
wesentlich verringern. Wir wollen dieses am Beispiel des Fachwerks der
Abb.1.14, bei dem die Knotenpunkte des Obergurts auf einer Parabel liegen, erläutern. Ganz ähnlich kann man beim Parallelfachwerk, K-Fachwerk,
einfachen oder doppelten Polonceaubinder usw. vorgehen.
Die Geometrie des parabolischen Fachwerks wird vollständig beschrieben
durch die Angaben

        Länge b, Höhe h, Anzahl n der Unterteilungen.

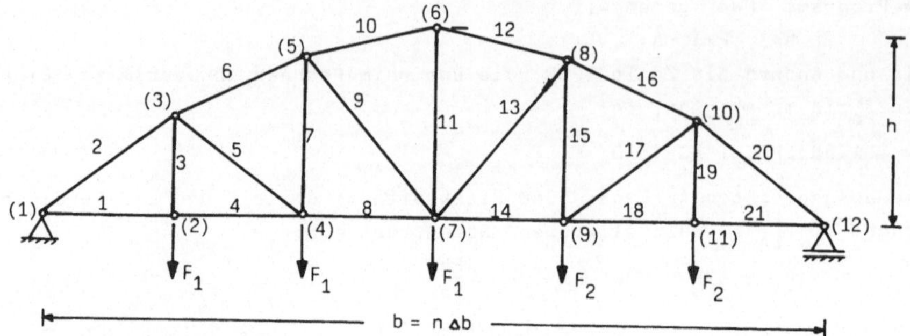

<u>Abb.1.14</u>: Parabel-Fachwerk

In der Abb.1.14 haben wir n=6 gewählt und die Numerierung wie bei der
Forderung zum Knotenpunktverfahren in der angegebenen Weise durchgeführt.
Bei unserem früheren Programm "FW1" hätten wir 6k-3=69 Daten eingeben
müssen. Wenn es uns gelingt, alle

$$x_1, \ y_1 \ (l=1,2,\ldots,k) \ \text{und} \ g_{ji} \ (j=0,1; \ i=1,2,\ldots,s)$$

durch b, h und n auszudrücken, so brauchen wir statt 69 nur drei Daten
einzugeben.

Wir legen den Ursprung des Koordinatensystems in das linke Auflager. Dann
lautet die Gleichung der Parabel des Obergurts

$$(1.21) \qquad y = \frac{4h}{b^2} x(b-x) \ .$$

Für n Unterteilungen wird

$$k=2n, \quad s=2k-3=4n-3, \quad \Delta b = b/n \ .$$

Die Koordinaten der Knotenpunkte bilden die Folge

$$x_1: \quad 0, \Delta b, \Delta b, \ 2\Delta b, \ 2\Delta b, \ 3\Delta b, \ldots, (n-1)\Delta b, (n-1)\Delta b, n\Delta b,$$

$$y_1: \quad 0,0,y_3,0,y_5,\ldots,0,y_{n-1},y_n,0,y_{n+2},0,\ldots,y_{2n-2},0,0.$$

Die y_3, y_5,... werden mit den entsprechenden x-Werten nach (1.21) berechnet. Durch etwas Probieren finden wir das mathematische Bildungsgesetz
zur Berechnung der Koordinaten:

$$x_1 = \Delta b \ \text{Int}\frac{l}{2}, \qquad y_1 = 8C_1\frac{h}{b^2}x_1(b-x_1) \qquad (l=1,2,\ldots,k)$$

$$(1.22) \qquad C_1 = \begin{cases} \frac{1}{2}-\text{Int}\frac{1}{2} & \text{für } l=1,2,\ldots,n-1, \\[2mm] \frac{l+1}{2}-\text{Int}\frac{l+1}{2} & " \quad l=n,n+1,\ldots,k=2n. \end{cases}$$

Der Leser kann sich leicht davon überzeugen, daß wir durch (1.22) die
Koordinaten für die Knotenpunktnumerierung der Abb.1.14 erhalten. Ganz

ähnlich erhalten wir für die Elemente der Geometriematrix $\underline{G}$:

$$g_{oi}=\text{Int}\frac{i+1}{2}, \quad g_{1i}=C_i+\text{Int}\frac{i}{2} \qquad (i=1,2,\ldots,s),$$

$$(1.23) \qquad C_i = \begin{cases} 1 & \text{für } i=(s-1)/2, \\ 3 & \text{"} \quad i=(s-5)/2, \ (s-3)/2, \\ 2 & \text{sonst.} \end{cases}$$

Beachten wir schließlich noch $k_1=1$ (festes Gelenklager), $k_2=k$ (Rollenlager), $\varphi=90^o$ (Normalenrichtung des Rollenlagers), so können wir den Eingabeteil des Programms "FW1" durch die folgenden Programmzeilen ersetzen.

```
10:REM  PARABELFA        70:Y(L)=8*H/B/B*C
   CHWERK                   *X(L)*(B-X(L))
20:READ B,H,N            75:NEXT L
21:LPRINT "BREITE        80:FOR I=1TO S
   =";B                  85:G(0,I)=INT ((I
22:LPRINT "HOEHE=           +1)/2)
   ";H                   90:IF I=(S-1)/2
23:LPRINT "N=";N            THEN LET C=1:
24:LPRINT                   GOTO 105
30:K=2*N:S=2*K-3:        95:IF I=(S-5)/2OR
   DB=B/N                   I=(S-3)/2THEN
40:DIM X(K),Y(K),           LET C=3:GOTO 1
   FX(K),FY(K),G(          05
   1,S),Q(S),S(S)       100:C=2
   ,S1(S)               105:G(1,I)=C+INT (
45:FOR L=1TO K              I/2)
50:X(L)=DB*INT (L        110:Q(I)=SQR ((X(G
   /2)                      (0,I))-X(G(1,I
55:IF L<NTHEN 65            )))^2+(Y(G(0,I
60:C=(L+1)/2-INT            ))-Y(G(1,I)))^
   ((L+1)/2):GOTO          2)
   70                   115:NEXT I
65:C=L/2-INT (L/2       120:K1=1:K2=K:P=90
   )                    125:LPRINT "BELAST
                           UNG IN KN:"
```

Ab Zeile 125 können wir das Programm "FW1" in der alten Form benutzen. Für das so umgeschriebene Programm zur Berechnung eines Parabelfachwerks sind über eine DATA-Anweisung einzugeben:

     b, h, n

$$F_{x1}, \ F_{y1}, \ F_{x2}, \ F_{y2}, \ \ldots, \ F_{xk}, \ F_{yk}$$

Treten auch bei den Belastungen einfache Gesetzmäßigkeiten auf (z.B. symmetrische Belastung, alle Kräfte gleich groß, Belastungen nur in den Knotenpunkten des Untergurts usw.), so ließe sich auch die Eingabe der F_{xl} und F_{yl} noch wesentlich vereinfachen. Wir wollen hier nicht darauf eingehen und es dem Leser überlassen, ein Programm so dienstleistungsfreundlich wie nur irgendmöglich zu entwickeln.

<u>Beispiel 1.10</u>: Für das Parabelfachwerk der Abb.1.14 mit b=27 m, h=6,5 m, n=6, F_1=180 kN, F_2=150 kN sollen alle Stabkräfte berechnet und auf zwei Nachkommastellen ausgegeben werden. Für die Ausgabe von S_i ändern wir die Zeile 680:

```
680:LPRINT"S";"=";INT(S(I)*100+.5)/100
```

Eingabeteil: Ausgabeteil:

```
BREITE= 27              AUFLAGERKRAEFTE IN        STABKRAEFTE IN KN:
HOEHE= 6.5               KN:                      S  1= 542.08
N= 6                    FAX= 0                    S  2=-695.03
                        FAY= 435                  S  3= 180
                        FBX= 0                    S  4= 542.08
BELASTUNG IN KN:        FBY= 405                  S  5=-5.99
  1   0   0                                       S  6=-596.45
  2   0 -180                                      S  7= 183.75
  3   0   0                                       S  8= 537.4
  4   0 -180                                      S  9=-12.68
  5   0   0                                       S 10=-536.39
  6   0 -180                                      S 11=-10
  7   0   0                                       S 12=-536.39
  8   0   0                                       S 13= 25.35
  9   0 -150                                      S 14= 514.04
 10   0   0                                       S 15= 142.5
 11   0 -150                                      S 16=-570.52
 12   0   0                                       S 17= 11.98
                                                  S 18= 504.69
                                                  S 19= 150
                                                  S 20=-647.1
                                                  S 21= 504.69
```

2 BIEGUNG GERADER BALKEN

Wir betrachten in diesem Abschnitt einen belasteten Träger, wie er z.B.
in Abb.2.1 dargestellt wird. Die Aufgabe der Statik besteht in der
Ermittlung der

> Schnittgrößen $F_q(x)$ und $M(x)$,
> insbesondere von $M_{max}=Max|M(x)|$,
> und der Verformungsgrößen $\varphi(x)=w'(x)$ und $w(x)$.

Bei der Lösung dieser Aufgabe werden wir das <u>Reduktionsverfahren</u> (Verfahren der <u>Übertragungsmatrizen</u>) verwenden, das in den fünfziger Jahren von
Marguerre, Pestel, Falk u.a. entwickelt wurde und das sich durch den Einsatz programmierbarer Rechner als sehr leistungsfähig erwiesen hat. Wir
werden nach einer Einführung in das Reduktionsverfahren in den Abschnitten 2.2 bis 2.6 verschiedene Träger mit intervallweise konstantem Flächenträgheitsmoment behandeln. In 2.7 zeigen wir exemplarisch für den
Einfeldträger, wie mit dem Reduktionsverfahren und einem numerischen Näherungsverfahren ein Träger mit veränderlichem Flächenquerschnitt berechnet werden kann.

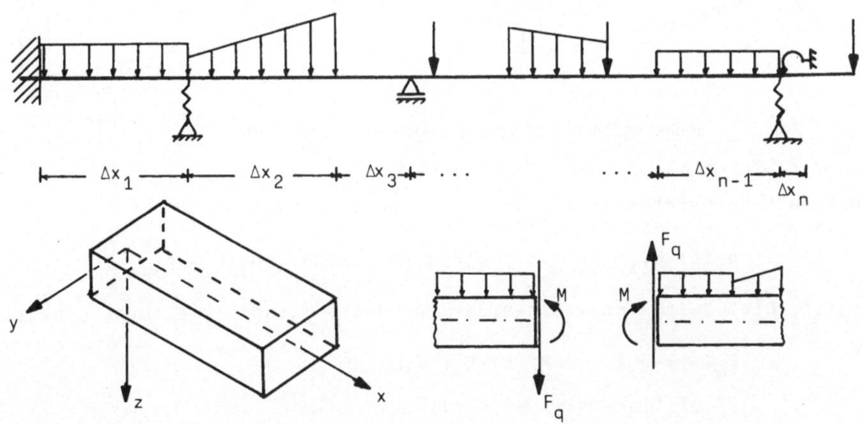

Abb.2.1: Belasteter Träger, Vorzeichenfestsetzung

Die Vorzeichen der geometrischen Koordinaten x, y, z, der Querkraft F_q
und des Biegemoments M werden wie in der Abb.2.1 eingezeichnet festgesetzt. Die Durchbiegung w wird in Richtung der z-Achse positiv gezählt.
Es gelten die üblichen Voraussetzungen der Balkentheorie I.Ordnung, wie
z.B. Ebenbleiben der Querschnitte, Hookesches Gesetz, die Hauptträgheitsachse des Balkenquerschnitts liegt in der Lastebene usw.

2.1 Einführung in das Reduktionsverfahren

Wir unterteilen den gesamten Balken in Balkenelemente der Länge Δx_1, Δx_2, ..., Δx_n. Auf jeder Länge Δx_i soll das Flächenträgheitsmoment $I_{yi}=I_i$ konstant sein. Als Belastung können eine Trapezlast und eine Einzellast am rechten Ende des Intervalls auftreten (Abb.2.2). Wir setzen $q_{li}\geqq0$ und $q_{ri}\geqq0$ voraus (l und r stehen hier für links und rechts). Die Einzelkräfte dürfen positiv oder negativ sein.

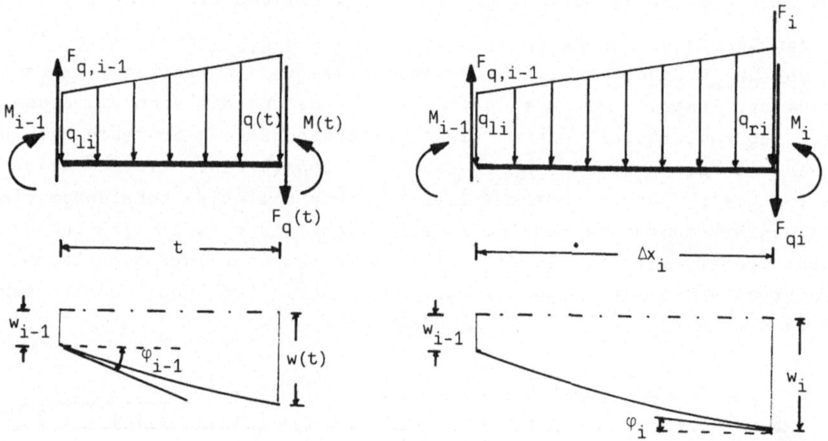

Abb.2.2: Schnittgrößen und Verformungen am Balkenelement

Die Belastungsintensität $q_i(t)$ im i-ten Intervall wird

(2.1) $q_i(t)=q_{li}+q_i't$ mit $q_i'=\Delta q_i/\Delta x_i$ und $\Delta q_i=q_{ri}-q_{li}$.

$F_q(t)$, $M(t)$, $\varphi(t)$ und $w(t)$ werden aus den folgenden Gleichungen bestimmt:

(2.2)
$$F_q'(t)=-q_i(t), \quad M'(t)=F_q(t),$$
$$EI_i\varphi'(t)=-M(t), \quad w'(t)=\varphi(t).$$

(Korrekterweise hätten wir auch bei den Schnitt- und Verformungsgrößen einen Index i setzen müssen. Wir verzichten darauf, um die Formeln nicht zu sehr mit Indizes zu überladen.)

Setzen wir mit einem passend gewählten Flächenträgheitsmoment I_o

(2.3) $I_i=k_iI_o$, $\bar\varphi(t)=EI_o\varphi(t)$, $\bar w(t)=EI_ow(t)$,

so erhalten wir durch Integration der Gleichungen (2.2) und Anpassung an die Anfangswerte

$$F_q(t) = F_{q,i-1} - (q_{li} + q_i' t/2)t ,$$

$$M(t) = F_{q,i-1} t + M_{i-1} - (q_{li} + q_i' t/3)t^2/2 ,$$

$$(2.4) \qquad k_i \bar{\varphi}(t) = -F_{q,i-1} t^2/2 - M_{i-1} t + k_i \bar{\varphi}_{i-1} + (q_{li} + q_i' t/4)t^3/6 ,$$

$$k_i \bar{w}(t) = -F_{q,i-1} t^3/6 - M_{i-1} t^2/2 + k_i \bar{\varphi}_{i-1} t + k_i \bar{w}_{i-1} + (q_{li} + q_i' t/5)t^4/24 .$$

Für $t = \Delta x_i$ muß bei der Querkraft die mögliche Unstetigkeit infolge der Einzelkraft F_i berücksichtigt werden. Aus (2.4) erhalten wir dann die Gleichungen für das Reduktionsverfahren:

$$F_{qi} = F_{q,i-1} - (q_{li} + q_i' \Delta x_i/2)\Delta x_i - F_i ,$$

$$M_i = F_{q,i-1}\Delta x_i + M_{i-1} - (q_{li} + q_i'\Delta x_i/3)\Delta x_i^2/2 ,$$

$$(2.5) \qquad \bar{\varphi}_i = -(F_{q,i-1}\Delta x_i^2/2 + M_{i-1}\Delta x_i)/k_i + \bar{\varphi}_{i-1} + (q_{li} + q_i'\Delta x_i/4)\Delta x_i^3/(6k_i) ,$$

$$\bar{w}_i = -(F_{q,i-1}\Delta x_i^3/6 + M_{i-1}\Delta x_i^2/2)/k_i + \bar{\varphi}_{i-1}\Delta x_i + \bar{w}_{i-1} + (q_{li} + q_i'\Delta x_i/5) \cdot$$

$$\Delta x_i^4/(24k_i) .$$

Unser Ziel wird es sein, aus diesen Gleichungen in rekursiver Weise aus den Schnitt- und Verformungsgrößen am Anfang eines Balkenelements die entsprechenden Größen am Ende des Balkenelements zu berechnen. Wären im ersten Intervall alle F_{qo}, M_o, $\bar{\varphi}_o$, $\bar{w}_o$ bekannt, so hätten wir lediglich ein Problem der Rechentechnik zu lösen, da dann alle F_{qi}, M_i, $\bar{\varphi}_i$ und $\bar{w}_i$ aus (2.5) rekursiv berechnet werden könnten. Im allgemeinen aber sind von den vier Anfangswerten nicht alle bekannt. Bei einem an den Enden gelagerten Balken sind z.B. $M_o = 0$ und $\bar{w}_o = 0$ bekannt und F_{qo} und $\bar{\varphi}_o$ unbekannt. Hier müssen die Randbedingungen $M_n = 0$ und $\bar{w}_n = 0$ am rechten Ende des Balkens eingearbeitet werden. Wie dieses zu geschehen hat, soll in den nächsten Abschnitten gezeigt werden.

Die Gleichungen (2.5) lassen sich kürzer in Matrizenform schreiben. Mit

$$(2.6a) \qquad \underline{z}_i = \begin{bmatrix} F_{qi} \\ M_i \\ \bar{\varphi}_i \\ \bar{w}_i \end{bmatrix} , \qquad \underline{r}_i = \begin{bmatrix} -(q_{li} + q_i'\Delta x_i/2)\Delta x_i - F_i \\ -(q_{li} + q_i'\Delta x_i/3)\Delta x_i^2/2 \\ (q_{li} + q_i'\Delta x_i/4)\Delta x_i^3/(6k_i) \\ (q_{li} + q_i'\Delta x_i/5)\Delta x_i^4/(24k_i) \end{bmatrix} ,$$

$$(2.6b) \qquad \underline{U}_i = \begin{bmatrix} 1 & 0 & 0 & 0 \\ \Delta x_i & 1 & 0 & 0 \\ -\Delta x_i^2/(2k_i) & -\Delta x_i/k_i & 1 & 0 \\ -\Delta x_i^3/(6k_i) & -\Delta x_i^2/(2k_i) & \Delta x_i & 1 \end{bmatrix}$$

wird

$$(2.7) \qquad \underline{z}_i = \underline{U}_i \underline{z}_{i-1} + \underline{r}_i .$$

In dieser Darstellung nennen wir $\underline{z}_i$ die Zustandsvektoren (Schnitt- und Verformungsgrößen), $\underline{r}_i$ die Belastungsvektoren und $\underline{U}_i$ die Übertragungsmatrizen des i-ten Balkenelements.

Für einen Träger <u>ohne</u> Zwischenbedingungen (d.h. ohne Gelenk oder ohne Zwischenlager) gilt

$$\underline{z}_n = \underline{U}_n \underline{z}_{n-1} + \underline{r}_n = \underline{U}_n (\underline{U}_{n-1} \underline{z}_{n-2} + \underline{r}_{n-1}) + \underline{r}_n = \underline{U}_n \underline{U}_{n-1} \underline{z}_{n-2} + \underline{U}_n \underline{r}_{n-1} + \underline{r}_n$$

usw. Schließlich erhalten wir

(2.8) $\underline{z}_n = \underline{U} \underline{z}_0 + \underline{u}_0$

mit

(2.9) $\underline{U} = \underline{U}_n \underline{U}_{n-1} \underline{U}_{n-2} \cdots \underline{U}_1$,

$\underline{u}_0 = \underline{U}_n \underline{U}_{n-1} \cdots \underline{U}_2 \underline{r}_1 + \underline{U}_n \underline{U}_{n-1} \cdots \underline{U}_3 \underline{r}_2 + \cdots + \underline{U}_n \underline{r}_{n-1} + \underline{r}_n$.

Da die $\underline{U}_i$ Dreiecksmatrizen sind, erhalten wir für $\underline{U}$ durch Multiplikation aller Übertragungsmatrizen ebenfalls eine Dreiecksmatrix der Form

(2.10) $\underline{U} = \begin{bmatrix} 1 & 0 & 0 & 0 \\ u_{21} & 1 & 0 & 0 \\ u_{31} & u_{32} & 1 & 0 \\ u_{41} & u_{42} & u_{43} & 1 \end{bmatrix}$.

Die Durchführung der Multiplikation zeigt, daß sich die Elemente u_{rs} ($r=2,3,4$; $s=1,2,3$; $s<r$) der Übertragungsmatrix $\underline{U}$ explizit durch die geometrischen Größen Δx_i und die Querschnittskonstanten $k_i = I_i / I_0$ darstellen lassen. Mit

(2.11) $x_i = x_{i-1} + \Delta x_i$ und $x_0 = 0$

wird sehr einfach

(2.12a) $u_{21} = u_{43} = x_n$, $u_{32} = -\sum_{i=1}^{n} \Delta x_i / k_i$.

Die Formeln für die übrigen u_{rs} sind nicht so leicht zu ermitteln. Durch vollständige Induktion, die wir hier nicht durchführen wollen, lassen sich die folgenden Darstellungen beweisen:

$$u_{31} = -\frac{1}{2} \sum_{i=1}^{n} (x_i^2 - x_{i-1}^2) / k_i \ ,$$

(2.12b) $u_{41} = \sum_{i=1}^{n} \left[-(x_i^3 - x_{i-1}^3)/(6k_i) + \frac{1}{2}(\frac{1}{k_i} - \frac{1}{k_{i-1}}) x_{i-1}^2 (x_n - x_{i-1}) \right]$, $(k_0 \neq 0)$

$$u_{42} = \sum_{i=1}^{n} \left[-(x_i^2 - x_{i-1}^2)/(2k_i) + (\frac{1}{k_i} - \frac{1}{k_{i-1}}) x_{i-1} (x_n - x_{i-1}) \right] \ .$$

Besonders einfach wird die Darstellung der Übertragungsmatrix $\underline{U}$ für den

Sonderfall $k_i=k$ für alle i, d.h. für konstanten Querschnitt,:

$$(2.13) \qquad \underline{U}= \begin{bmatrix} 1 & 0 & 0 & 0 \\ x_n & 1 & 0 & 0 \\ -x_n^2/(2k) & -x_n/k & 1 & 0 \\ -x_n^3/(6k) & -x_n^2/(2k) & x_n & 1 \end{bmatrix} .$$

Die Berechnung des Vektors $\underline{u}_o$ ist aus der Darstellung (2.9) natürlich
sehr mühsam. Wir lassen in den späteren Problemen $\underline{u}_o$ rekursiv aus (2.8)
bzw. (2.5) mit dem Startwert $\underline{z}_o=(\,0\,)$ bestimmen. Wir erhalten so

$$(2.14) \qquad \underline{z}_{no}=\underline{u}_o= \begin{bmatrix} F_{qno} \\ M_{no} \\ \bar{\varphi}_{no} \\ \bar{w}_{no} \end{bmatrix} = \begin{bmatrix} u_{10} \\ u_{20} \\ u_{30} \\ u_{40} \end{bmatrix} .$$

F_{qno}, M_{no}, $\bar{\varphi}_{no}$ und $\bar{w}_{no}$ sind die Schnitt- bzw. Verformungsgrößen am Ende
des Trägers, die wir erhalten hätten, wenn am Anfang des Trägers alle
Schnitt- und Verformungsgrößen Null wären.

Die explizite Darstellung der Endzustandsgrößen lautet

$$
\begin{aligned}
&F_{qn}=F_{qo}+u_{10} \, , \\
(2.15) \quad &M_n=u_{21}F_{qo}+M_o+u_{20} \, , \\
&\bar{\varphi}_n=u_{31}F_{qo}+u_{32}M_o+\bar{\varphi}_o+u_{30} \, , \\
&\bar{w}_n=u_{41}F_{qo}+u_{42}M_o+u_{43}\bar{\varphi}_o+\bar{w}_o+u_{40} \, .
\end{aligned}
$$

Für einen Träger mit Zwischenbedingungen gilt (2.15) in dieser Form
nicht.

2.2 Einfeldträger

In diesem Abschnitt berechnen wir für einen statisch bestimmt oder unbestimmt gelagerten Einfeldträger der Abb.2.3 die Schnittgrößen F_{qi} und
M_i, $M_{max}=\text{Max}|M(x)|=|M(x_m)|$ für $0{\le}x{\le}x_n$ und die Verformungsgrößen $\bar{\varphi}(x)$ und
$\bar{w}(x)$ für äquidistante Stützstellen $\bar{x}_j$ $(j=1,2,\ldots,n_o)$ oder für einen vorgegebenen x-Wert. Zulässige Belastungen sind im Feld des Trägers Trapezlasten und Einzelkräfte und an den Enden des Trägers Momente M_l und M_r,
die in der eingezeichneten Richtung positiv zu zählen sind.
Der Träger wird links und rechts gestützt durch elastische Senkfedern
mit den Federkonstanten c_{wl} bzw. c_{wr} und elastische Drehfedern mit den
Federkonstanten c_{dl} und c_{dr} (Dimension: Kraft/Länge bzw. Moment/Winkel).
Die Senkfeder am rechten Ende des Trägers ist bei einer Durchsenkung w_r

spannungslos, während sich die Feder links in der gezeichneten Lage im
spannungslosen Zustand befindet. Die Drehfedern sind spannungslos, wenn
die Biegelinie des Trägers an den Enden eine horizontale Tangente besitzt.

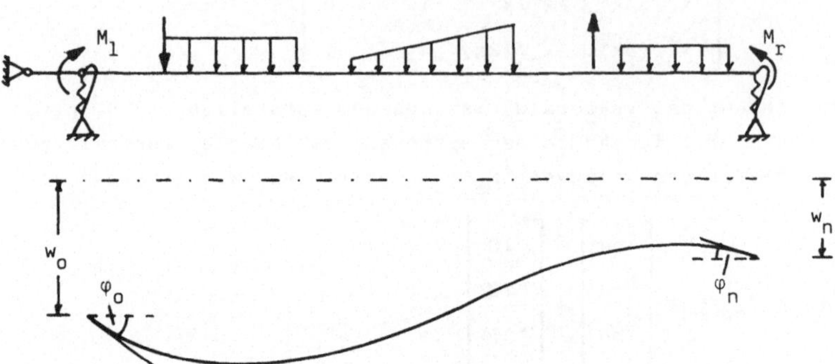

Abb.2.3: Statisch bestimmter oder unbestimmter Einfeldträger

Durch die allgemeine Federlagerung des Trägers werden verschiedene Lagerungsfälle erfaßt. Wir stellen in der folgenden Tabelle einige Sonderfälle für das rechte Lager zusammen.

starres Gelenklager	feste Einspannung	freies Ende	drehelasti- sches Lager	wegelasti- sches Lager
$c_{wr}=\infty$, $c_{dr}=0$	$c_{wr}=\infty$, $c_{dr}=\infty$	$c_{wr}=0$, $c_{dr}=0$	$c_{wr}=\infty$, $c_{dr}\neq0$	$c_{wr}\neq0$, $c_{dr}=0$

Es wird später noch zu untersuchen sein, ob die weiter unten entwickelten Formeln auch für Federkonstanten ∞ ihre Gültigkeit behalten und wie
die Zahl ∞ vom Rechner zu verarbeiten ist. Es sei schon jetzt erwähnt,
daß wir in den späteren Programmen stets ∞ durch $10^{20} = 1E20$ ersetzen
werden.
Der Algorithmus zur Berechnung der Zustandsgrößen ist durch (2.5) bzw.
(2.15) gegeben. Wir erinnern noch einmal daran, daß wir $\underline{u}_o$ rekursiv aus
(2.5) mit dem Anfangswert $\underline{z}_o=(0)$ ermitteln. Die u_{ro} (r=1,2,3,4) in
(2.15) können wir also als bekannt voraussetzen. Die übrigen u_{rs} berechnen wir nach (2.12) bzw. für k_i=konst. nach (2.13). Für die acht Unbekannten

$$\underline{z}_0 = \begin{bmatrix} F_{qo} \\ M_o \\ \bar{\varphi}_o \\ \bar{w}_o \end{bmatrix} \quad \text{und} \quad \underline{z}_n = \begin{bmatrix} F_{qn} \\ M_n \\ \bar{\varphi}_o \\ \bar{w}_o \end{bmatrix}$$

liefern (2.15) vier Gleichungen. Die restlichen vier Gleichungen erhalten wir aus den Anfangs- und Endrandbedingungen (ARB und ERB)

(2.16)
$$\text{ARB:} \quad M_o - M_1 = -c_{dl}\varphi_o, \quad F_{qo} = c_{wl}w_o,$$
$$\text{ERB:} \quad M_n - M_r = c_{dr}\varphi_n, \quad F_{qn} = -c_{wr}(w_n - w_r).$$

Die Vorzeichen in diesen Randbedingungen ergeben sich aus den Vorzeichenfestsetzungen der Zustandsgrößen. Wie bei den Verformungen φ und w führen wir auch bei den Federkonstanten reduzierte Größen ein:

(2.17) $\bar{c}_w = c_w/B, \quad \bar{c}_d = c_d/B \quad$ mit $B = EI_o$ (Biegesteifigkeit).

Die Randbedingungen lauten dann

(2.18)
$$\text{ARB:} \quad M_o - M_1 = -\bar{c}_{dl}\bar{\varphi}_o, \quad F_{qo} = \bar{c}_{wl}\bar{w}_o,$$
$$\text{ERB:} \quad M_n - M_r = \bar{c}_{dr}\bar{\varphi}_n, \quad F_{qn} = -\bar{c}_{wr}(\bar{w}_n - \bar{w}_r) \quad \text{mit} \quad \bar{w}_r = EI_o w_r.$$

Setzen wir in (2.18) für F_{qn}, M_n, $\bar{\varphi}_n$, $\bar{w}_n$ die Beziehungen aus (2.15) und weiter für F_{qo} und M_o die Terme aus den ersten zwei Gleichungen (2.18) ein, so erhalten wir für $\bar{\varphi}_o$ und $\bar{w}_o$ das lineare Gleichungssystem

(2.19)
$$a_1\bar{\varphi}_o + b_1\bar{w}_o + c_1 = 0,$$
$$a_2\bar{\varphi}_o + b_2\bar{w}_o + c_2 = 0$$

mit

(2.20)
$$a_1 = \bar{c}_{wr}(x_n - \bar{c}_{dl}u_{42}), \quad b_1 = \bar{c}_{wl} + \bar{c}_{wr}(1 + \bar{c}_{wl}u_{41}),$$
$$c_1 = u_{10} + \bar{c}_{wr}(M_1 u_{42} - \bar{w}_r + u_{40}),$$
$$a_2 = -\bar{c}_{dl} - \bar{c}_{dr}(1 - \bar{c}_{dl}u_{32}), \quad b_2 = \bar{c}_{wl}(x_n - \bar{c}_{dr}u_{31}),$$
$$c_2 = (1 - \bar{c}_{dr}u_{32})M_1 - M_r + u_{20} - \bar{c}_{dr}u_{30}.$$

Mit diesen errechneten Konstanten a, b, c lautet die Lösung des linearen Gleichungssystems (2.19)

(2.21)
$$D = a_1 b_2 - a_2 b_1,$$
$$\bar{\varphi}_o = (-c_1 b_2 + c_2 b_1)/D,$$
$$\bar{w}_o = (-a_1 c_2 + a_2 c_1)/D,$$

wobei wir selbstverständlich $D \neq 0$ voraussetzen.

Mit den bekannten Werten $\bar{\varphi}_o$ und $\bar{w}_o$ werden nach (2.18) F_{qo} und M_o berech-

net. Damit sind alle Anfangswerte bekannt, und wir können nach (2.5) in
einfacher Weise rekursiv alle Zustandsgrößen $\underline{z}_i$ (i=1,2,...,n) ermitteln.

Zur Bestimmung von M_{max} setzen wir zunächst $M_{max}=|M_o|=|M(0)|$. Dann ermit-
teln wir für jedes Intervall $(x_{i-1},x_i]$ der Breite Δx_i das Maximum von
$|M(x)|$, das im Innern oder am rechten Ende des Intervalls angenommen werden kann. Wir untersuchen dazu den Nulldurchgang von $M'=F_q$. Aus (2.4)
folgt für $F_q=0$ die Gleichung

$$(2.22) \qquad q_i' t^2 + 2q_{1i}t - 2F_{q,i-1} = 0 \ .$$

Bei der Lösung dieser Gleichung sind einige Fallunterscheidungen vorzu-
nehmen. Für $q_i' \neq 0$ erhalten wir eine Nullstelle

$$(2.23) \qquad t = (\sqrt{q_{1i}^2 + 2q_i' F_{q,i-1}} - q_{1i})/q_i' \ ,$$

sofern der Radikand nicht negativ ist. (Daß die negative Wurzel für unsere Aufgabe ohne Bedeutung ist, möge sich der Leser selbst überlegen.)
Für $q_i'=0$ folgt

$$(2.24) \qquad t = F_{q,i-1}/q_{1i} \quad \text{für} \quad q_{1i} \neq 0 \ ,$$

während für $q_{1i}=0$ die Gleichung (2.22) keine Nullstelle besitzt. Die
nach (2.23) bzw. (2.24) ermittelten t-Werte sind schließlich noch auf
ihre Zulässigkeit $0 < t < \Delta x_i$ zu überprüfen. Für einen gültigen t-Wert
berechnen wir nach (2.4) M(t) und tauschen den bisherigen Wert M_{max} mit
$|M(t)|$ aus, sofern $|M(t)|>M_{max}$ gilt. Denselben Vergleich führen wir mit
$|M_i|$ und M_{max} durch.
Es bleibt zu untersuchen, wie der vorstehende Algorithmus auf sehr große
Federkonstanten reagiert, d.h. was mathematisch für $c_w \to \infty$ und/oder $c_d \to \infty$
passiert. Es könnte geschehen, daß hier das aus der Rechentechnik bekann-
te Prinzip der Auslöschung auftritt. Ist vom Rechner die Differenz zweier
großer Zahlen, die etwa denselben Wert annehmen, zu bilden, so heben sich
die genau berechneten Ziffern der Zahlen heraus und bei der Differenzbildung kann das Zahlenergebnis total verfälscht werden. Man spricht in
diesem Fall von einer <u>numerischen Instabilität</u> des Verfahrens. Die Frage
ist also, ob unser Algorithmus, den wir zur Berechnung der Zustandsgrößen aufgestellt haben, numerisch stabil ist.
Wir führen diese Untersuchung exemplarisch für einen Träger durch, der
links starr gelenkig gelagert und rechts fest eingespannt ist. Dann ist
$c_{d1}=0$, während die Werte der übrigen Federkonstanten unendlich groß werden. Wir setzen zunächst

$$\bar{c}_{wl} = \bar{c}_{wr} = \bar{c}_{dr} = c$$

und berechnen $\bar{\varphi}_o$ und $\bar{w}_o$ nach (2.21), indem wir in allen Termen der Konstanten a, b, c nach (2.20) nur die höchsten Potenzen von c berücksichti-

gen. Zur Vereinfachung der Rechnung setzen wir auch noch $M_r=M_1=w_r=0$.
Dann erhalten wir

$$a_1=cx_n, \quad b_1=c^2u_{41}, \quad c_1=cu_{40}, \quad a_2=-c, \quad b_2=-c^2u_{31}, \quad c_2=-cu_{30}$$

und hiermit

$$D= c^3 (u_{41}-x_nu_{31}) \; .$$

Wenn der Klammerausdruck den Wert Null annehmen kann, dann liegt numerische Instabilität vor. Dieser Fall aber kann nicht eintreten, wie man
aus (2.12) oder insbesondere für den Sonderfall $k_i=k$ für alle i mit

$$u_{41}-x_nu_{31}=-x_n^3/(6k)+x_nx_n^2/(2k)=x_n^3/(3k)\neq 0$$

erkennt. Für die Verformungsgrößen $\bar\varphi_0$ und $\bar w_0$ erhalten wir

$$\bar\varphi_0=(u_{31}u_{40}-u_{41}u_{30})/(u_{41}-x_nu_{31}) \; ,$$
$$\bar w_0=(x_nu_{30}-u_{40})/[c(u_{41}-x_nu_{31})] \; ,$$

wobei die Zähler im allgemeinen von Null verschiedene Größen sind. Für
$c\rightarrow\infty$ wird schließlich $\bar w_0=0$ (wie es natürlich sein muß). Für die Schnittgrößen erhalten wir

$$F_{qo}=(x_nu_{30}-u_{40})/(u_{41}-x_nu_{31}), \quad M_0=0 \; .$$

Die numerische Stabilität des Reduktionsverfahrens für den Einfeldträger
läßt sich ganz entsprechend wie oben für andere Lagerungsfälle beweisen.

Besitzt eine Federkonstante den Wert ∞, so ersetzen wir diesen Wert beim
Rechnen mit einem Computer durch 10^{20}=1E20. Hierdurch werden alle Terme
von einer niederen Größenordnung, die bei einer Grenzwertbildung $c\rightarrow\infty$
verschwinden, unterdrückt. Selbstverständlich erhalten wir z.B. für den
oben beschriebenen Träger statt $\bar w_0=0$ den Näherungswert $\bar w_0\approx 10^{-20}\approx 0$.
Den Ablauf des gesamten Algorithmus zur Berechnung der Zustandsgrößen
eines Einfeldträgers zeigt das Struktogramm "ET". Für einen statisch bestimmt gelagerten Träger, der im Programm "ET" durch SB$="J" charakteri-
siert wird, sind die Schnittgrößen unabhängig von den Querschnittsabmes-
sungen. Vom Rechner werden deshalb die Werte F_{qi} und M_i auch nur einmal
berechnet und ausgegeben. Auch in anderen Lagerungsfällen können die
Schnittgrößen unabhängig vom Querschnitt sein. Wir haben diese verschiedenen Möglichkeiten nicht alle erfaßt und nehmen es hin, daß Schnittgrößen zweimal oder noch öfter ausgedruckt werden.
Bei einer Textvariablen, die im Programm "ET" nur die Werte "J" oder "N"
annehmen darf, haben wir nach der Eingabe der Variablen stets eine Kontrolle auf Zulässigkeit durchgeführt, um nicht aus "Versehen" zu fal-
schen Ergebnissen zu gelangen. Im Struktogramm haben wir diese Kontrolle
nicht mit aufgeführt.

"ET": Statisch bestimmter oder unbestimmter Einfeldträger

Eingabe: SB\$="J" (stat. best.) oder SB\$="N" (stat. unbest.)

Lies: n

$x_o=0$, UM=0, i=1

> Lies: Δx_i, q_{li}, q_{ri}, F_i
>
> $x_i=x_{i-1}+\Delta x_i$, $q_i'=(q_{ri}-q_{li})/\Delta x_i$, i=i+1
>
> Ausstieg bei i>n

Lies: c_{wl}, c_{dl}, c_{wr}, c_{dr}

$c_{dl}\geq 10^{20}$	
ja	nein
	Eingabe: M_l

$c_{dr}\geq 10^{20}$	
ja	nein
	Eingabe: M_r

$c_{wr}=0$	
ja	nein
	Eingabe: w_r

Eingabe: Biegesteifigkeit $B=EI_o$

$c_o=c_{wl}/B$, $d_o=c_{dl}/B$, $c_n=c_{wr}/B$, $d_n=c_{dr}/B$, $wn=w_r B$

$u_1=u_2=u_3=u_4=0$, $F_{qo}=M_o=\bar{\varphi}_o=\bar{w}_o=0$, $k_o=1$, i=1

konst. Querschnitt	
ja	nein
$k_i=1$	Eingabe: k_i
	$u_o=(1/k_i-1/k_{i-1})x_{i-1}(x_n-x_{i-1})$
	$u=(x_i^2-x_{i-1}^2)/(2k_i)$
	$u_1=u_1-u$, $u_2=u_2-x_i/k_i$
	$u_3=u_3-(x_i^3-x_{i-1}^3)/(6k_i)+u_o x_{i-1}/2$
	$u_4=u_4-u+u_o$

$t=\Delta x_i$; F_q, M, $\bar{\varphi}$, $\bar{w}$ nach (2.4) berechnen

$F_{qi}=F_q-F_i$, $M_i=M$, $\bar{\varphi}_i=\bar{\varphi}$, $\bar{w}_i=w$, i=i+1

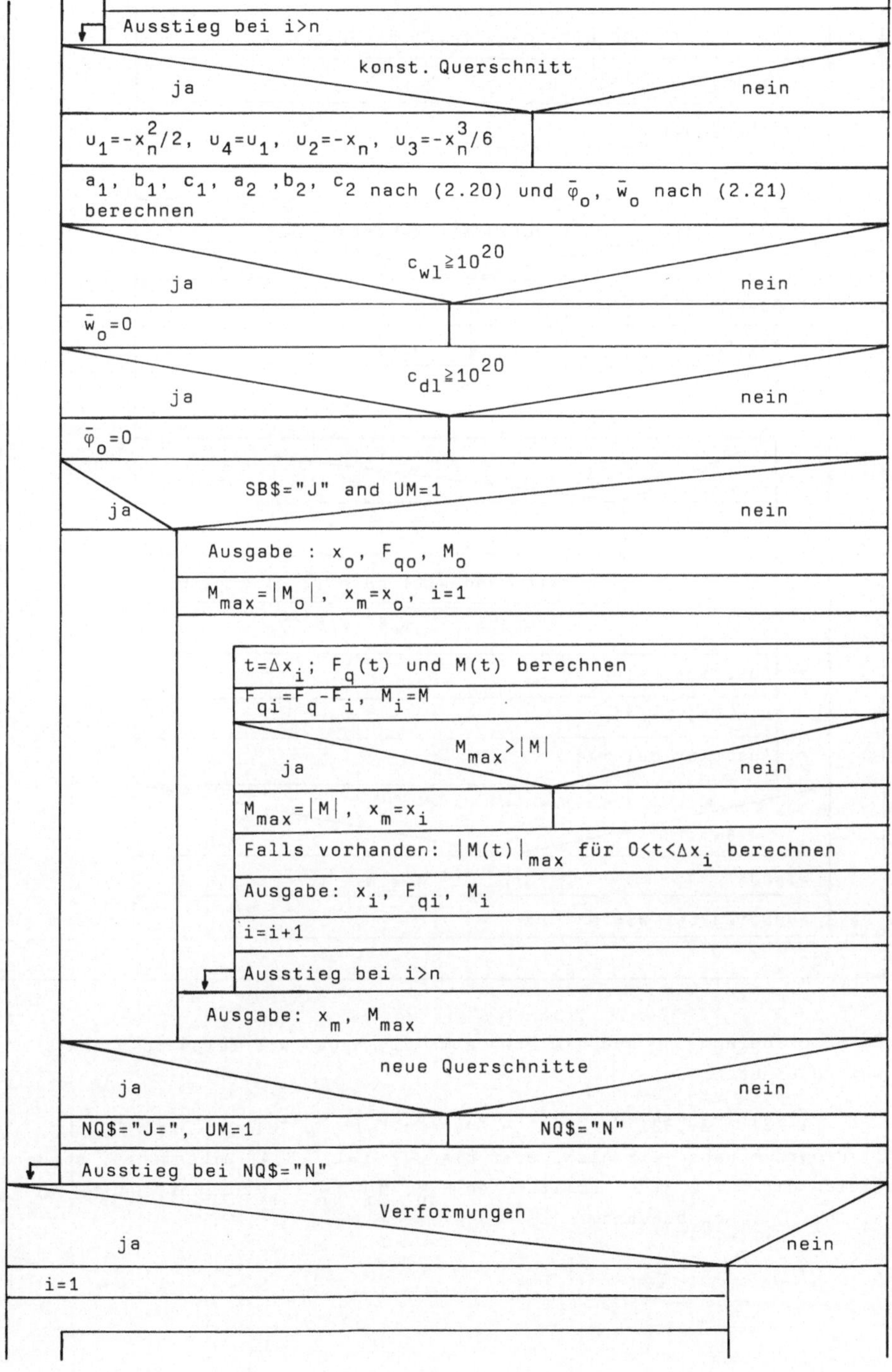

Ausstieg bei i>n
konst. Querschnitt
ja
nein
$u_1=-x_n^2/2$, $u_4=u_1$, $u_2=-x_n$, $u_3=-x_n^3/6$
a_1, b_1, c_1, a_2, b_2, c_2 nach (2.20) und $\bar{\varphi}_o$, $\bar{w}_o$ nach (2.21) berechnen
$c_{wl} \geq 10^{20}$
ja
nein
$\bar{w}_o=0$
$c_{dl} \geq 10^{20}$
ja
nein
$\bar{\varphi}_o=0$
SB$="J" and UM=1
ja
nein
Ausgabe : x_o, F_{qo}, M_o
$M_{max}=|M_o|$, $x_m=x_o$, i=1
$t=\Delta x_i$; $F_q(t)$ und M(t) berechnen
$F_{qi}=F_q-F_i$, $M_i=M$
$M_{max}>|M|$
ja
nein
$M_{max}=|M|$, $x_m=x_i$
Falls vorhanden: $|M(t)|_{max}$ für $0<t<\Delta x_i$ berechnen
Ausgabe: x_i, F_{qi}, M_i
i=i+1
Ausstieg bei i>n
Ausgabe: x_m, M_{max}
neue Querschnitte
ja
nein
NQ$="J=", UM=1
NQ$="N"
Ausstieg bei NQ$="N"
Verformungen
ja
nein
i=1

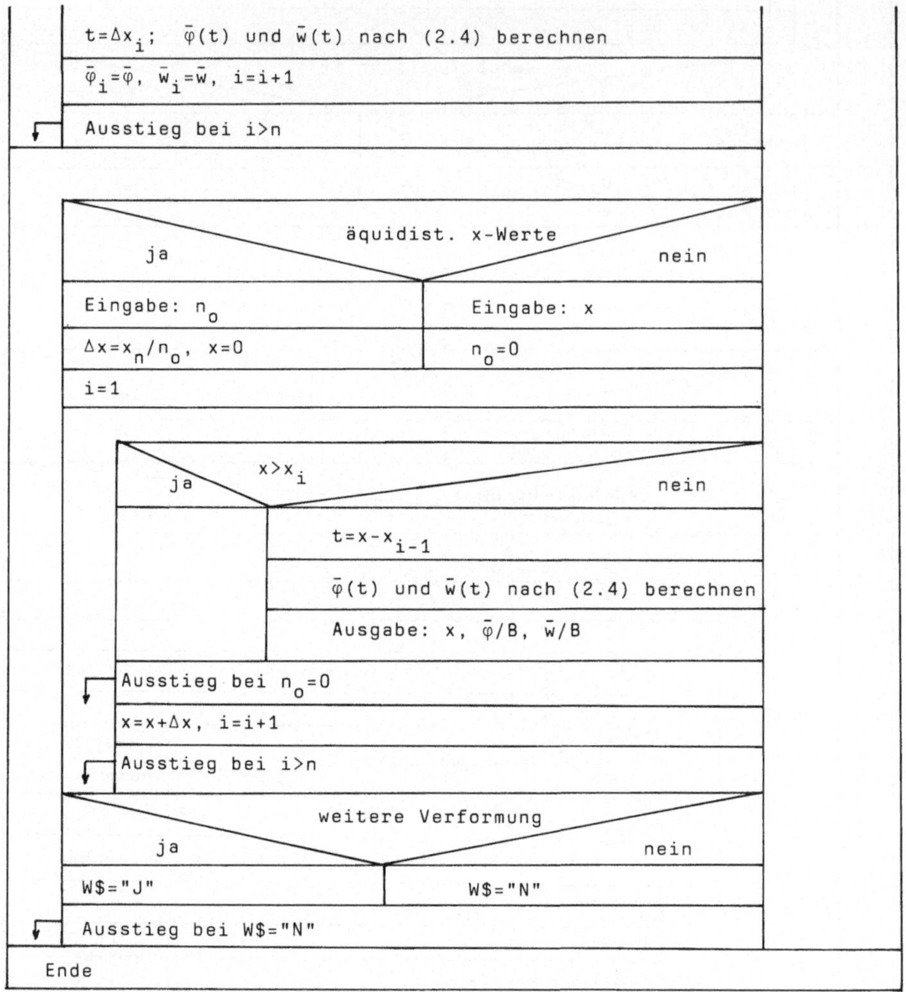

Im Struktogramm und auch im Programm "ET" haben wir folgende Schreibweisen benutzt:

$$u_1=u_{31}, \quad u_2=u_{32}, \quad u_3=u_{41}, \quad u_4=u_{42}, \quad c_o=\bar{c}_{wl}, \quad d_o=\bar{c}_{dl}, \quad c_n=\bar{c}_{wr}, \quad d_n=\bar{c}_{dr}.$$

Im Programm haben wir nicht erst die u_{ro} (r=1,2,3,4) eingeführt, sondern gleich die mit $\underline{z}_o$=(0) ermittelten F_{qn}, M_n, $\bar{\varphi}_n$, $\bar{w}_n$ zur Berechnung der a_1, b_1, ..., c_2 benutzt.

Programm "ET": Statisch bestimmter oder unbestimmter Einfeldträger

```
 10:"ET":REM STAT.
    BESTIMMTER ODE
    R UNBEST.EINFE
    LDTRAEGER
 15:INPUT "STATISC
    H BESTIMMT: J/
    N? ";SB$
 16:IF SB$<>"J"AND
    SB$<>"N"THEN 1
    5
 20:READ N
 30:DIM DX(N),QL(N
    ),QR(N),F(N),X
    (N),Q1(N),FQ(N
    ),M(N),P(N),W(
    N),K(N)
 40:FOR I=1TO N
 50:READ DX(I),QL(
    I),QR(I),F(I)
 52:LPRINT "DX=";D
    X(I)
 53:LPRINT "QL=";Q
    L(I)
 54:LPRINT "QR=";Q
    R(I)
 55:LPRINT "F= ";F
    (I)
 56:LPRINT
 60:X(I)=X(I-1)+DX
    (I)
 70:Q1(I)=(QR(I)-Q
    L(I))/DX(I)
 80:NEXT I
 90:READ CL,DL,CR,
    DR
 92:LPRINT "CWL=";
    CL
 93:LPRINT "CDL=";
    DL
 94:LPRINT "CWR=";
    CR
 95:LPRINT "CDR=";
    DR
 96:LPRINT
100:IF DL>=1E20
    THEN 120
110:INPUT "MOMENT
    LINKS: ";ML
115:LPRINT "ML=";M
    L
120:IF DR>=1E20
    THEN 140
130:INPUT "MOMENT
    RECHTS: ";MR
135:LPRINT "MR=";M
    R
140:IF CR=0THEN 16
    0
150:INPUT "SENKUNG
    RECHTS: ";WR
155:LPRINT "WR=";W
    R
160:INPUT "BIEGEST
    EIFIGKEIT E*IO
    = ";B
165:LPRINT "E*IO="
    ;B
166:LPRINT
170:CO=CL/B:DO=DL/
    B
180:CN=CR/B:DN=DR/
    B:WN=WR*B
190:U1=0:U2=0:U3=0
    :U4=0
200:FQ(0)=0:M(0)=0
210:P(0)=0:W(0)=0
220:INPUT "KONST.Q
    UERSCHNITT:J/N
    ? ";Q$
221:IF Q$<>"J"AND
    Q$<>"N"THEN 22
    0
230:WAIT 0:K(0)=1
240:FOR I=1TO N
250:IF Q$="J"THEN
    LET K(I)=1:
    GOTO 280
260:PRINT "I";I;"/
    IO=";
270:INPUT K(I):
    PRINT
275:LPRINT "K";I;"
    =";K(I)
280:T=DX(I):GOSUB
    "SG"
290:GOSUB "VG"
300:FQ(I)=FQ-F(I):
    M(I)=M
310:P(I)=P:W(I)=W
320:IF Q$="J"THEN
    390
330:UO=(1/K(I)-1/K
    (I-1))*X(I-1)*
    (X(N)-X(I-1))
340:U=(X(I)^2-X(I-
    1)^2)/2/K(I)
350:U1=U1-U
360:U2=U2-DX(I)/K(
    I)
370:U3=U3-(X(I)^3-
    X(I-1)^3)/6/K(
    I)+UO*X(I-1)/2
380:U4=U4-U+UO
390:NEXT I
395:LPRINT
400:IF Q$<>"J"THEN
    430
410:U1=-X(N)^2/2:U
    4=U1
420:U2=-X(N):U3=-X
    (N)^3/6
430:A1=CN*(X(N)-DO
    *U4)
440:B1=CO+CN*(1+CO
    *U3)
450:C1=FQ(N)+CN*(M
    L*U4-WN+W(N))
460:A2=-DO-DN*(1-D
    O*U2)
470:B2=CO*(X(N)-DN
    *U1)
480:C2=(1-DN*U2)*M
    L-MR+M(N)-DN*P
    (N)
490:DET=A1*B2-A2*B
    1
500:P(0)=(-C1*B2+C
    2*B1)/DET
510:W(0)=(-A1*C2+A
    2*C1)/DET
520:FQ(0)=CO*W(0)
530:M(0)=ML-DO*P(0
    )
540:IF CL>=1E20
    THEN LET W(0)=
    0
550:IF DL>=1E20
    THEN LET P(0)=
    0
560:IF SB$="J"AND
    UM=1THEN 840
570:I=0:GOSUB "AUS
    G SG"
580:MM=ABS M(0):XM
    =0
590:FOR I=1TO N
600:T=DX(I):GOSUB
    "SG"
610:FQ(I)=FQ-F(I):
    M(I)=M
620:IF MM>ABS M
    THEN 640
630:MM=ABS M:XM=X(
    I)
640:IF Q1(I)=0THEN
    690
650:R=2*Q1(I)*FQ(I
    -1)+QL(I)*QL(I
    )
660:IF R<0THEN 780
670:T=(SQR R-QL(I)
    )/Q1(I)
680:GOTO 710
690:IF QL(I)=0THEN
    780
700:T=FQ(I-1)/QL(I
    )
710:IF T<=0OR T>=D
    X(I)THEN 780
720:GOSUB "SG"
730:LPRINT "X=";X(
    I-1)+T
740:LPRINT "M=";M
745:LPRINT
750:IF MM>=ABS M
    THEN 780
760:MM=ABS M
770:XM=X(I-1)+T
```

```
780:GOSUB "AUSG SG         920:IF A$="J"THEN        1210:IF I=0THEN 1
    "                          950                      240
790:NEXT I                 930:INPUT "X=";X         1220:LPRINT "FQL=
800:LPRINT "MAX M=         940:NO=0:GOTO 970            ";FQ(I)+F(I)
    ";MM                    950:INPUT "ANZAHL        1230:IF I=NTHEN 1
810:LPRINT "BEI X=             DER INTERVALLE           250
    ";XM                       ? ";NO               1240:LPRINT "FQR=
815:LPRINT                 960:DX=X(N)/NO:X=0           ";FQ(I)
820:INPUT "NEUE QU         970:FOR I=1TO N          1250:LPRINT "M=";
    ERSCHNITTE: J/         980:IF X>X(I)THEN            M(I)
    N? ";NQ$                   1060                 1255:LPRINT
821:IF NQ$<>"J"AND         990:T=X-X(I-1)           1260:RETURN
    NQ$<>"N"THEN 8        1000:GOSUB "VG"           1270:"SG":FQ=FQ(I
    20                    1010:LPRINT "X=";             -1)-(QL(I)+Q
830:IF NQ$="J"THEN             X                        1(I)*T/2)*T
    LET UM=1:GOTO        1020:LPRINT "PHI=        1280:M=M(I-1)+(FQ
    160                        ";P/B                    (I-1)-(QL(I)
840:INPUT "VERFORM        1030:LPRINT "W=";             +Q1(I)*T/3)*
    UNG:J/N? ";V$             W/B                       T/2)*T
841:IF V$<>"J"AND        1035:LPRINT              1290:RETURN
    V$<>"N"THEN 84        1040:IF NO=0THEN        1300:"VG":P=P(I-1
    0                          1070                     )-(M(I-1)+(F
850:IF V$<>"J"THEN        1050:X=X+DX:GOTO             Q(I-1)-(QL(I
    1090                       980                      )+Q1(I)*T/4)
860:FOR I=1TO N           1060:NEXT I                   *T/3)*T/2)*T
870:T=DX(I):GOSUB         1070:INPUT "WEITE            /K(I)
    "SG":GOSUB "VG            RE VERFORMUN        1310:W=W(I-1)+(P(
    "                         G:J/N? ";W$              I-1)-(M(I-1)
880:FQ(I)=FQ-F(I):       1071:IF W$<>"J"              +(FQ(I-1)-(Q
    M(I)=M                    AND W$<>"N"              L(I)+Q1(I)*T
890:P(I)=P:W(I)=W             THEN 1120                /5)*T/4)*T/3
900:NEXT I               1080:IF W$="J"               )*T/2/K(I))*
905:LPRINT                    THEN 910                 T
910:INPUT "AEQUID.       1085:LPRINT              1320:RETURN
    X-WERTE? ";A$        1090:END
911:IF A$<>"J"AND        1200:"AUSG SG":
    A$<>"N"THEN 91            LPRINT "X=";
    0                         X(I)
```

<u>Hinweise zum Programm "ET"</u>:

(1) Mit dem Programm "ET" können für statisch bestimmt oder unbestimmt
    gelagerte Einfeldträger, wie z.B. in Abb.2.3 dargestellt, Schnitt-
    und Verformungsgrößen berechnet werden. Der Träger ist in n Balken-
    elemente der Länge Δx_i (i=1,2,...,n) zu zerlegen, die durch Trapez-
    lasten mit der Belastungsintensität q_{li} links und q_{ri} rechts und
    durch Einzelkräfte F_i am Ende des Elements belastet sein dürfen. An
    den Enden des Trägers sind Belastungen durch Momente M_l bzw. M_r zu-
    lässig. Das rechte Ende kann eine Stützensenkung w_r erfahren.

(2) Der Träger ist links und rechts auf Senk- und Drehfedern gelagert.
    Für unendliche Federkonstanten (s. Tabelle S.44) ist der Wert 1E20
    einzugeben.

(3) Über eine DATA-Anweisung werden die folgenden Daten eingegeben:

$$n,\ \Delta x_1,\ q_{l1},\ q_{r1},\ F_1,\ \Delta x_2,\ q_{l2},\ \ldots\ldots,\ F_{n-1},\ \Delta x_n,\ q_{ln},\ q_{rn},\ F_n$$

$$c_{wl},\ c_{dl},\ c_{wr},\ c_{dr}$$

Über eine IPUT-Anweisung werden M_l, M_r, w_r, EI_o und $k_i=I_i/I_o$ angefordert.

(4) Berechnet und ausgegeben werden x_i, F_{qi}, M_i (i=0,1,...,n) und
M_{max}, x_m.

(5) Für einen statisch unbestimmt gelagerten Träger wird nach der Eingabe neuer Querschnittswerte (4) wiederholt.

(6) Verformungen werden nach Abfrage für äquidistante x-Werte bzw. für
einen einzelnen x-Wert berechnet und ausgegeben. Dieser Schritt kann
beliebig oft wiederholt werden.

Der Algorithmus des Reduktionsverfahrens und damit auch das Programm "ET"
lassen sich selbstverständlich für Sonderfälle des Einfeldträgers noch
vereinfachen. Hat man es in des Praxis sehr häufig mit einem Träger zu
tun, der z.B. nur durch Einzelkräfte belastet wird, so können ganz wesentliche Teile des Programms herausgenommen oder vereinfacht werden.
Insbesondere lassen sich die dann überflüssigen Eingabedaten q_{li} und q_{ri},
die im obigen Programm stets mit O eingegeben werden müssen, einsparen.

In den folgenden Beispielen setzen wir für Berechnungen mit dem Programm
"ET" Kräfte in kN und Längen in m ein. Z.B ist die Biegesteifigkeit EI_o
in $kN \cdot m^2$ oder eine Drehfederkonstante in kNm einzusetzen.

Beispiel 2.1: Der I-Träger (DIN 1025, Blatt 1) der Abb.2.4 ist für
$\sigma_{zul}=14$ kN/cm^2 zu bemessen. Es sind weiter die Neigungswinkel der Biegelinie an den Auflagern und die maximale Durchbiegung zu ermitteln.

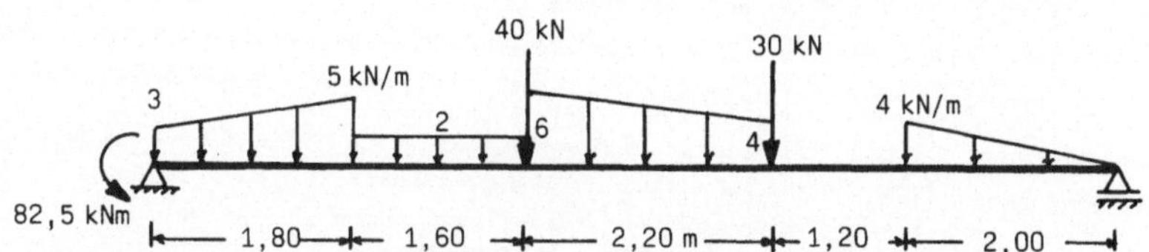

Abb.2.4: Statisch bestimmt gelagerter Träger auf zwei Stützen

Die Eingabe über eine DATA-Anweisung sieht so aus:

    1:DATA 5,1.8,3,5,0,1.6,2,2,40,2.2,6,4,30,1.2,0,0,0,2,4,0,0
    2:DATA 1E20,0,1E20,0

Diese Werte werden zur Kontrolle vom Rechner ausgedruckt (s. Tabelle weiter unten). Da der Träger statisch bestimmt gelagert ist (SB$="J"), sind
die Schnittgrößen unabhängig von der Biegesteifigkeit. Wir geben daher
für EI_o zunächst den Wert 1 ein und erhalten damit die in der Tabelle
ausgedruckten Werte x_i, F_{qi} und M_i. Insbesondere werden die Auflagerkräfte

```
DX= 1.8          X= 0                    X= 0
QL= 3            FQR= 59.55909091        PHI= 6.40178852E-0
QR= 5            M=-82.5                 3
F=  0                                    W= 0

DX= 1.6          X= 1.8                  X= 2.2
QL= 2            FQL= 52.35909091        PHI= 8.066831091E-
QR= 2            FQR= 52.35909091        03
F=  40           M= 18.76636364          W= 1.778971526E-02

DX= 2.2          X= 3.4                  X= 4.4
QL= 6            FQL= 49.15909091        PHI= 9.256914895E-
QR= 4            FQR= 9.15909091         04
F=  30           M= 99.9809091           W= 2.87447179E-02

DX= 1.2          X= 5.161611838          X= 6.6
QL= 0            M= 107.6341415          PHI=-7.451141803E-
QR= 0                                    03
F=  0            X= 5.6                  W= 2.110445043E-02
                 FQL=-1.84090909
DX= 2            FQR=-31.84090909        X= 8.8
QL= 4            M= 107.2242424          PHI=-1.067859156E-
QR= 0                                    02
F=  0            X= 6.8                  W= 1.012523315E-10
                 FQL=-31.84090909
CWL= 1E 20       FQR=-31.84090909        X= 5
CDL= 0           M= 69.01515149          PHI=-1.51985683E-0
CWR= 1E 20                               3
CDR= 0           X= 8.8                  W= 2.856793144E-02
                 FQL=-35.84090909
ML=-82.5         M=-2.32E-08             X= 4.6
MR= 0                                    PHI= 1.140037558E-
WR= 0            MAX M= 107.6341415      04
E*IO= 1          BEI X= 5.161611838      W= 2.884876635E-02

                 E*IO= 26271            X= 4.7
                                         PHI=-2.934271531E-
                                         04
                                         W= 2.883980269E-02

                                         X= 4.63
                                         PHI=-8.129515207E-
                                         06
                                         W= 2.885035468E-02
```

$$F_A = F_{qo} = 59,56 \text{ kN}, \qquad F_B = -F_{qn} = 35,84 \text{ kN}.$$

Mit

$$M_{max} = 107,63 \text{ kNm} \quad \text{für} \quad x = 5,16 \text{ m}$$

wird

$$W = M_{max}/\sigma_{zul} = 769 \text{ cm}^3 .$$

Wir wählen einen I-320 mit $I = 12\,510\ \text{cm}^4$. Mit NQ\$="J" (neue Querschnitte)

$$\text{und} \quad EI_0 = 21\,000 \text{ kN/cm}^2 \cdot 12\,510 \text{ cm}^4 = 26\,271 \text{ kNm}^2$$

erhalten wir für $n_0 = 4$ die Verformungsgrößen φ und w (in m) an äquidistan-
ten Stellen. Die maximale Durchbiegung liegt zwischen $x = 4,4$ m ($\varphi > 0$) und
$x = 6,6$ m ($\varphi < 0$). Nach der Eingabe einiger x-Werte gewinnen wir schließlich

$$w_{max} = 2,89 \cdot 10^{-2} \text{ m} = 29 \text{ mm} .$$

Beispiel 2.2: Für den Träger der Abb.2.5 sind die Schnitt- und Verformungsgrößen zu ermitteln. Gegeben:

$$I_1 = 15700 \text{ cm}^4, \quad I_2 = 4250 \text{ cm}^4, \quad c_{wr} = 6 \text{ kN/mm} = 6000 \text{ kN/m}, \quad c_{dr} = 50000 \text{ kNm}.$$

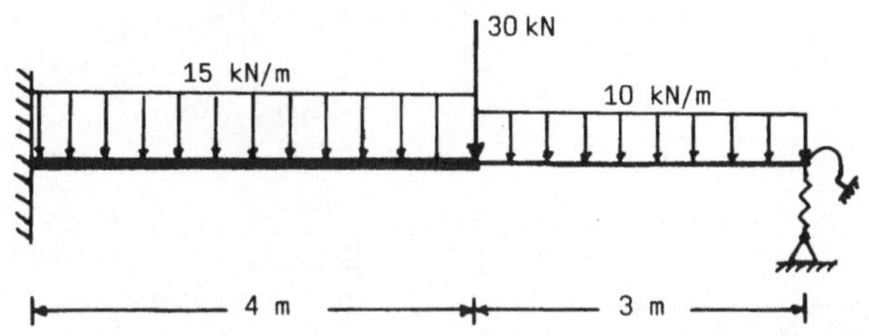

Abb.2.5: Statisch unbestimmter Träger mit feldweise konstantem Trägheitsmoment

Wählen wir $I_0 = 1000 \text{ cm}^4$, so erhalten wir mit

$$EI_0 = 2100 \text{ kNm}^2, \quad k_1 = I_1/I_0 = 15,7, \quad k_2 = I_2/I_0 = 4,25$$

die Ergebnisse der folgenden Tabelle. In der Abb.2.5a haben wir die Kurven für die Schnittgrößen und die Biegelinie gezeichnet. Die maximale Durchbiegung wurde näherungsweise durch Eingabe einiger x-Werte ermittelt.

```
DX= 4                  X= 0                    X= 5.25
QL= 15                 FQR= 74.82361891        PHI=-2.42312561E-0
QR= 15                 M=-131.2182427          3
F= 30                                          W= 1.221536479E-02
                       X= 4
DX= 3                  FQL= 14.82361891        X= 7
QL= 10                 FQR=-15.17638109        PHI=-8.49058249E-0
QR= 10                 M= 48.07623294          4
F= 0                                           W= 7.529396848E-03
                       X= 7
CWL= 1E 20             FQL=-45.17638109        X= 4.5
CDL= 1E 20             M=-42.45291033          PHI= 1.595970357E-
CWR= 6000                                      04
CDR= 50000                                     W= 1.315843583E-02
                       MAX M= 131.2182427
MR= 0                  BEI X= 0                X= 4.6
WR= 0                                          PHI=-2.685548599E-
E*IO= 2100                                     04
                       X= 0                    W= 1.315279488E-02
K 1= 15.7             PHI= 0
K 2= 4.25             W= 0                      X= 4.55
                                               PHI=-5.737476381E-
                       X= 1.75                 05
                       PHI= 3.896169117E-       W= 1.316096754E-02
                       03
                       W= 4.244923014E-03

                       X= 3.5
                       PHI= 3.280457496E-
                       03
                       W= 1.100466148E-02
```

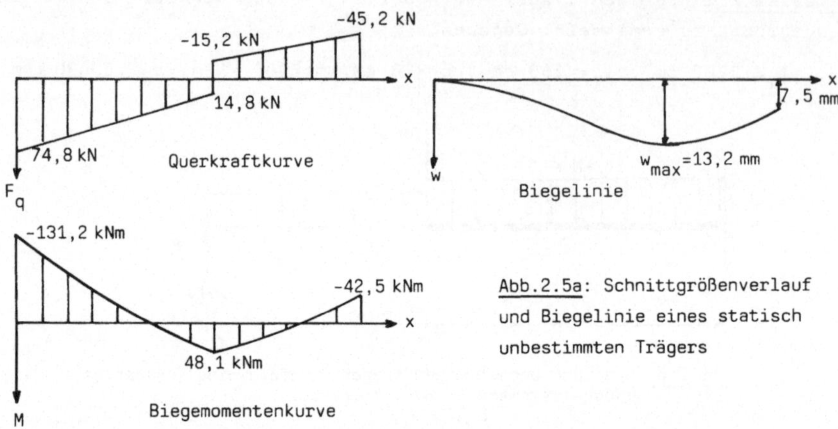

Abb.2.5a: Schnittgrößenverlauf
und Biegelinie eines statisch
unbestimmten Trägers

Beispiel 2.3: Der statisch unbestimmte Träger der Abb.2.6, der links gelenkig auf Rollen gelagert und rechts fest eingespannt ist, besitzt die
konstante Biegesteifigkeit EI=15120 kNm^2 (2 U 240). Das rechte Ende habe
sich um w_r= 1 cm gesenkt. Die maximale Biegespannung und die Verformung
sollen berechnet werden.

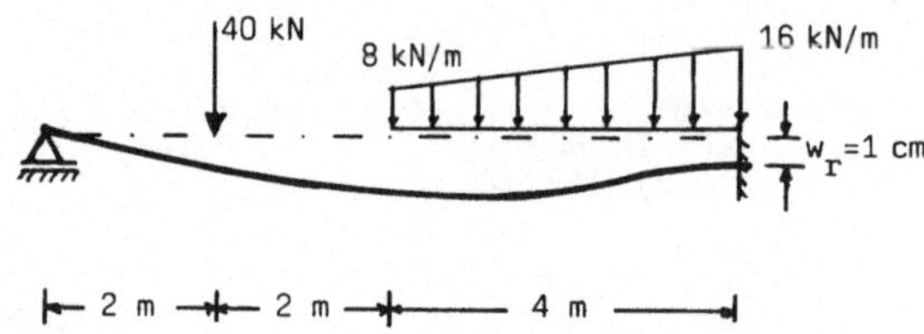

Abb.2.6: Statisch unbestimmter Träger mit Stützensenkung

Das Programm "ET" liefert uns (Ergebnisse s.S.57)

M_{max}=80,55 kNm   an der Einspannstelle .

Damit wird

$$\sigma_{max}=M_{max}/W=80,55 \text{ kNm} / 600 \text{ cm}^3 =13,43 \text{ kN/cm}^2 .$$

Der Neigungswinkel der Biegelinie am Rollenlager beträgt

$$\varphi= 0,01 \text{ rad}= 0,57^o .$$

Die maximale Durchbiegung

$$w_{max} \approx 22,4 \text{ mm}$$

wird etwa bei x=3,7 m angenommen.

```
DX=  2                X=  0                X=  4
QL=  0                FQR= 30.59843748     PHI=-8.137676349E-
QR=  0                M=  0                04
F=  40                                     W= 2.228064372E-02
                      X=  2
DX=  2                FQL= 30.59843748     X=  6
QL=  0                FQR=-9.40156252      PHI=-4.384162794E-
QR=  0                M= 61.19687496       03
F=  0                                      W= 1.626253858E-02
                      X=  4
DX=  4                FQL=-9.40156252      X=  8
QL=  8                FQR=-9.40156252      PHI= 3.349206349E-
QR= 16                M= 42.39374992       11
F=  0                                      W= 1.000000005E-02
                      X=  8
CWL= 1E 20            FQL=-57.40156252     X= 3.5
CDL= 0               M=-80.54583349        PHI= 6.658666429E-
CWR= 1E 20                                 04
CDR= 1E 20           MAX M= 80.54583349    W= 2.232409601E-02
                     BEI X= 8
ML= 0                                      X= 3.8
WR= 0.01                                   PHI=-2.405678179E-
E*IO= 15120          X=  0                 04
                     PHI= 1.008487653E-    W= 2.23864918E-02
                     02
                     W= 0                  X= 3.7
                                           PHI= 5.535903766E-
                     X=  2                 05
                     PHI= 6.037464169E-    W= 2.239580405E-02
                     03
                     W= 1.747147816E-02
```

2.3 Statisch bestimmter Gerberträger

Für den Gerberträger der Abb.2.7 sind die Schnitt- und Verformungsgrößen F_q, M, $\bar{\varphi}$, $\bar{w}$ zu bestimmen. Das j-te Feld (j=1,2,3,4,5) wird wie früher (s. Abschn.2.1) in n_j Balkenelemente zerlegt, die mit einer Trapezlast und einer Einzelkraft am rechten Ende des Elements belastet werden können. Fehlt ein Kragarm, so ist n_1=0 bzw. n_5=0 zu setzen. Das Flächenträgheitsmoment soll in den einzelnen Feldern j konstant sein. Mit einer Bezugsgröße I_o schreiben wir

$$I_j = k_j I_o \quad \text{für} \quad j=1,\dots,5.$$

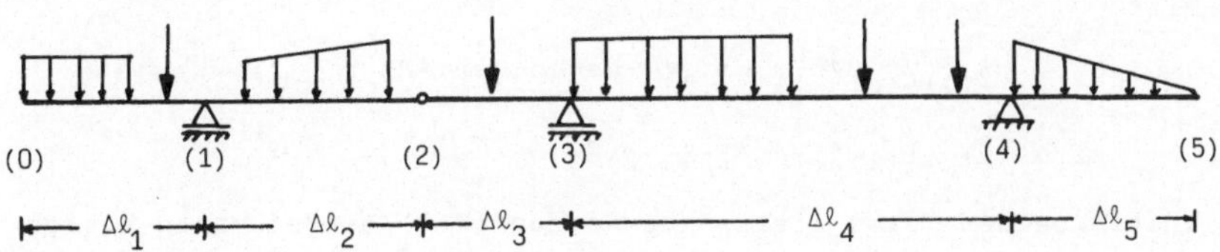

Abb.2.7: Statisch bestimmter Gerberträger

Da der Gerberträger statisch bestimmt gelagert ist, bestimmen wir zunächst die Schnittgrößen. Wir führen folgende Bezeichnungen ein, wobei

der Index j von 1 bis 5 und der Index i von 1 bis n (Anzahl der gesamten
Balkenelemente) läuft,:

$$n_{(j)} = n_{(j-1)} + n_j, \quad n_{(o)} = 0, \quad n = n_{(5)},$$

$$x_i = x_{i-1} + \Delta x_i, \quad x_{(j)} = x_{nj}, \quad x_{(o)} = x_o = 0, \quad \Delta\ell_j = x_{(j)} - x_{(j-1)} .$$

Die Schnittgrößen

$$\underline{y}_i = \begin{bmatrix} F_{qi} \\ M_i \end{bmatrix} \quad \text{und} \quad \underline{y}_{(j)} = \begin{bmatrix} F_{q(j)} \\ M_{(j)} \end{bmatrix}$$

werden bei $\underline{y}_i$ auf das Ende des i-ten Balkenelements und bei $\underline{y}_{(j)}$ auf
einen Schnitt <u>links</u> von der Stelle (j) bezogen. $\underline{y}_{r(j)}$ ist der Schnittgrößenvektor <u>rechts</u> von der Stelle (j).

Die Biegemomentenfunktion ist über den gesamten Träger stetig mit

$$M_{(o)} = M_{(2)} = M_{(5)} = 0 .$$

Die Querkraft dagegen besitzt Unstetigkeiten an den Auflagern (1), (3)
und (4). Diese Unstetigkeiten müssen in den Algorithmus des Reduktionsverfahrens eingearbeitet werden. Bezeichnen wir die Auflagerkräfte mit

$$F_A = F_{A1}, \quad F_B = F_{A3}, \quad F_C = F_{A4}$$

(wir zählen sie nach oben gerichtet positiv), so gilt

$$(2.25) \qquad \underline{y}_{r(j)} = \begin{bmatrix} F_{q(j)} + F_{Aj} \\ M_{(j)} \end{bmatrix} = \underline{y}_{(j)} + F_{Aj}\underline{e}_1 \quad \text{mit } \underline{e}_1 = \begin{bmatrix} 1 \\ 0 \end{bmatrix} \text{ für } j=1,3,4 .$$

Die Übertragungsmatrix des Feldes j für die Schnittgrößen lautet nach
(2.13)

$$(2.26) \qquad \underline{S}_{(j)} = \begin{bmatrix} 1 & 0 \\ \Delta\ell_j & 1 \end{bmatrix}$$

Für den Gelenkpunkt (2) erhalten wir nach (2.7) und mit den obigen Bezeichnungen

$$\underline{y}_{(2)} = \underline{S}_{(2)}\underline{y}_{r(1)} + \underline{r}_{(2)} = \underline{S}_{(2)}(\underline{y}_{(1)} + F_{A1}\underline{e}_1) + \underline{r}_{(2)} .$$

und mit

$$\underline{y}_{(1)} = \underline{S}_{(1)}\underline{y}_{(o)} + \underline{r}_{(1)} = \underline{r}_{(1)} \quad \text{wegen der ARB } \underline{y}_{(o)} = (0)$$

$$\underline{y}_{(2)} = \underline{S}_{(2)}\underline{r}_{(1)} + \underline{r}_{(2)} + F_{A1}\underline{S}_{(2)}\underline{e}_1 .$$

Die ersten beiden Terme liefern den durch (2.9) eingeführten Vektor

$$(2.27) \qquad \underline{u}_{o(2)} = \begin{bmatrix} F_{qo(2)} \\ M_{o(2)} \end{bmatrix} ,$$

der aus den Reduktionsgleichungen (2.5) mit $F_{qo} = M_o = 0$ bestimmt wird. Das
Produkt der Übertragungsmatrix $\underline{S}_{(2)}$ mit $\underline{e}_1$ wird

$$\underline{S}_{(2)}\underline{e}_1 = \begin{bmatrix} 1 \\ \Delta\ell_2 \end{bmatrix} = \begin{bmatrix} 1 \\ x_{(2)} - x_{(1)} \end{bmatrix} .$$

Somit erhalten wir

$$(2.28) \qquad \underline{y}_{(2)} = \underline{u}_{o(2)} + F_{A1} \begin{bmatrix} 1 \\ \Delta\ell_2 \end{bmatrix}$$

oder in Komponentendarstellung

$$(2.28a) \qquad \begin{aligned} F_{q(2)} &= F_{qo(2)} + F_{A1} , \\ M_{(2)} &= M_{o(2)} + F_{A1}\Delta\ell_2 . \end{aligned}$$

Aus der Bedingung $M_{(2)} = 0$ berechnen wir die erste Auflagerkraft zu

$$(2.29) \qquad F_{A1} = F_A = -M_{o(2)} / \Delta\ell_2 = -M_{o(2)} / (x_{(2)} - x_{(1)}) .$$

Ähnlich wie oben erhalten wir für den Schnittgrößenvektor $\underline{y}_{(5)}$ am Ende des Gerberträgers

$$(2.30) \qquad \underline{y}_{(5)} = \underline{u}_{o(5)} + F_{A1}\underline{S}_{(5)}\underline{S}_{(4)}\underline{S}_{(3)}\underline{S}_{(2)}\underline{e}_1 + F_{A3}\underline{S}_{(5)}\underline{S}_{(4)}\underline{e}_1 + F_{A4}\underline{S}_{(5)}\underline{e}_1 .$$

Die Multiplikation der Matrizen liefert

$$\underline{S}_{(5)}\underline{S}_{(4)}\underline{S}_{(3)}\underline{S}_{(2)}\underline{e}_1 = \begin{bmatrix} 1 \\ \Delta\ell_2 + \Delta\ell_3 + \Delta\ell_4 + \Delta\ell_5 \end{bmatrix} = \begin{bmatrix} 1 \\ x_{(5)} - x_{(1)} \end{bmatrix} ,$$

$$\underline{S}_{(5)}\underline{S}_{(4)}\underline{e}_1 = \begin{bmatrix} 1 \\ \Delta\ell_4 + \Delta\ell_5 \end{bmatrix} = \begin{bmatrix} 1 \\ x_{(5)} - x_{(3)} \end{bmatrix} ,$$

$$\underline{S}_{(5)}\underline{e}_1 = \begin{bmatrix} 1 \\ \Delta\ell_5 \end{bmatrix} = \begin{bmatrix} 1 \\ x_{(5)} - x_{(4)} \end{bmatrix} .$$

Damit folgt aus (2.30) zur Bestimmung von $F_{A3} = F_B$ und $F_{A4} = F_C$ das lineare Gleichungssystem

$$\begin{aligned} F_{qo(5)} + F_A + F_B + F_C &= 0 , \\ M_{o(5)} + (x_{(5)} - x_{(1)})F_A + (x_{(5)} - x_{(3)})F_B + (x_{(5)} - x_{(4)})F_C &= 0 . \end{aligned}$$

Die Lösung lautet

$$(2.31) \qquad \begin{aligned} F_B &= -((x_{(4)} - x_{(1)})F_A + M_{o(5)} - (x_{(5)} - x_{(4)})F_{qo(5)}) / (x_{(4)} - x_{(3)}) , \\ F_C &= -F_{qo(5)} - F_A - F_B . \end{aligned}$$

Unser Algorithmus verläuft bis hierher folgendermaßen. Nach (2.5) bestimmen wir mit $F_{qo} = M_o = 0$ die Größen

$$M_{o(2)} = M_{n_{(2)}} 0 , \qquad F_{qo(5)} = F_{qno} , \qquad M_{o(5)} = M_{no}$$

und hiermit nach (2.29) und (2.31) die Auflagerkräfte. Diese Kräfte machen wir zu äußeren Belastungskräften, indem wir

$$(2.32) \qquad F_{n_{(1)}} = -F_A, \quad F_{n_{(3)}} = -F_B, \quad F_{n_{(4)}} = -F_C$$

setzen. Mit

$$(2.33) \qquad F_{qo} = \begin{cases} 0 & \text{für } n_1 > 0 \\ -F_o = F_A & \text{''} \quad n_1 = 0 \end{cases} \quad \text{und} \quad M_o = 0$$

können dann nach (2.5) an allen Stellen x_i die Schnittgrößen ermittelt werden.

Von den Verformungsgrößen sind am Anfang $\bar{\varphi}_o$ und $\bar{w}_o$ unbekannt. Im Gelenkpunkt (2) besitzt $\bar{\varphi}$ einen Sprung von der Größe $\Delta\bar{\varphi}$:

$$(2.34) \qquad \bar{\varphi}_{r(2)} = \bar{\varphi}_{(2)} + \Delta\bar{\varphi} \quad \text{oder} \quad \underline{z}_{r(2)} = \underline{z}_{(2)} + \Delta\bar{\varphi}\underline{e}_3 \quad \text{mit} \quad \underline{e}_3 = \begin{bmatrix} 0 \\ 0 \\ 1 \\ 0 \end{bmatrix}.$$

Aus den drei Bedingungen

$$w_{(1)} = w_{(3)} = w_{(4)} = 0$$

sind die Unbekannten $\bar{\varphi}_o$, $\bar{w}_o$, $\Delta\bar{\varphi}$ zu berechnen. Wir starten das Reduktionsverfahren mit den Werten F_{qo} und M_o nach (2.33) und $\bar{\varphi}_o = \bar{w}_o = 0$ und berechnen mit diesen Ausgangswerten $\bar{w}_{o(1)}$, $\bar{w}_{o(3)}$ und $\bar{w}_{o(4)}$ (hier in anderer Bedeutung als in (2.14), wo stets $F_{qo} = M_o = 0$ gesetzt wurde). Mit

$$\underline{U}_{(j)} = \begin{bmatrix} 1 & 0 & 0 & 0 \\ \Delta\ell_j & 1 & 0 & 0 \\ \dots & \dots & 1 & 0 \\ \dots & \dots & \Delta\ell_j & 1 \end{bmatrix} \quad \text{und} \quad \underline{z}_o = \begin{bmatrix} 0 \\ 0 \\ \bar{\varphi}_o \\ \bar{w}_o \end{bmatrix}$$

folgt aus

$$\underline{z}_{(1)} = \underline{U}_{(1)}\underline{z}_o + \underline{z}_{o(1)}$$

$$(2.35a) \qquad \bar{w}_{(1)} = \Delta\ell_1\bar{\varphi}_o + \bar{w}_o + \bar{w}_{o(1)} = 0 .$$

Bei der Gleichung für $\underline{z}_{(3)}$ ist die Sprungbedingung (2.34) zu berücksichtigen:

$$\underline{z}_{(3)} = \underline{U}_3\underline{z}_o + \underline{z}_{o(3)} + \Delta\bar{\varphi}\underline{U}_{(3)}\underline{e}_3$$

mit

$$\underline{U}_3 = \underline{U}_{(3)}\underline{U}_{(2)}\underline{U}_{(1)} = \begin{bmatrix} 1 & 0 & 0 & 0 \\ x_{(3)} & 1 & 0 & 0 \\ \dots & \dots & 1 & 0 \\ \dots & \dots & x_{(3)} & 1 \end{bmatrix} \quad \text{und} \quad \underline{U}_3\underline{e}_3 = \begin{bmatrix} 0 \\ 0 \\ 1 \\ \Delta\ell_3 \end{bmatrix}.$$

Auch an der Stelle (3) interessiert nur die Darstellung für die Durchbiegung:

$$(2.35b) \qquad \bar{w}_{(3)} = x_{(3)} \bar{\varphi}_0 + \bar{w}_0 + \Delta \ell_3 \, \Delta \bar{\varphi} + \bar{w}_{0(3)} = 0 \ .$$

Entsprechend erhalten wir

$$(2.35c) \qquad \bar{w}_{(4)} = x_{(4)} \bar{\varphi}_0 + \bar{w}_0 + (\Delta \ell_3 + \Delta \ell_4) \Delta \bar{\varphi} + \bar{w}_{0(4)} = 0 \ .$$

Aus den Gleichungen (2.35) können die Unbekannten $\Delta \bar{\varphi}$, $\bar{\varphi}_0$, $\bar{w}_0$ berechnet werden. Das Ergebnis lautet:

$$
\begin{aligned}
&D = \Delta \ell_2 \Delta \ell_4 = (x_{(2)} - x_{(1)})(x_{(4)} - x_{(3)}) \ , \\[4pt]
(2.36) \quad &\bar{\varphi}_0 = [\,(x_{(4)} - x_{(3)})(\bar{w}_{0(1)} - \bar{w}_{0(3)}) - (x_{(3)} - x_{(2)})(\bar{w}_{0(3)} - \bar{w}_{0(4)})\,]/D \ , \\[4pt]
&\Delta \bar{\varphi} = -\bar{\varphi}_0 + (\bar{w}_{0(3)} - \bar{w}_{0(4)})/(x_{(4)} - x_{(3)}) \ , \\[4pt]
&\bar{w}_0 = -x_{(1)} \bar{\varphi}_0 - \bar{w}_{0(1)} \ .
\end{aligned}
$$

Mit diesen Werten lassen sich nach (2.5) alle Verformungsgrößen berechnen, wobei wir natürlich an der Stelle $x_{(2)}$ auf die Unstetigkeit von $\bar{\varphi}$ zu achten haben.

Das Programm "GT" ist ganz ähnlich wie das Programm "ET" aufgebaut, so daß sich eine eingehendere Darstellung durch ein Struktogramm erübrigen dürfte. Wir geben nur einige im Programm benutzte Bezeichnungen an:

$$N(J) = n_{(j)} \ , \quad XJ = x_{(j)} = x_{n_{(j)}} \ , \quad W1 = \bar{w}_{(1)} - \bar{w}_{(3)} \ , \quad W4 = \bar{w}_{(3)} - \bar{w}_{(4)} \ .$$

<u>Programm "GT"</u>: Statisch bestimmter Gerberträger

```
 10:"GT":REM  GERB        172:LPRINT "DX=";D        260:LPRINT "FB=";F
    ERTRAEGER                 X(I)                      B
 20:DIM N(5):N(0)=       173:LPRINT "QL=";Q        270:LPRINT "FC=";F
    0                         L(I)                      C
 30:FOR J=1TO 5          174:LPRINT "QR=";Q        275:LPRINT
 40:READ N(J)                R(I)                  280:F(N(1))=-FA
 50:N(J)=N(J)+N(J-       175:LPRINT "F=";F(        290:F(N(3))=-FB
    1)                        I)                    300:F(N(4))=-FC
 60:NEXT J               176:LPRINT                310:FQ(0)=-F(0)
 70:N=N(5)               180:NEXT I                320:I=0:GOSUB "AUS
 80:DIM DX(N),X(N)       190:X1=X(N(1)):X2=            G SG"
    ,QL(N),QR(N),Q           X(N(2))               330:MM=0
    1(N),F(N),FQ(N       200:X3=X(N(3)):X4=       340:FOR I=1TO N
    ),M(N),K(N),P(           X(N(4))               350:T=DX(I):GOSUB
    N),W(N)              210:X5=X(N(5))                "SG"
 90:X(0)=0:F(0)=0        220:FA=-M(N(2))/(X       360:FQ(I)=FQ-F(I):
100:FQ(0)=0:M(0)=0.         2-X1)                     M(I)=M
110:FOR I=1TO N          230:FB=-((X4-X1)*F       370:IF MM>ABS M
120:READ DX(I),QL(          A+M(N)-(X5-X4)            THEN 390
    I),QR(I),F(I)           *FQ(N))/(X4-X3       380:MM=ABS M:XM=X(
130:T=DX(I)                 )                         I)
140:X(I)=X(I-1)+T       240:FC=-FQ(N)-FA-F       390:IF Q1(I)=0THEN
150:Q1(I)=(QR(I)-Q          B                         440
    L(I))/T              245:LPRINT "AUFLAG       400:R=2*Q1(I)*FQ(I
160:GOSUB "SG"              ERKRAEFTE:"               -1)+QL(I)^2
170:FQ(I)=FQ-F(I):      250:LPRINT "FA=";F       410:IF R<0THEN 530
    M(I)=M                  A
```

```
420:T=(SQR R-QL(I)
     )/Q1(I)
430:GOTO 460
440:IF QL(I)=0THEN
     530
450:T=FQ(I-1)/QL(I
     )
460:IF T<=0OR T>=D
     X(I)THEN 530
470:GOSUB "SG"
480:LPRINT "X=";X(
     I-1)+T
490:LPRINT "M=";M
495:LPRINT
500:IF MM>=ABS M
     THEN 530
510:MM=ABS M
520:XM=X(I-1)+T
530:GOSUB "AUSG SG
     "
540:NEXT I
550:LPRINT "MAX M=
     ";MM
560:LPRINT "BEI X=
     ";XM
565:LPRINT
570:INPUT "VERFORM
     UNG:J/N? ";V$
571:IF V$<>"J"AND
     V$<>"N"THEN 57
     0
580:IF V$="N"THEN
     1120
590:INPUT "BIEGEST
     EIFIGKEIT: ";B
600:INPUT "KONST.
     QUERSCHNITT:J/
     N? ";Q$
601:IF Q$<>"J"AND
     Q$<>"N"THEN 60
     0
610:WAIT 0
620:FOR J=1TO 5
630:IF Q$="J"THEN
     LET K=1:GOTO 6
     70
640:PRINT "I";J;"/
     IO=";
650:INPUT K
660:PRINT
665:LPRINT "I";J;"
     /IO=";K
670:FOR I=N(J-1)+1
     TO N(J)
675:IF N(J)<N(J-1)
     +1THEN 690
680:K(I)=K
690:NEXT I
700:NEXT J
705:LPRINT
```

```
710:P(0)=0:W(0)=0
720:FOR I=1TO N
730:T=DX(I):GOSUB
     "VG"
740:P(I)=P:W(I)=W
750:NEXT I
760:W1=W(N(1))-W(N
     (3))
770:W4=W(N(3))-W(N
     (4))
780:D=(X2-X1)*(X4-
     X3)
790:P(0)=(W1*(X4-X
     3)-W4*(X3-X2))
     /D
800:DP=-P(0)+W4/(X
     4-X3)
810:W(0)=-X1*P(0)-
     W(N(1))
820:LPRINT "DPHI="
     ;DP/B
825:LPRINT
830:FOR I=1TO N
840:T=DX(I):GOSUB
     "VG"
850:P(I)=P:W(I)=W
860:IF I<>N(2)THEN
     880
870:P(I)=P(I)+DP
880:NEXT I
890:INPUT "AEQUID.
      STELLEN:J/N?
     ";A$
891:IF A$<>"J"AND
     A$<>"N"THEN 89
     0
900:IF A$="J"THEN
     930
910:INPUT "X=";X
920:NO=0:GOTO 950
930:INPUT "ANZAHL
     DER INTERVALLE
     ? ";NO
940:DX=X(N)/NO:X=0
950:FOR I=1TO N
960:IF X>X(I)THEN
     1060
970:T=X-X(I-1)
980:GOSUB "VG"
990:LPRINT "X=";X
1000:LPRINT "PHI=
      ";P/B
1010:IF X<>X(N(2)
      )THEN 1030
1020:LPRINT "PHI
      R=";(P+DP)/B
1030:LPRINT "W=";
      W/B
1035:LPRINT
```

```
1040:IF NO=0THEN
      1070
1050:X=X+DX:GOTO
      960
1060:NEXT I
1070:INPUT "WEITE
      RE VERFORMUN
      G:J/N? ";W$
1071:IF W$<>"J"
      AND W$<>"N"
      THEN 1070
1080:IF W$="N"
      THEN 1120
1090:INPUT "NEUE
      QUERSCHNITTE
      :J/N? ";NQ$
1091:IF NQ$<>"J"
      AND NQ$<>"N"
      THEN 1090
1100:IF NQ$="J"
      THEN 590
1110:GOTO 890
1120:END
1150:"SG":FQ=FQ(I
      -1)-(QL(I)+Q
      1(I)*T/2)*T
1160:M=M(I-1)+(FQ
      (I-1)-(QL(I)
      +Q1(I)*T/3)*
      T/2)*T
1170:RETURN
1180:"VG":P=P(I-1
      )-(M(I-1)+(F
      Q(I-1)-(QL(I
      )+Q1(I)*T/4)
      *T/3)*T/2)*T
      /K(I)
1190:W=W(I-1)+(P(
      I-1)-(M(I-1)
      +(FQ(I-1)-(Q
      L(I)+Q1(I)*T
      /5)*T/4)*T/3
      )*T/2/K(I))*
      T
1200:RETURN
1210:"AUSG SG":
      LPRINT "X=";
      X(I)
1220:IF I=0THEN 1
      250
1230:LPRINT "FQL=
      ";FQ(I)+F(I)
1240:IF I=NTHEN 1
      260
1250:LPRINT "FQR=
      ";FQ(I)
1260:LPRINT "M=";
      M(I)
1265:LPRINT
1270:RETURN
```

Hinweise zum Programm "GT":

(1) Für die fünf Felder des Gerberträgers der Abb.2.7 sind die Anzahl n_j
    (j=1,..,5) der Balkenelemente der Felder und die Belastungselemente
    über eine DATA-Anweisung einzugeben:

    n_1, n_2, n_3, n_4, n_5 (fehlende Kragarme: n_1=0 oder n_5=0)

    Δx_1, q_{11}, q_{r1}, F_1, Δx_2, q_{12}, ..., F_{n-1}, Δx_n, q_{1n}, q_{rn}, F_n ($\Delta x \neq 0$)

(2) Ausgegeben werden die Auflagerkräfte F_A, F_B, F_C (nach oben gerichtet
    positiv), die Schnittgrößen am Ende eines Balkenelements und M_{max}
(3) Für die Berechnung der Verformungsgrößen sind in den fünf Feldern
    verschiedene Flächenträgheitsmomente zulässig. In diesem Fall sind
    auf Anfrage $k_j = I_j / I_o$ (j=1,..,5) einzugeben. Ausgegeben werden die
    Verformungsgrößen für eine äquidistante Unterteilung oder einen ein-
    zelnen x-Wert. Diese Berechnung kann (auch mit neuen Querschnitts-
    werten) beliebig oft wiederholt werden.

Beispiel 2.4: Der Gerberträger der Abb.2.8 ist als mittelbreiter I-Träger (DIN 1025, Blatt 5) mit σ_{zul}=15 kN/cm^2 zu bemessen. Weiter sind die
Verformungsgrößen und insbesondere die maximale Durchbiegung zu bestimmen für

        Fall a): konstanten Querschnitt,
        Fall b): verschieden dimensionierte Träger links und rechts des
                 Gelenkpunktes.
Elastizitätsmodul: E=21000 kN/cm^2.

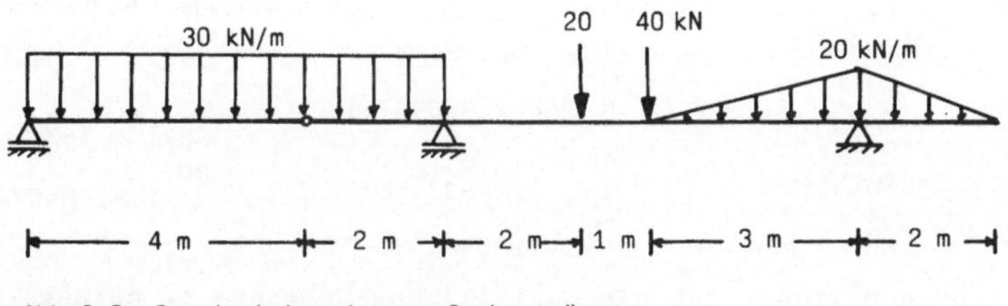

Abb.2.8: Statisch bestimmter Gerberträger

Nach der Eingabe

        1:DATA Ø,1,1,3,1
        2:DATA 4,3Ø,3Ø,Ø,2,3Ø,3Ø,Ø,2,Ø,Ø,2Ø,1,Ø,Ø,4Ø,3,Ø,2Ø,Ø,2,2Ø,Ø,Ø

erhalten wir für die Auflagerkräfte und die Schnittgrößen die ausgedruckten Ergebnisse (S.64 oben). Im Fall a) berechnen wir mit

        $W = M_{max} / \sigma_{zul}$ =180 kNm/(15 kN/cm^2)=1200 cm^3

den I-Träger zu I PE 450 mit I=33740 cm^4 und EI$\doteq$70854 kNm^2. Nach der

```
DX= 4              AUFLAGERKRAEFTE:          X= 8
QL= 30            FA= 60                     FQL= 66.1111112
QR= 30            FB= 186.1111112           FQR= 46.1111112
F= 0             FC= 43.8888888            M=-47.7777776

DX= 2             X= 0                       X= 9
QL= 30            FQR= 60                    FQL= 46.1111112
QR= 30            M= 0                       FQR= 6.1111112
F= 0                                         M=-1.6666664

DX= 2             X= 2                       X= 10.35400641
QL= 0             M= 60                      M= 3.849656094
QR= 0
F= 20             X= 4                       X= 12
                  FQL=-60                    FQL=-23.8888888
DX= 1             FQR=-60                    FQR= 20
QL= 0             M= 0                       M=-13.3333328
QR= 0
F= 40             X= 6                       X= 14
                  FQL=-120                   FQL= 0
DX= 3             FQR= 66.1111112            M= 5.332E-07
QL= 0             M=-180
QR= 20                                       MAX M= 180
F= 0                                         BEI X= 6

DX= 2
QL= 20
QR= 0
F= 0
```

Eingabe für die Verformungsgrößen liefert uns der Rechner für sieben
Teilintervalle die Werte

```
                      X= 4                   X= 10
E*IO= 70854           PHI= 1.137119206E-     PHI= 5.680695498E-
                      03                     04
                      PHI R=-5.238079548     W=-1.077594071E-03
DPHI=-6.375198754E    E-03
-03                   W= 9.064806176E-03
                                             X= 12
X= 0                                         PHI= 5.837512363E-
PHI= 3.395283882E-    X= 6                   04
03                    PHI=-2.979914871E-     W= 7.056764615E-12
W= 0                  03
                      W= 2.822705846E-12
                                             X= 14
X= 2                                         PHI= 6.778414162E-
PHI= 2.266201544E-    X= 8                   04
03                    PHI= 2.348334505E-     W= 1.318046776E-03
W= 5.943756011E-03    04
                      W=-2.123040685E-03
```

Wir erkennen hieraus, daß die maximale Durchbiegung im Gelenkpunkt angenommen wird und

$$w_{max}=9,06 \cdot 10^{-3} \text{ m} = 9,1 \text{ mm}$$

beträgt.

Im Fall b) wählen wir für den Träger links vom Gelenk (W_{erf}=400 cm^3)
einen I PE 220 mit I_2=5790 cm^4, während rechts wieder ein I PE 450 benutzt wird. Wir wählen I_o=10000 cm^4 und erhalten mit

$$EI_o=21000 \text{ kNm}^2, \quad k_1=0, \quad k_2=0,579, \quad k_3=k_4=k_5=3,374$$

die folgenden Ergebnisse:

```
E*IO= 21000           X= 6              X= 2.5
I 1/IO= 0             PHI=-2.979914871E- PHI=-1.497043723E-
I 2/IO= 0.579         03                04
I 3/IO= 3.374         W=-1.047619048E-11 W= 1.327946265E-02
I 4/IO= 3.374
I 5/IO= 3.374         X= 8              X= 2.4
                      PHI= 2.34833451E-0 PHI= 3.186729613E-
DPHI=-9.247926443E    4                 04
-04                   W=-2.123040697E-03 W= 1.327110674E-02

X= 0                  X= 10             X= 2.47
PHI= 8.845689986E-    PHI= 5.680695505E- PHI=-1.037424652E-
03                    04                05
W= 0                  W=-1.077594082E-03 W= 1.328186652E-02

X= 2                  X= 12             X= 2.46
PHI= 2.266201541E-    PHI= 5.837512367E- PHI= 3.630434548E-
03                    04                05
W= 1.275676364E-02    W=-3.033333333E-12 W= 1.328173697E-02

X= 4                  X= 14
PHI=-4.313286904E-    PHI= 6.778414167E-
03                    04
PHI R=-5.238079548    W= 1.318046767E-03
E-03
W= 9.064806162E-03
```

w_{max} wird angenommen zwischen x=2 m ($\varphi > 0$) und x=4 m ($\varphi < 0$). Nach der Eingabe einiger x-Werte folgt

$$w_{max}=13,3 \text{ mm} \quad \text{bei} \quad x \approx 2,47 \text{ m} .$$

2.4 Zweifeldträger

2.4.1 Elastisch gestützter Zweifeldträger

Wir betrachten einen Zweifeldträger nach Abb.2.9. Das Feld der Länge ℓ_1 mit dem konstanten Flächenträgheitsmoment $I_1 = k_1 I_0$ besteht aus n_1 Balkenelementen mit Trapezlasten und Einzelkräften (Bezeichnungen s. Abb.2.2). Entsprechend besitzt das zweite Feld mit $I_2 = k_2 I_0$ n_2 derartige Balkenelemente. In der gezeichneten Lage der Abb.2.9 befinden sich alle Federn im spannunglosen Zustand.

Aufgrund der Drehfeder besitzt das Biegemoment im Punkt (1) einen Sprung der Größe ΔM (für $c_{d1}=0$ ist selbstverständlich $\Delta M=0$). Es gelten die folgenden Rand- und Zwischenbedingungen

$$
\begin{array}{lll}
\text{ARB:} & F_{Ao}=F_{qo}=c_{wo}w_o\,, & M_o=-c_{do}\varphi_o\,, \\
\text{(2.37)} \quad \text{ZB:} & F_{A1}=F_{qr(1)}-F_{ql(1)}=c_{w1}w_{(1)}\,, & \Delta M=-c_{d1}\varphi_{(1)}\,, \\
\text{ERB:} & F_{A2}=F_{q(2)}=c_{w2}w_{(2)}\,, & M_{(2)}=M_n=c_{d2}\varphi_{(2)}\,.
\end{array}
$$

Mit $\bar{w}=EI_o w$ und $\bar{c}_w=c_w/(EI_o)$ wird z.B.

$$F_{qo}=\bar{c}_{wo}\bar{w}_o .$$

Entsprechend lassen sich die anderen Gleichungen (2.37) umformen.

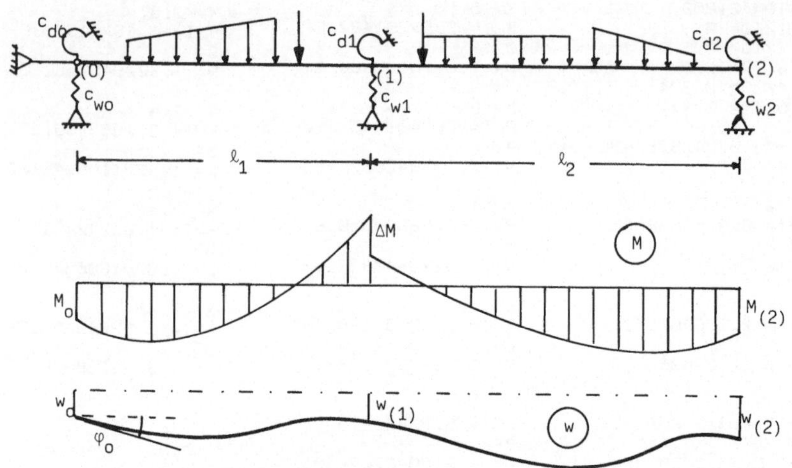

Abb.2.9: Elastisch gestützter Zweifeldträger

Nach (2.13) lauten die Übertragungsmatrizen für die beiden Felder

$$(2.38) \qquad \underline{U}_{(j)} = \begin{bmatrix} 1 & 0 & 0 & 0 \\ \ell_j & 1 & 0 & 0 \\ -\ell_j^2/(2k_j) & -\ell_j/k_j & 1 & 0 \\ -\ell_j^3/(6k_j) & -\ell_j^2/(2k_j) & \ell_j & 1 \end{bmatrix} \qquad (j=1,2) \ .$$

Hiermit lautet der Zustandsvektor $\underline{z}_{(1)}$ <u>links</u> vom mittleren Auflager

$$(2.39) \qquad \underline{z}_{(1)} = \underline{U}_{(1)} \underline{z}_o + \underline{u}_{o(1)} \ ,$$

wobei $\underline{z}_o$ und $\underline{u}_{o(1)}$ die in Abschn. 2.1 eingeführten Größen sind.
Wegen der Unstetigkeit der Querkraft und des Biegemoments im Punkt (1)
wird rechts vom Auflager

$$\underline{z}_{r(1)} = \underline{z}_{(1)} + F_{A1}\underline{e}_1 + \Delta M \underline{e}_2 \quad \text{mit} \quad \underline{e}_1 = \begin{bmatrix} 1 \\ 0 \\ 0 \\ 0 \end{bmatrix} \quad \text{und} \quad \underline{e}_2 = \begin{bmatrix} 0 \\ 1 \\ 0 \\ 0 \end{bmatrix}$$

und somit

$$\underline{z}_{(2)} = \underline{U}_{(2)} \underline{z}_{r(1)} + \underline{r}_{(2)}$$

oder

$$(2.40) \qquad \underline{z}_{(2)} = \underline{z}_n = \underline{U}\,\underline{z}_o + F_{A1}\underline{U}_{(2)}\underline{e}_1 + \Delta M \underline{U}_{(2)}\underline{e}_2 + \underline{u}_o \quad \text{mit} \quad \underline{U} = \underline{U}_{(2)}\underline{U}_{(1)} \ .$$

Aus (2.39) und (2.40) müssen wir die für die Randbedingungen erforderli-
chen Zustandsgrößen $\bar{w}_{(1)}$, $\bar{\varphi}_{(1)}$, $\bar{w}_{(2)}$ und $\bar{\varphi}_{(2)}$ durch die Anfangszustandsgrößen, F_{A1} und ΔM darstellen. Für diese Rechnung führen wir zunächst

folgende Abkürzungen ein:

$$(2.41) \qquad \begin{aligned} q_1 &= \ell_1^2/(2k_1), \quad q_2 = \ell_1^3/(6k_1) = \ell_1 q_1/3, \\ q_3 &= \ell_2^2/(2k_2), \quad q_4 = \ell_2^3/(6k_2) = \ell_2 q_3/3. \end{aligned}$$

Hiermit berechnen sich die Elemente u_{rs} der Gesamtübertragungsmatrix $\underline{U}$ nach (2.12) zu

$$(2.42) \qquad \begin{aligned} u_{21} &= u_{43} = \ell_2 + \ell_1 = \ell, \quad u_{32} = -\ell_2/k_2 - \ell_1/k_1, \\ u_{31} &= -\ell_2^2/(2k_2) - \ell_2\ell_1/k_2 - \ell_1^2/(2k_1) = -q_3 - \ell_2\ell_1/k_2 - q_1, \\ u_{41} &= -\ell_2^3/(6k_2) - \ell_2^2\ell_1/(2k_2) - \ell_2\ell_1^2/(2k_1) - \ell_1^3/(6k_1) = -q_4 - q_3\ell_1 - q_1\ell_2 - q_2, \\ u_{42} &= -\ell_2^2/(2k_2) - \ell_2\ell_1/k_1 - \ell_1^2/(2k_1) = -q_3 - \ell_2\ell_1/k_1 - q_1. \end{aligned}$$

Weiterhin wird

$$\underline{U}_{(2)}\underline{e}_1 = \begin{bmatrix} 1 \\ \ell_2 \\ -q_3 \\ -q_4 \end{bmatrix}, \quad \underline{U}_{(2)}\underline{e}_2 = \begin{bmatrix} 0 \\ 1 \\ -\ell_2/k_2 \\ -q_3 \end{bmatrix}.$$

Aus (2.39) und (2.40) ergeben sich nunmehr die in den Randbedingungen benötigten Zustandsgrößen.

$$(2.43) \qquad \begin{aligned} \bar{\varphi}_{(1)} &= -q_1 F_{qo} - \ell_1 M_o/k_1 + \bar{\varphi}_o + \bar{\varphi}_{o(1)}, \\ \bar{w}_{(1)} &= -q_2 F_{qo} - q_1 M_o + \ell_1 \bar{\varphi}_o + \bar{w}_o + \bar{w}_{o(1)}, \\ F_{q(2)} &= F_{qo} + F_{A1} + F_{qo(2)}, \\ M_{(2)} &= \ell F_{qo} + M_o + \ell_2 F_{A1} + \Delta M + M_{o(2)}, \\ \bar{\varphi}_{(2)} &= u_{31} F_{qo} + u_{32} M_o + \bar{\varphi}_o - q_3 F_{A1} - \ell_2 \Delta M/k_2 + \bar{\varphi}_{o(2)}, \\ \bar{w}_{(2)} &= u_{41} F_{qo} + u_{42} M_o + \ell\bar{\varphi}_o + \bar{w}_o - q_4 F_{A1} - q_3 \Delta M + \bar{w}_{o(2)}. \end{aligned}$$

Wir erinnern noch einmal daran, daß in dieser Darstellung z.B. $M_{o(2)}$ das Moment im Punkt (2) ist, das aus (2.5) mit dem Anfangswert $\underline{z}_o = (\,0\,)$ berechnet wird. Alle Größen mit dem Index o(j) können demnach in (2.43) als bekannt angesehen werden. Unbekannt sind auf den rechten Seiten der Gleichungen F_{qo}, M_o, $\bar{\varphi}_o$, $\bar{w}_o$, F_{A1} und ΔM. Setzen wir die Terme aus (2.43) in die Randbedingungen (2.37), so erhalten wir insgesamt sechs Gleichungen für sechs Unbekannte. Es sieht im ersten Augenblick fast etwas hoffnungslos aus, dieses Gleichungssystem formelmäßig zu lösen. Aber wenn man vor etwas mühsamen (und natürlich auch nicht sehr unterhaltsamen) algebraischen Umformungen nicht zurückschreckt, so zeigt sich, daß dieses Problem durchaus zu bewältigen ist. Die numerische Auswertung dieser Formeln wird ja später ohnehin einem Rechner übertragen.
Setzen wir

$$v_1 = \bar{c}_{w1}(\ell_1 + \bar{c}_{do}q_1) , \qquad v_2 = \bar{c}_{w1}(1 - \bar{c}_{wo}q_2) ,$$

(2.44)
$$v_3 = 1 - \bar{c}_{w2}q_4 , \qquad v_4 = \ell_2 + \bar{c}_{d2}q_3 ,$$

$$v_5 = \bar{c}_{d1}(1 + \bar{c}_{do}\ell_1/k_1) , \qquad v_6 = 1 + \bar{c}_{d2}\ell_2/k_2 ,$$

so erhalten wir aus (2.37) und (2.43)

$$F_{A1} = v_1\bar{\varphi}_o + v_2\bar{w}_o + \bar{c}_{w1}\bar{w}_{o(1)} ,$$

$$\Delta M = -v_5\bar{\varphi}_o + \bar{c}_{d1}\bar{c}_{wo}q_1\bar{w}_o - \bar{c}_{d1}\bar{\varphi}_{o(1)} ,$$

(2.45)
$$v_3 F_{A1} - \bar{c}_{w2}\ell_2^2/(2k_2)\Delta M + \bar{c}_{w2}(\ell - \bar{c}_{do}u_{42})\bar{\varphi}_o + (\bar{c}_{wo} + \bar{c}_{w2}(1 + \bar{c}_{wo}u_{41}))\bar{w}_o$$
$$+ F_{qo(2)} + \bar{c}_{w2}\bar{w}_{o(2)} = 0 ,$$

$$v_4 F_{A1} + v_6\Delta M - (\bar{c}_{do} + \bar{c}_{d2}(1 - \bar{c}_{do}u_{32}))\bar{\varphi}_o + \bar{c}_{wo}(\ell - \bar{c}_{d2}u_{31})\bar{w}_o + M_{o(2)} = \bar{c}_{d2}\bar{\varphi}_{o(2)}.$$

In die letzten beiden Gleichungen setzen wir für F_{A1} und ΔM die ersten
beiden Terme ein. So erhalten wir schließlich für $\bar{\varphi}_o$ und $\bar{w}_o$ das lineare
Gleichungssystem

(2.46)
$$a_1\bar{\varphi}_o + b_1\bar{w}_o + r_1 = 0 ,$$
$$a_2\bar{\varphi}_o + b_2\bar{w}_o + r_2 = 0$$

mit

$$a_1 = v_1 v_3 + \bar{c}_{w2}(\ell - \bar{c}_{do}u_{42}) + v_5\bar{c}_{w2}q_3 ,$$

$$b_1 = v_2 v_3 + \bar{c}_{wo} + \bar{c}_{w2}(1 + \bar{c}_{wo}u_{41}) - \bar{c}_{wo}\bar{c}_{w2}\bar{c}_{d1}q_1 q_3 ,$$

(2.47)
$$r_1 = \bar{c}_{w1}v_3\bar{w}_{o(1)} + F_{qo(2)} + \bar{c}_{w2}\bar{w}_{o(2)} + \bar{c}_{d1}\bar{c}_{w2}q_3\bar{\varphi}_{o(1)} ,$$

$$a_2 = v_1 v_4 - \bar{c}_{do} - \bar{c}_{d2}(1 - \bar{c}_{do}u_{32}) - v_5 v_6 ,$$

$$b_2 = v_2 v_4 + \bar{c}_{wo}(\ell - \bar{c}_{d2}u_{31} + \bar{c}_{d1}v_6 q_1) ,$$

$$r_2 = \bar{c}_{w1}v_4\bar{w}_{o(1)} + M_{o(2)} - \bar{c}_{d2}\bar{\varphi}_{o(2)} - \bar{c}_{d1}v_6\bar{\varphi}_{o(1)} .$$

Mit diesen Größen berechnen wir die Anfangswerte des Zustandsvektors $\underline{z}_o$

$$D = a_1 b_2 - a_2 b_1 ,$$

(2.48)
$$\bar{\varphi}_o = (r_2 b_1 - r_1 b_2)/D , \qquad \bar{w}_o = (a_2 r_1 - a_1 r_2)/D ,$$

$$F_{qo} = \bar{c}_{wo}\bar{w}_o , \qquad M_o = -\bar{c}_{do}\bar{\varphi}_o$$

und die Auflagerkräfte

(2.49)
$$F_{Ao} = F_{qo} , \quad F_{A1} = v_1\bar{\varphi}_o + v_2\bar{w}_o + \bar{c}_{w1}\bar{w}_{o(1)} ,$$

$$F_{A2} = -F_{q(2)} = -F_{qo} - F_{A1} - F_{qo(2)} .$$

Nach der Berechnung von $\underline{z}_o$ und der Auflagerkräfte machen wir F_{A1} zu
einer äußeren Kraft, d.h. wir setzen $F_{n_1} = -F_{A1}$. Jetzt können wir alle Zustandsgrößen F_{qi}, M_i, $\bar{\varphi}_i$, $\bar{w}_i$ $(i=1,2,\ldots,n)$ rekursiv nach (2.5) berechnen.

Wir müssen nur noch darauf achten, daß das Biegemoment im Punkt (1)
einen Sprung der Größe $\Delta M = -\bar{c}_{d1}\bar{\varphi}_{(1)}$ besitzt.

Nachdem wir den Algorithmus für einen Zweifeldträger entwickelt haben,
fragen wir nach der numerischen Stabilität des Verfahrens. Dürfen wir,
wie füher beim Einfeldträger, alle Federkonstanten beliebig groß wählen?
Wir betrachten hierzu einige Sonderfälle.

Fall 1: Der Träger der Abbildung 2.9 sei an beiden Enden starr gelenkig
gelagert und in der Mitte durch eine elastische Feder gestützt. Wir setzen $\bar{c}_{wo}=\bar{c}_{w2}=c$ und untersuchen, ob für große c-Werte numerische Auslöschung durch Differenzbildung etwa gleichgroßer Zahlen auftreten kann.
Entscheidend ist hierfür die Determinante des Gleichungssystems (2.46).
Mit $\bar{c}_{do}=\bar{c}_{d1}=\bar{c}_{d2}=0$ und jeweiliger Berücksichtigung der Glieder mit der
höchsten Potenz von c erhalten wir für den obigen Algorithmus

$$a_1=c(\ell-\bar{c}_{w1}\ell_1 q_4)\ ,\qquad b_1=c^2(\bar{c}_{w1}q_2 q_4+u_{41})\ ,$$
$$a_2=\bar{c}_{w1}\ell_1\ell_2\ ,\qquad b_2=c(\ell-\bar{c}_{w1}\ell_2 q_2)\ .$$

Mit den eingeführten Größen q_2, q_4 und u_{41} folgt hieraus nach einer kleinen Rechnung

$$D=c^2(\ell^2+\bar{c}_{w1}\ell_1\ell_2(\ell_1^3/k_1+\ell_2^3/k_2)/3)\ .$$

Wie man erkennt, kann der Klammerausdruck niemals Null werden, eine Auslöschung kann also nicht auftreten.

Fall 2: Alle drei Auflager seien starre Gelenklager. Mit $\bar{c}_{wo}=\bar{c}_{w1}=\bar{c}_{w2}=c$
erhalten wir für "große" c-Werte

$$a_1=-c^2\ell_1 q_4,\quad b_1=c^3 q_2 q_4,\quad a_2=c\ell_1\ell_2,\quad b_2=-c^2\ell_2 q_2$$

und hiermit

$$D=c^4(\ell_1 q_4\ell_2 q_2-\ell_1\ell_2 q_2 q_4)=0\ .$$

Besitzt also neben den äußeren Federkonstanten auch die mittlere Federkonstante einen sehr großen Wert, so gerät der Wert der Klammer in die Nä-
he der Null und das Ergebnis kann total verfälscht werden. In diesem
Fall liegt numerische Instabilität vor.

Fall 3: Der Träger sei an den Enden elastisch und in der Mitte starr gelenkig gelagert. Setzen wir $\bar{c}_{w1}=c$, so wird mit

$$a_1=c\ell_1(1-\bar{c}_{w2}q_4)\ ,\qquad b_1=c(1-\bar{c}_{wo}q_2)(1-\bar{c}_{w2}q_4)\ ,$$
$$a_2=c\ell_1\ell_2\ ,\qquad b_2=c(1-\bar{c}_{wo}q_2)\ell_2$$

wieder die Determinante D=0, also auch in diesem Fall liegt numerische
Instabilität vor.

Ähnlich lassen sich weitere Lagerungsfälle untersuchen. Stets zeigt sich,
daß bei sehr großen Federkonstanten $\bar{c}_{w1}$ oder $\bar{c}_{d1}$ der mittleren Feder nu-

merische Instabilität vorliegt. Die äußeren Federkonstanten dürfen ∞ werden. In diesem Fall ist der Algorithmus numerisch stabil, und im folgenden Programm darf für c_{wo}, c_{do}, c_{w2}, c_{d2} 1E20 (unser Wert für ∞) gesetzt werden. Den Fall $c_{w1}=\infty$ werden wir im nächsten Abschnitt gesondert behandeln.

Programm "ZTE": Elastisch gestützter Zweifeldträger

```
10:"ZTE":REM ZWEI
   FELDTRAEGER AU
   F ELASTISCHEN
   STUETZEN
20:READ N1,N2
22:LPRINT "N1=";N
   1
23:LPRINT "N2=";N
   2
24:LPRINT
30:N=N1+N2
40:DIM DX(N),X(N)
   ,QL(N),QR(N),Q
   1(N),F(N),C(2)
   ,D(2),FQ(N),M(
   N),P(N),W(N)
50:X(0)=0
60:FOR I=1TO N
70:READ DX(I),QL(
   I),QR(I),F(I)
72:LPRINT "DX=";D
   X(I)
73:LPRINT "QL=";Q
   L(I)
74:LPRINT "QR=";Q
   R(I)
75:LPRINT "F =";F
   (I)
76:LPRINT
80:X(I)=X(I-1)+DX
   (I)
90:Q1(I)=(QR(I)-Q
   L(I))/DX(I)
100:NEXT I
110:F1=F(N1)
120:L1=X(N1):L=X(N
    ):L2=L-L1
130:READ C(0),D(0)
    ,C(1),D(1),C(2
    ),D(2)
132:LPRINT "FEDERK
    ONSTANTEN:"
133:LPRINT "CO=";C
    (0)
134:LPRINT "DO=";D
    (0)
135:LPRINT "C1=";C
    (1)
136:LPRINT "D1=";D
    (1)
137:LPRINT "C2=";C
    (2)
138:LPRINT "D2=";D
    (2)
139:LPRINT
140:INPUT "BIEGEST
    EIFIGKEIT E*IO
    =";B
145:LPRINT "E*IO="
    ;B
150:INPUT "KONST.Q
    UERSCHNITT :J/
    N? ";Q$
151:IF Q$<>"J"AND
    Q$<>"N"THEN 15
    0
160:IF Q$="N"THEN
    180
170:K1=1:K2=1:GOTO
    200
180:INPUT "I1/IO="
    ;K1
190:INPUT "I2/IO="
    ;K2
192:LPRINT "I1/IO=
    ";K1
193:LPRINT "I2/IO=
    ";K2
200:F(N1)=F1
210:FQ(0)=0:M(0)=0
220:P(0)=0:W(0)=0
225:LPRINT
230:FOR I=1TO N
240:T=DX(I)
250:GOSUB "ZG"
260:FQ(I)=FQ-F(I):
    M(I)=M
270:P(I)=P:W(I)=W
280:NEXT I
290:W1=W(N1):P1=P(
    N1)
300:F2=FQ(N):M2=M(
    N)
310:P2=P(N):W2=W(N
    )
320:Q1=L1*L1/2/K1:
    Q2=L1*Q1/3
330:Q3=L2*L2/2/K2:
    Q4=L2*Q3/3
340:U1=-Q3-L1*L2/K
    2-Q1
350:U2=-L1/K1-L2/K
    2
360:U3=-Q4-Q3*L1-Q
    1*L2-Q2
370:U4=-Q3-L1*L2/K
    1-Q1
380:CO=C(0)/B:DO=D
    (0)/B
390:C1=C(1)/B:D1=D
    (1)/B
400:C2=C(2)/B:D2=D
    (2)/B
410:U1=C1*(L1+DO*Q
    1)
420:U2=C1*(1-CO*Q2
    )
430:U3=1-C2*Q4
440:U4=L2+D2*Q3
450:U5=D1*(1+DO*L1
    /K1)
460:U6=1+D2*L2/K2
470:A1=U1*U3+C2*(L
    -DO*U4)+U5*C2*
    Q3
480:B1=U2*U3+CO+C2
    *(1+CO*U3)-CO*
    C2*D1*Q1*Q3
490:R1=C1*U3*W1+F2
    +C2*W2+D1*C2*Q
    3*P1
500:A2=U1*U4-DO-D2
    *(1-DO*U2)-U5*
    U6
510:B2=U2*U4+CO*(L
    -D2*U1+D1*U6*Q
    1)
520:R2=C1*U4*W1+M2
    -D2*P2-D1*U6*P
    1
530:DET=A1*B2-A2*B
    1
540:P(0)=(R2*B1-R1
    *B2)/DET
550:W(0)=(A2*R1-A1
    *R2)/DET
560:FQ(0)=CO*W(0)
570:M(0)=-DO*P(0)
580:FA1=U1*P(0)+U2
    *W(0)+C1*W1
583:IF C(0)>=1E20
    THEN LET W(0)=
    0
584:IF D(0)>=1E20
    THEN LET P(0)=
    0
585:LPRINT "AUFLAG
    ERKRAEFTE:"
590:LPRINT "FAO=";
    FQ(0)
600:LPRINT "FA1=";
    FA1
```

```
 610:LPRINT "FA2=";        880:INPUT "NEUE QU         1081:IF W$<>"J"
     -FA1-FQ(0)-F2              ERSCHNITTE:J/N               AND W$<>"N"
 615:LPRINT                     ? ";NQ$                       THEN 1080
 620:F(N1)=F1-FA1          881:IF NQ$<>"J"AND         1090:IF W$="J"
 630:I=0:GOSUB "AUS             NQ$<>"N"THEN 8              THEN 920
     G SG"                      10                    1100:END
 640:MM=ABS M(0):XM       890:IF NQ$="J"THEN         1150:"ZG":IF I<=N
     =X(0)                      140                        1THEN 1170
 650:FOR I=1TO N          900:INPUT "VERFORM         1160:K=K2:GOTO 11
 660:T=DX(I):GOSUB             UNG:J/N? ";V$               80
     "ZG"                 901:IF V$<>"J"AND          1170:K=K1
 670:FQ(I)=FQ-F(I):            V$<>"N"THEN 90         1180:FQ=FQ(I-1)-(
     M(I)=M                     0                          QL(I)+Q1(I)*
 680:P(I)=P:W(I)=W        910:IF V$="N"THEN               T/2)*T
 690:IF MM>ABS M               1100                  1190:M=M(I-1)+(FQ
     THEN 710            920:INPUT "AEQUIDI             (I-1)-(QL(I)
 700:MM=ABS M:XM=X(            ST. STELLEN:J/              +Q1(I)*T/3)*
     I)                        N? ";A$                     T/2)*T
 710:IF Q1(I)=0THEN      921:IF A$<>"J"AND          1200:P=P(I-1)-(M(
     760                       A$<>"N"THEN 92              I-1)+(FQ(I-1
 720:R=2*Q1(I)*FQ(I            0                          )-(QL(I)+Q1(
     -1)+QL(I)*QL(I       930:IF A$="J"THEN               I)*T/4)*T/3)
     )                         960                        *T/2)*T/K
 730:IF R<0THEN 840      940:INPUT "X=";X           1210:W=W(I-1)+(P(
 740:T=(SQR R-QL(I)      950:NO=0:GOTO 980               I-1)-(M(I-1)
     )/Q1(I)             960:INPUT "ANZAHL               +(FQ(I-1)-(Q
 750:GOTO 780                 DER INTERVALLE              L(I)+Q1(I)*T
 760:IF QL(I)=0THEN            ? ";NO                      /5)*T/4)*T/3
     840                 970:DX=L/NO:X=0                 )*T/2/K)*T
 770:T=FQ(I-1)/QL(I      980:FOR I=1TO N            1220:RETURN
     )                   990:IF X>X(I)THEN          1230:"AUSG SG":
 780:IF T<=00R T>=D           1070                        LPRINT "X=";
     X(I)THEN 840        1000:T=X-X(I-1)                  X(I)
 790:GOSUB "ZG"          1010:GOSUB "ZG"            1240:IF I=0THEN 1
 800:LPRINT "X=";X(      1020:LPRINT "X=";               270
     I-1)+T                   X                     1250:LPRINT "FQL=
 810:LPRINT "M=";M       1030:LPRINT "PHI=               ";FQ(I)+F(I)
 815:LPRINT                   ";P/B                 1260:IF I=NTHEN 1
 820:IF MM>=ABS M        1040:LPRINT "W=";               280
     THEN 840                 W/B                   1270:LPRINT "FQR=
 830:MM=ABS M:XM=X(      1045:LPRINT                     ";FQ(I)
     I-1)+T              1050:IF NO=0THEN           1280:IF I<>N1THEN
 840:GOSUB "AUSG SG           1080                        1310
     "                   1060:X=X+DX:GOTO          1290:LPRINT "ML="
 850:NEXT I                   990                        ;M(I)
 860:LPRINT "MAX M=      1070:NEXT I                1300:M(I)=M(I)-D1
     ";MM                1080:INPUT "WEITE               *P(I)
 870:LPRINT "BEI XM           RE VERFORMUN          1310:LPRINT "M=";
     =";XM                    G:J/N? ";W$                M(I)
 875:LPRINT                                         1315:LPRINT
                                                    1320:RETURN
```


(1) Mit dem Programm "ZTE" können Schnitt- und Verformungsgrößen eines
    elastisch gestützten Zweifeldträgers (s. Abb.2.9) berechnet werden.
    Das linke Feld besteht aus n_1 und das rechte Feld aus n_2 Balkenele-
    mente, die durch Trapezlasten und Einzelkräfte belastet sein dürfen
    (s. Abb.2.2). Die Flächenträgheitsmomente der Felder betragen
    $I_j = k_j I_o$ $(j=1,2)$. Die Federkonstanten an den Enden (nicht in der
    Mitte) dürfen unendlich werden (s. Tabelle S.44). In diesem Fall ist
    der Wert 1E20 einzugeben.

(2) Über eine DATA-Anweisung werden eingegeben:

n_1, n_2, Δx_1, q_{l1}, q_{r1}, F_1, Δx_2, ... , Δx_n, q_{ln}, q_{rn}, F_n

c_{wo}, c_{do}, c_{w1}, c_{d1}, c_{w2}, c_{d2}

(3) Nach der Eingabe der Biegesteifigkeit EI_o und der Querschnittskonstanten k_1 und k_2 (falls der Querschnitt nicht konstant ist) werden
die Auflagerkräfte, die Schnittgrößen und M_{max} berechnet und ausgegeben. Dieser Schritt kann für andere Querschnittswerte beliebig oft
wiederholt werden.

(4) Die Verformungsgrößen φ und w können auf Wunsch für äquidistante
x-Werte oder auch für einen einzelnen x-Wert beliebig oft berechnet
werden.

Beispiel 2.5: Der I-Träger (DIN 1025, Blatt 1) der Abb.2.10 soll für
σ_{zul}=12 kN/cm^2 bemessen werden. Der Querkraft- und Biegemomentenverlauf
ist zu skizzieren, und die Verformungsgrößen sind für äquidistante x-
Werte mit Δx= 1 m zu berechnen.

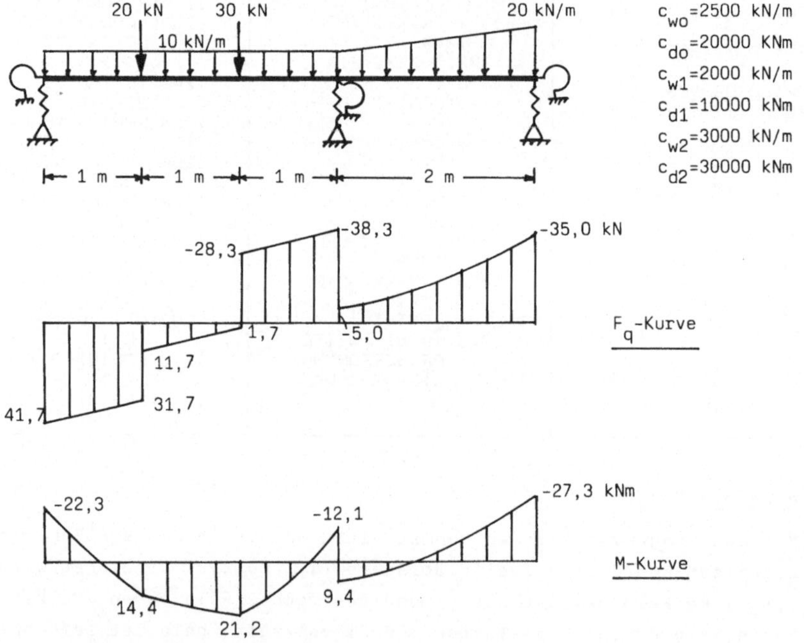

Abb.2.10: Elastisch gestützter Zweifeldträger

Da die Biegemomentenwerte von der Biegesteifigkeit abhängen, wählen wir zunächst einen I-Träger mit $I=9800\ cm^4$ und geben nach Aufforderung durch den Rechner $EI_o=20580\ kNm^2$ ein. Hiermit erhalten wir die zweite Spalte der aufgelisteten Ergebnisse mit

$$M_{max}=30,80\ kNm \quad \text{und daher} \quad W=257\ cm^3 \ .$$

Wir wählen jetzt einen I-Träger 220 mit $I=3060\ cm^4$ und $EI_o=6426\ kNm^2$ und erhalten die dritte Spalte der Tabelle mit

$$M_{max}=27,34\ kNm \quad \text{und} \quad W=228\ cm^3 \ .$$

Der I-Träger 220 kann also endgültig gewählt werden. Den Quer- und Biegemomentenverlauf haben wir zur Trägerskizze in die Abb.2.10 gezeichnet.

Um die Verformungsgrößen für fünf Teilintervalle zu bestimmen, brauchen wir nur noch die Tastenfolge

$$J \quad ENTER \quad J \quad ENTER \quad 5 \quad ENTER$$

einzugeben, alles andere erledigt der Rechner für uns. Die Ergebnisse sind in der rechten Spalte unten aufgeführt.

```
N1= 3            E*IO= 20580        E*IO= 6426          X= 0
N2= 1                                                   PHI= 1.115143245E-
                 AUFLAGERKRAEFTE:   AUFLAGERKRAEFTE:    03
                 FAO= 41.3090771    FAO= 41.74793246    W= 1.669917298E-02
DX= 1            FA1= 31.3260395    FA1= 33.21521311
QL= 10           FA2= 37.3648834    FA2= 35.03685443    X= 1
QR= 10                                                  PHI= 1.596868322E-
F = 20                                                  03
                 X= 0              X= 0                 W= 1.853173148E-02
                 FQR= 41.3090771   FQR= 41.74793246
DX= 1            M=-13.54458997    M=-22.30286491       X= 2
QL= 10                                                  PHI=-1.305772062E-
QR= 10                             X= 1                 03
F = 30           X= 1              FQL= 31.74793246     W= 1.876478782E-02
                 FQL= 31.3090771   FQR= 11.74793246
                 FQR= 11.3090771   M= 14.44506755       X= 3
DX= 1            M= 22.76448713                         PHI=-2.146154816E-
QL= 10                             X= 2                 03
QR= 10                             FQL= 1.74793246      W= 1.660760657E-02
F = 0            X= 2              FQR=-28.25206754
                 FQL= 1.3090771    M= 21.19300001       X= 4
DX= 2            FQR=-28.6909229                        PHI=-2.925652703E-
QL= 10           M= 29.07356423    X= 3                 03
QR= 20                             FQL=-38.25206754     W= 1.393181726E-02
F = 0            X= 3              FQR=-5.03685443
                 FQL=-38.6909229   ML=-12.05906753      X= 5
                 FQR=-7.3648834    M= 9.402480637       PHI=-9.11263087E-0
FEDERKONSTANTEN: ML=-4.61735867                         4
CO= 2500         M= 10.60115152    X= 5                 W= 1.167895156E-02
DO= 20000                          FQL=-35.03685443
C1= 2000                           M=-27.33789489
D1= 10000        X= 5
C2= 3000         FQL=-37.3648834   MAX M= 27.33789489
D2= 30000        M=-30.79528195    BEI XM= 5

                 MAX M= 30.79528195
                 BEI XM= 5
```

Beispiel 2.6: Der Träger der Abb.2.11 besitzt in den beiden Feldern die
Flächenträgheitsmomente I_1=3060 cm^4 und I_2=7590 cm^4. Er ist links fest
eingespannt, rechts starr gelenkig gelagert und liegt in der Mitte auf
einem I-Träger 180 der Länge 2 m. Es sind die maximale Biegespannung und
Durchbiegung zu bestimmen.

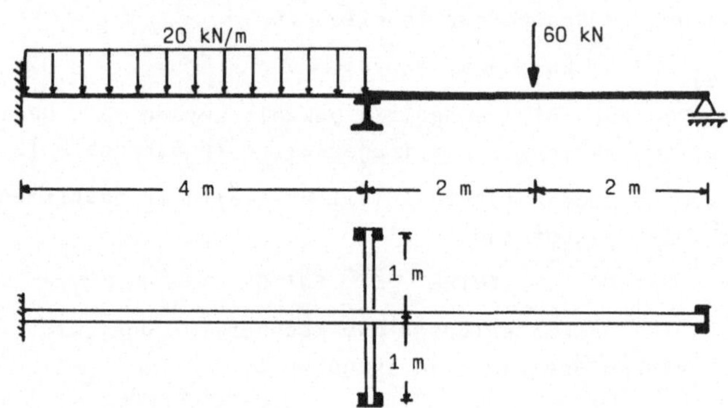

Abb.2.11: Zweifeldträger

Aufgrund der Lagerung ergeben sich die Federkonstanten

$$c_{wo}=c_{do}c_{w2}=1E20, \quad c_{d1}=c_{d2}=0$$

und nach elementaren Formeln der Festigkeitslehre für den I-Träger 180

$$c_{w1}=F_{A1}/w_1=48\ EI/\ell^3=48 \cdot 21 \cdot 10^3 kN/cm^2 \cdot 1450\ cm^4/8 \cdot 10^6\ cm^3,$$

$$c_{w1}=18270\ kN/m.$$

Mit I_o=1000 cm^4 wird

$$EI_o=2100\ kNm^2, \quad k_1=I_1/I_o=3,06, \quad k_2=I_2/I_o=7,59\ .$$

Mit den ausgedruckten Ergebnissen berechnen wir

$$M_{1max}/W_1=33,49\ kNm/278\ cm^3=12,1\ kN/cm^2,$$

$$M_{2max}/W_2=48,68\ kNm/542\ cm^3=9,0\ kN/cm^3,$$

also

$$\sigma_{max}=12,1\ kN/cm^2\ .$$

Die maximale Durchbiegung ergibt sich nach der Eingabe einiger x-Werte
zu

$$w_{max}=5,7\ m \quad bei \quad x \approx 5,7\ m\ .$$

```
N1= 1                    AUFLAGERKRAEFTE:          X= 0
N2= 2                    FAO= 42.71041013          PHI= 0
                         FA1= 72.95115019          W= 0
DX= 4                    FA2= 24.33843968
QL= 20                                             X= 2
QR= 20                   X= 0                       PHI= 1.279428912E-
F = 0                    FQR= 42.71041013          03
                         M=-33.48788189            W= 3.635524993E-03
DX= 2
QL= 0                    X= 2.135520507            X= 4
QR= 0                    M= 12.11659645            PHI= 8.717055481E-
F = 60                                             04
                         X= 4                       W= 3.992947463E-03
DX= 2                    FQL=-37.28958987
QL= 0                    FQR= 35.66156032          X= 6
QR= 0                    ML=-22.64624137           PHI=-7.614356714E-
F = 0                    M=-22.64624137            04
                                                   W= 5.594802352E-03
FEDERKONSTANTEN:         X= 6
CO= 1E 20                FQL= 35.66156032          X= 8
DO= 1E 20                FQR=-24.33843968          PHI=-3.815383798E-
C1= 18270                M= 48.67687927            03
D1= 0                                              W= 1.711428571E-10
C2= 1E 20                X= 8
D2= 0                    FQL=-24.33843968          X= 5.7
                         M=-0.00000009             PHI= 5.406677948E-
E*IO= 2100                                         05
I1/IO= 3.06              MAX M= 48.67687927        W= 5.69587359E-03
I2/IO= 7.59              BEI XM= 6
                                                   X= 5.8
                                                   PHI=-1.953935957E-
                                                   04
                                                   W= 5.688993695E-03
```

Beispiel 2.7: Um die numerische Instabilität des obigen Algorithmus für
große Werte c_{w1} zu zeigen, betrachten
wir den nebenstehend abgebildeten Träger, der an den Enden starr gelenkig
gelagert und in der Mitte durch eine
elastische Senkfeder gestützt wird.
Wäre der Träger auch in der Mitte starr
gelagert, so würden sich nach bekannten Formeln der Festigkeitslehre die
Auflagerkräfte

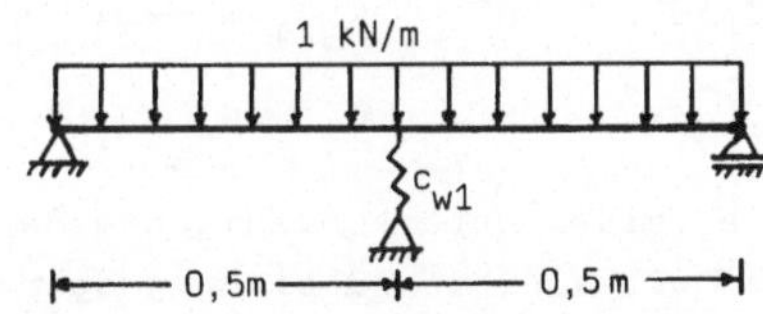

$$F_{Ao}=F_{A2}=\frac{3}{16}=0,1875 \text{ kN} \quad \text{und} \quad F_{A1}=\frac{10}{16}=0,625 \text{ kN}$$

ergeben. Für einige c_{w1}-Werte erhalten wir mit dem Programm "ZTE" die
Ergebnisse der Tabelle unten. Wir sehen, daß ab c_{w1}=1E08 die errechneten
Werte total verfälscht werden. (Es wurde EI_o=1 gesetzt.)

c_{w1}	0	1E03	1E06	1E08	1E10	1E20
F_{Ao}	0,5	0,2018	0,1875	0,1875	0,1850	0,10442
F_{A1}	0	0,5937	0,6250	0,1400	4969,4	-9,403 E 14
F_{A2}	0,5	0,2018	0,1875	0,6725	-4968,6	9,403 E 14

2.4.2 Zweifeldträger mit Stützensenkung

Beim Zweifeldträger der Abb.2.12 hat sich die mittlere Stütze um w_{10} und
die rechte Stütze um w_{20} gesenkt (positiv nach unten, negativ nach oben).
Anstelle der gelenkigen Endlager sind auch feste horizontale Einspannun-
gen zugelassen. In diesem Fall sind die äußeren Momente Null. Im ersten
Feld mit der konstanten Biegesteifigkeit $EI_1 = k_1 EI_0$ haben wir n_1 und im
zweiten Feld mit $EI_2 = k_2 EI_0$ n_2 Balkenelemente mit Trapezlasten und Einzelkräften (s. Abschn. 2.1).

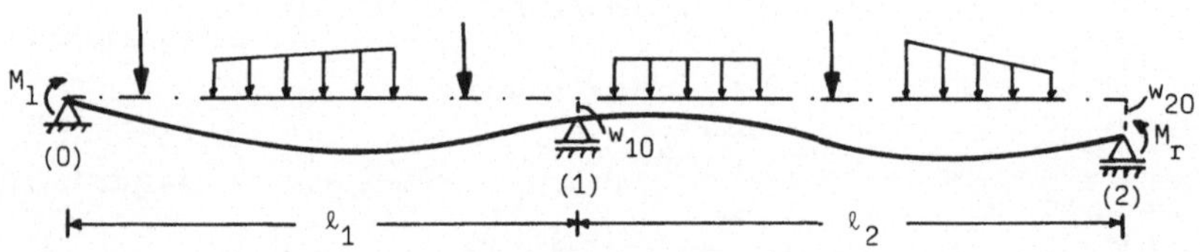

Abb.2.12: Zweifeldträger mit Stützensenkung

Die Rand- und Zwischenbedingungen für den obigen Zweifeldträger lauten:

$$\text{ARB:} \quad w_0 = 0, \quad \begin{cases} M_0 = M_1 & \text{für gelenkige Lagerung} \\ \varphi_0 = 0 & \text{für feste Einspannung ,} \end{cases}$$

$$(2.50) \quad \text{ERB:} \quad w_{(2)} = w_n = w_{20}, \quad \begin{cases} M_{(2)} = M_r & \text{für gelenkige Lagerung} \\ \varphi_{(2)} = 0 & \text{für feste Einspannung ,} \end{cases}$$

$$\text{ZB:} \quad w_{(1)} = w_{n_1} = w_{10} \; .$$

Die beiden unterschiedlichen Randbedingungen aufgrund der Lagerung können wir als eine Gleichung schreiben:

$$(2.51) \quad \begin{aligned} \text{ARB:} & \quad a_1 M_0 + b_1 \varphi_0 = a_1 M_1 \; , \\ \text{ERB:} & \quad a_r M_{(2)} + b_r \varphi_{(2)} = a_r M_r \end{aligned}$$

mit

$$(2.52) \quad \begin{aligned} & a_1 = 1, \; b_1 = 0 \text{ und } a_r = 1, \; b_r = 0 \quad \text{für gelenkige Lagerung,} \\ & a_1 = 0, \; b_1 = 1 \text{ und } a_r = 0, \; b_r = 1 \quad \text{für feste Einspannung.} \end{aligned}$$

Mit den Bezeichnungen des Abschnitts 2.4.1 und den dort in (2.41) und
(2.42) eingeführten Größen erhalten wir aus

$$\underline{z}_{(1)} = \underline{U}_{(1)} \underline{z}_0 + \underline{u}_{0(1)}, \quad \underline{z}_{r(1)} = \underline{z}_{(1)} + F_{A1} \underline{e}_1 \; ,$$

$$\underline{z}_{(2)} = \underline{U} \underline{z}_0 + F_{A1} \underline{U}_{(2)} \underline{e}_1 + \underline{u}_0 \quad \text{mit} \quad \underline{U} = \underline{U}_{(2)} \underline{U}_{(1)}$$

die für die Randbedingungen erforderlichen Größen

$$\bar{w}_{(1)} = -q_2 F_{qo} - q_1 M_o + \ell_1 \bar{\varphi}_o + \bar{w}_{o(1)} = \bar{w}_{10} \ ,$$

$$F_{q(2)} = F_{qo} + F_{A1} + F_{qo(2)} \ ,$$

(2.53)
$$M_{(2)} = \ell F_{qo} + M_o + \ell_2 F_{A1} + M_{o(2)} \ ,$$

$$\bar{\varphi}_{(2)} = u_{31} F_{qo} + u_{32} M_o + \bar{\varphi}_o - q_3 F_{A1} + \bar{\varphi}_{o(2)} \ ,$$

$$\bar{w}_{(2)} = u_{41} F_{qo} + u_{42} M_o + \ell \bar{\varphi}_o - q_4 F_{A1} + \bar{w}_{o(2)} = \bar{w}_{20} \ .$$

Die letzte Gleichung lösen wir nach F_{A1} auf:

(2.54)
$$F_{A1} = (u_{41} F_{qo} + u_{42} M_o + \ell \bar{\varphi}_o + \bar{w}_{o(2)} - \bar{w}_{20}) / q_4 \ .$$

Diesen Term setzen wir in die Ausdrücke für $M_{(2)}$ und $\bar{\varphi}_{(2)}$ und erhalten
so mit $q_3/q_4 = 3/\ell_2$

(2.55)
$$M_{(2)} = (\ell + \ell_2 u_{41}/q_4) F_{qo} + (1 + \ell_2/q_4) M_o + \ell \ell_2 \bar{\varphi}_o / q_4 + \ell_2 (\bar{w}_{o(2)} - \bar{w}_{20}) / q_4 \ ,$$

$$\bar{\varphi}_{(2)} = (u_{31} - 3 u_{41}/\ell_2) F_{qo} + (u_{32} - 3/\ell_2) u_{42}) M_o + (1 - 3\ell/\ell_2) \bar{\varphi}_o + \bar{\varphi}_{o(2)}$$

$$- 3 (\bar{w}_{o(2)} - \bar{w}_{20}) / \ell_2 \ .$$

$M_{(2)}$ und $\bar{\varphi}_{(2)}$ setzen wir in die ERB (2.51) ein. Mit den Abkürzungen

$$a_1 = a_r (\ell + \ell_2 u_{41}/q_4) + b_r (u_{31} - 3 u_{41}/\ell_2) \ ,$$

$$b_1 = a_r (1 + \ell_2 u_{42}/q_4) + b_r (u_{32} - 3 u_{42}/\ell_2) \ ,$$

(2.56)
$$c_1 = a_r \ell \ell_2 / q_4 + b_r (1 - 3\ell/\ell_2) \ ,$$

$$r_1 = a_r (M_{o(2)} - M_r) + b_r \bar{\varphi}_{o(2)} + (a_r \ell_2 / q_4 - 3 b_r / \ell_2)(\bar{w}_{o(2)} - \bar{w}_{20}) \ ,$$

$$r_2 = \bar{w}_{o(1)} - \bar{w}_{10}$$

wird

(2.57)
$$a_1 F_{qo} + b_1 M_o + c_1 \bar{\varphi}_o + r_1 = 0 \ ,$$

$$-q_2 F_{qo} - q_1 M_o + \ell_1 \bar{\varphi}_o + r_2 = 0 \ .$$

Die letzte Gleichung ist die erste Gleichung aus (2.53).
Zu diesen zwei Gleichungen für die drei Unbekannten F_{qo}, M_o und $\bar{\varphi}_o$ kommt
als dritte Gleichung die ARB (2.51) hinzu. Multiplizieren wir die erste
der beiden obigen Gleichungen mit q_1 und die zweite mit b_1 und addieren
beide, so erhalten wir eine Gleichung mit F_{qo} und $\bar{\varphi}_o$. Entsprechend eliminieren wir durch Multiplikation mit ℓ_1 und $-c_1$ die Unbekannte $\bar{\varphi}_o$. Mit

$$a_3 = a_1 q_1 - b_1 q_2 , \quad a_4 = a_1 \ell_1 + c_1 q_2 , \quad d = c_1 q_1 + \ell_1 b_1 \ ,$$

$$r_3 = r_1 q_1 + b_1 r_2 , \quad r_4 = r_1 \ell_1 - c_1 r_2$$

lauten die Gleichungen (2.57)

(2.58)
$$a_3 F_{qo} + d \bar{\varphi}_o + r_3 = 0 \ ,$$

$$a_4 F_{qo} + d M_o + r_4 = 0 \ .$$

Multiplizieren wir die erste dieser Gleichungen mit b_1, die zweite mit a_1 und addieren beide, so folgt mit der ARB $a_1 M_0 + b_1 \bar{\varphi}_0 = a_1 M_1$ eine Gleichung für F_{qo}:

$$(2.59) \qquad (a_1 a_4 + b_1 a_3) F_{qo} + a_1 (dM_1 + r_4) + b_1 r_3 = 0 \ .$$

Aus dieser Gleichung berechnen wir F_{qo}, damit nach (2.58) M_0 und $\bar{\varphi}_0$ und nach (2.54) F_{A1}. Die beiden äußeren Auflagerkräfte werden

$$(2.60) \qquad F_{Ao} = F_{qo}, \quad F_{A2} = -F_{qo} - F_{A1} - F_{qo(2)} \ .$$

Nach der Bestimmung der Auflagerkräfte machen wir F_{A1} zu einer äußeren Belastungskraft, d.h wir setzen $F_{n_1} := F_{n_1} - F_{A1}$, und berechnen mit dem bekannten Anfangsvektor $\underline{z}_0$ nach (2.5) wie in den früheren Aufgaben alle weiteren Zustandsgrößen.

<u>Programm "ZTS"</u>: Starr gelenkig gelagerter oder an den Enden fest eingespannter Zweifeldträger mit Stützensenkung

```
10:"ZTS":REM ZWEI        130:INPUT "LINKS E       270:INPUT "KONST.Q
   FELDTRAEGER MI            INGESPANNT:J/N          UERSCHNITT:J/N
   T STUETZENSENK            ? ";L$                  ? ";Q$
   UNG                   131:IF L$<>"J"AND        271:IF Q$<>"J"AND
20:READ N1,N2                L$<>"N"THEN 13          Q$<>"N"THEN 27
22:LPRINT "N1=";N            0                       0
   1                     140:INPUT "RECHTS        280:IF Q$="J"THEN
23:LPRINT "N2=";N            EINGESPANNT:J/          320
   2                         N? ";R$              290:INPUT "I1/IO="
24:LPRINT                141:IF R$<>"J"AND           ;K1
30:N=N1+N2                   R$<>"N"THEN 14       300:INPUT "I2/IO="
40:DIM DX(N),X(N)            0                       ;K2
   ,QL(N),QR(N),Q       150:IF L$="J"THEN        302:LPRINT "I1/IO=
   1(N),F(N),FQ(N            180                     ";K1
   ),M(N),P(N),W(       160:INPUT "MOMENT        303:LPRINT "I2/IO=
   N)                        LINKS: ";ML             ";K2
50:X(0)=0:UM=0:DU        170:AL=1:BL=0:GOTO       310:GOTO 330
   =0                        190                  320:K1=1:K2=1
60:FOR I=1TO N           180:AL=0:BL=1:ML=0       330:FQ(0)=0:M(0)=0
70:READ DX(I),QL(        190:IF R$="J"THEN        340:P(0)=0:W(0)=0
   I),QR(I),F(I)             220                  345:LPRINT
72:LPRINT "DX=";D        200:INPUT "MOMENT        350:FOR I=1TO N
   X(I)                      RECHTS: ";MR         360:T=DX(I):GOSUB
73:LPRINT "QL=";Q        210:AR=1:BR=0:GOTO          "ZG"
   L(I)                      230                  370:FQ(I)=FQ-F(I):
74:LPRINT "QR=";Q        220:AR=0:BR=1:MR=0          M(I)=M
   R(I)                  230:INPUT "STUETZE       380:P(I)=P:W(I)=W
75:LPRINT "F =";F            NSENKUNG W1= "       390:NEXT I
   (I)                       ;W1                  400:Q1=L1*L1/2/K1:
76:LPRINT                240:INPUT "W2=";W2          Q2=L1*Q1/3
80:X(I)=X(I-1)+DX        250:INPUT "BIEGEST       410:Q3=L2*L2/2/K2:
   (I)                       EIFIGKEIT E*IO          Q4=L2*Q3/3
90:Q1(I)=(QR(I)-Q            =";B                 420:U1=-Q3-L1*L2/K
   L(I))/DX(I)          255:LPRINT "E*IO="          2-Q1
100:NEXT I                   ;B                   430:U2=-L1/K1-L2/K
110:F1=F(N1)             260:WM=W1*B:WR=W2*          2
120:L1=X(N1):L=X(N           B                    440:U3=-Q4-Q3*L1-Q
    ):L2=L-L1                                         1*L2-Q2
```

```
450:U4=-Q3-L1*L2/K
    1-Q1
460:A1=AR*(L+L2/Q4
    *U3)+BR*(U1-3/
    L2*U3)
470:B1=AR*(1+L2/Q4
    *U4)+BR*(U2-3/
    L2*U4)
480:C1=AR*L*L2/Q4+
    BR*(1-3*L/L2)
490:R1=AR*(M(N)-MR
    )+BR*P(N)+(AR*
    L2/Q4-3*BR/L2)
    *(W(N)-WR)
500:R2=W(N1)-WM
510:D=C1*Q1+L1*B1
520:A3=A1*Q1-B1*Q2
530:A4=A1*L1+C1*Q2
540:R3=R1*Q1+B1*R2
550:R4=R1*L1-C1*R2
560:FQ(0)=-(D*AL*M
    L+BL*R3+AL*R4)
    /(AL*A4+BL*A3)
570:M(0)=-(A4*FQ(0
    )+R4)/D
575:IF L$="N"THEN
    LET M(0)=ML
580:P(0)=-(A3*FQ(0
    )+R3)/D
585:IF L$="J"THEN
    LET P(0)=0
590:FA1=(U3*FQ(0)+
    U4*M(0)+L*P(0)
    +W(N)-WR)/Q4
600:LPRINT "AUFLAG
    ERKRAEFTE:"
610:LPRINT "FAO=";
    FQ(0)
620:LPRINT "FA1=";
    FA1
630:LPRINT "FA2=";
    -FA1-FQ(0)-FQ(
    N)
635:LPRINT
640:F(N1)=F1-FA1
650:I=0:GOSUB "AUS
    G SG"
660:MM=ABS M(0):XM
    =X(0)
670:FOR I=1TO N
680:T=DX(I):GOSUB
    "ZG"
690:FQ(I)=FQ-F(I):
    M(I)=M
700:P(I)=P:W(I)=W
710:IF MM>ABS M
    THEN 730
720:MM=ABS M:XM=X(
    I)
730:IF Q1(I)=0THEN
    780
```

```
740:R=2*Q1(I)*FQ(I
    -1)+QL(I)*QL(I
    )
750:IF R<0THEN 860
760:T=(SQR R-QL(I)
    )/Q1(I)
770:GOTO 800
780:IF QL(I)=0THEN
    860
790:T=FQ(I-1)/QL(I
    )
800:IF T<=0OR T>=D
    X(I)THEN 860
810:GOSUB "ZG"
820:LPRINT "X=";X(
    I-1)+T
830:LPRINT "M=";M
835:LPRINT
840:IF MM>=ABS M
    THEN 860
850:MM=ABS M:XM=X(
    I-1)+T
860:GOSUB "AUSG SG
    "
870:NEXT I
880:LPRINT "MAX M=
    ";MM
890:LPRINT "BEI XM
    =";XM
895:LPRINT
900:INPUT "NEUE QU
    ERSCHNITTE:J/N
    ? ";NQ$
901:IF NQ$<>"J"AND
    NQ$<>"N"THEN 9
    00
910:IF NQ$="J"THEN
    LET F(N1)=F1:
    GOTO 250
920:INPUT "VERFORM
    UNG:J/N? ";V$
921:IF V$<>"J"AND
    V$<>"N"THEN 92
    0
930:IF V$="N"THEN
    1120
940:INPUT "AEQUIDI
    ST. STELLEN:J/
    N? ";A$
941:IF A$<>"J"AND
    A$<>"N"THEN 94
    0
950:IF A$="J"THEN
    980
960:INPUT "X=";X
970:NO=0:GOTO 1000
980:INPUT "ANZAHL
    DER INTERVALLE
    ? ";NO
990:DX=L/NO:X=0
1000:FOR I=1TO N
```

```
1010:IF X>X(I)
     THEN 1090
1020:T=X-X(I-1)
1030:GOSUB "ZG"
1040:LPRINT "X=";
     X
1050:LPRINT "PHI=
     ";P/B
1060:LPRINT "W=";
     W/B
1065:LPRINT
1070:IF NO=0THEN
     1100
1080:X=X+DX:GOTO
     1010
1090:NEXT I
1100:INPUT "WEITE
     RE VERFORMUN
     G:J/N? ";W$
1101:IF W$<>"J"
     AND W$ <>"N"
     THEN 1100
1110:IF W$="J"
     THEN 940
1120:END
1150:"ZG":IF I<=N
     1THEN LET K=
     K1:GOTO 1170
1160:K=K2
1170:FQ=FQ(I-1)-(
     QL(I)+Q1(I)*
     T/2)*T
1180:M=M(I-1)+(FQ
     (I-1)-(QL(I)
     +Q1(I)*T/3)*
     T/2)*T
1190:P=P(I-1)-(M(
     I-1)+(FQ(I-1
     )-(QL(I)+Q1(
     I)*T/4)*T/3)
     *T/2)*T/K
1200:W=W(I-1)+(P(
     I-1)-(M(I-1)
     +(FQ(I-1)-(Q
     L(I)+Q1(I)*T
     /5)*T/4)*T/3
     )*T/2/K)*T
1210:RETURN
1220:"AUSG SG":
     LPRINT "X=";
     X(I)
1230:IF I=0THEN 1
     260
1240:LPRINT "FQL=
     ";FQ(I)+F(I)
1250:IF I=NTHEN 1
     270
1260:LPRINT "FQR=
     ";FQ(I)
1270:LPRINT "M=";
     M(I)
1275:LPRINT
1280:RETURN
```

Beim Programm "ZTS" werden die folgenden Daten über eine DATA-Anweisung
eingegeben:

$$n_1, \; n_2, \; \Delta x_1, \; q_{r1}, \; q_{11}, \; F_1, \; \Delta x_2, \; \ldots, \; \Delta x_n, \; q_{rn}, \; q_{1n}, \; F_n$$

Alle anderen Eingaben werden über eine INPUT-Anweisung abgefragt.

Beispiel 2.8: Für den Träger der Abb.2.13 mit den feldweise konstanten
Flächenträgheitsmomenten I_1=2140 cm^4 und I_2=3060 cm^4 sollen die Schnitt-
und Verformungsgrößen ermittelt werden. Alle Auflager liegen in gleicher
Höhe.
Die Belastungsintensität über dem mittleren Auflager errechnet sich zu
12 kN/m. Nach Eingabe aller Größen (die wir uns zur Kontrolle wieder mit
ausdrucken lassen) erhalten wir die auf der folgenden Seite aufgelisteten Ergebnisse. Mit diesen Werten wurden die Querkraft- und Biegemomentenkurve gezeichnet. Für die maximale Durchbiegung ergibt sich

$$w_{max}=11 \;\; mm \quad bei \quad x=5,92 \; m \; .$$

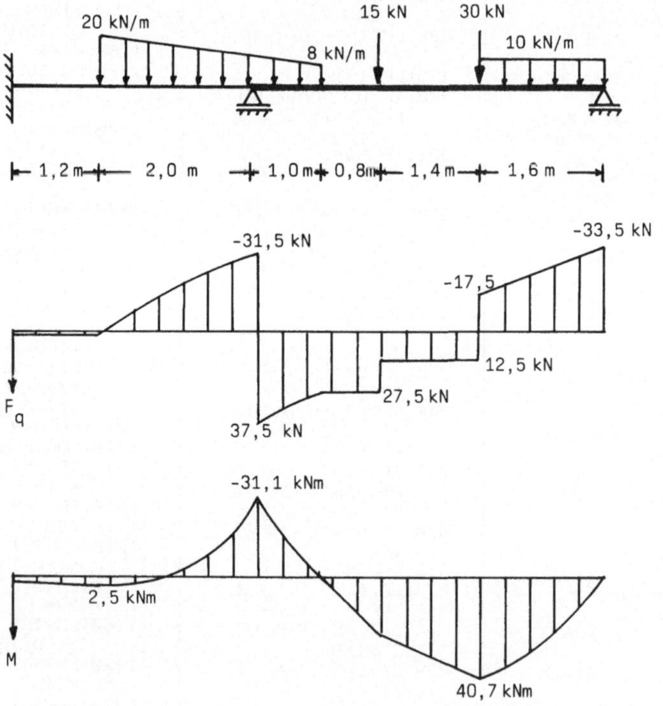

Abb.2.13: Zweifeldträger, Querkraft- und Biegemomentenkurve

```
N1= 2                X= 0                     X= 0
N2= 4                FQR= 5.472555217E-       PHI= 0
                     01                       W= 0
DX= 1.2              M= 1.812094111
QL= 0                                         X= 1.6
QR= 0                X= 1.2                    PHI=-7.545106762E-
F = 0                FQL= 5.472555217E-       04
                     01                       W=-5.945886881E-04
DX= 2                FQR= 5.472555217E-
QL= 20               01                       X= 3.2
QR= 12               M= 2.468800737           PHI= 3.426646768E-
F = 0                                         03
                     X= 1.227438061           W=-9.619047619E-13
DX= 1                M= 2.476301667
QL= 12                                        X= 4.8
QR= 8                X= 3.2                    PHI= 4.754935643E-
F = 0                FQL=-31.45274448         03
                     FQR= 37.54931004         W= 8.1382991E-03
DX= 0.8              M=-31.10335489
QL= 0                                         X= 6.4
QR= 0                X= 4.2                    PHI=-2.837758008E-
F = 15               FQL= 27.54931004         03
                     FQR= 27.54931004         W= 1.037286565E-02
DX= 1.4              M= 1.112621817
QL= 0                                         X= 8
QR= 0                X= 5                      PHI=-8.43847641E-0
F = 30               FQL= 27.54931004         3
                     FQR= 12.54931004         W=-1.10952381E-11
DX= 1.6              M= 23.15206985
QL= 10                                        X= 5.9
QR= 10               X= 6.4                    PHI= 9.659434176E-
F = 0                FQL= 12.54931004         05
                     FQR=-17.45068996         W= 1.10403139E-02
E*IO= 2100           M= 40.72110391
I1/IO= 2.14                                   X= 5.95
I2/IO= 3.06          X= 8                      PHI=-1.939709126E-
                     FQL=-33.45068996         04
AUFLAGERKRAEFTE:     M=-0.000000026           W= 1.103790233E-02
FAO= 5.472555217E-
01                   MAX M= 40.72110391       X= 5.92
FA1= 69.00205452     BEI XM= 6.4              PHI=-2.100585118E-
FA2= 33.45068996                              05
                                              W= 1.104097109E-02
```

Beispiel 2.9: Ein Träger aus zwei U-Eisen 180 (DIN 1026) ist nach Abb.
2.14 gelagert und belastet. Das rechte Auflager habe sich um 12 mm gesenkt. Man bestimme die Biegemomentenkurve, die Biegelinie und berechne
σ_{max} und w_{max}.
Mit den aus der Abb. ersichtlichen Eingabedaten (M_1=-8 kNm, w_2=0,012 m)
und

$$EI=21 \cdot 10^3 \text{ kN/cm}^2 \cdot 2700 \text{ cm}^4 = 5670 \text{ kNm}^2$$

erhalten wir die ausgedruckten Ergebnisse mit

$$\sigma_{max}=M_{max}/W = 36,9 \text{ kNm}/300 \text{ cm}^3 = 12,3 \text{ kN/cm}^2$$

und

$$w_{max}=15,0 \text{ mm} \quad \text{bei} \quad x=7,53 \text{ m}.$$

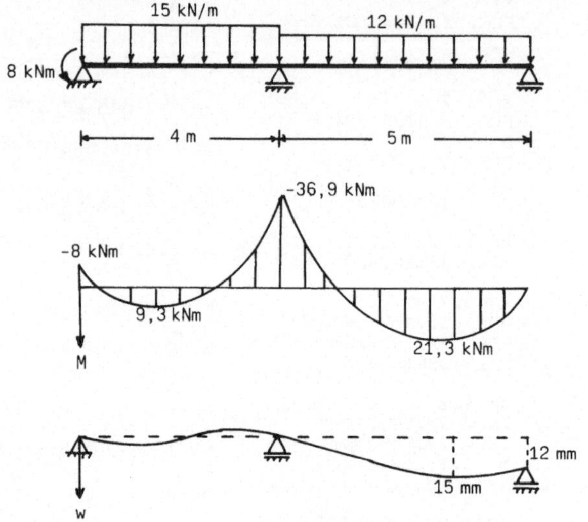

Abb.2.14: Zweifeldträger mit Stützensenkung,
          Biegemomentenkurve und Biegelinie

```
AUFLAGERKRAEFTE:
FAO= 22.7687778
FA1= 74.61619989
FA2= 22.61502231

X= 0
FQR= 22.7687778
M=-8

X= 1.51791852
M= 9.28057475

X= 4
FQL=-37.2312222
FQR= 37.38497769
M=-36.9248888

X= 7.115414808
M= 21.30996774

X= 9
FQL=-22.61502231
M=-0.00000035

MAX M= 36.9248888
BEI XM= 4
```

```
X= 0
PHI= 8.318766788E-
04
W= 0

X= 1.5
PHI=-8.124060952E-
05
W= 1.134344998E-03

X= 3
PHI=-1.101015755E-
03
W=-2.970507571E-04

X= 4.5
PHI= 5.045121792E-
03
W= 1.966713661E-03

X= 6
PHI= 5.228631497E-
03
W= 1.078239459E-02

X= 7.5
PHI= 1.006421197E-
04
W= 1.499685861E-02

X= 9
PHI=-3.195989199E-
03
W= 1.199999997E-02
```

```
X= 7.6
PHI=-2.551212312E-
04
W= 1.498905801E-02

X= 7.54
PHI=-4.275846349E-
05
W= 1.499801172E-02

X= 7.53
PHI=-7.037815591E-
06
W= 1.499826077E-02
```

2.5 Durchlaufträger

Wie beim Zweifeldträger, so zeigt sich auch beim Durchlaufträger auf
elastischen Stützen eine numerische Instabilität für sehr große Federkonstanten der inneren Auflager. Wir entwickeln daher einmal einen Algorithmus für den Träger auf starren Lagern mit Stützensenkungen und zum
anderen für einen Träger auf elastischen Stützen. Da wesentliche Teile
zur Berechnung der Schnitt- und Verformungsgrößen übereinstimmen, werden
wir in 2.5.3 ein gemeinsames Programm für beide Lagerungsfälle schreiben.

2.5.1 Durchlaufträger auf starren Auflagern mit Stützensenkungen

Für einen Durchlaufträger nach Abb.2.15 über n Felder der Länge ℓ_j (j=1,
2,...,n) gelten folgende Voraussetzungen:
(1) In jedem Feld ist der Querschnitt des Trägers konstant. Die Flächen-
    trägheitsmomente I_j werden durch ein Vergleichsträgheitsmoment I_o
    dargestellt: $I_j = k_j I_o$.
(2) An den Auflagern können senkrechte Stützenverschiebungen w_{oj} (j=0,1,
    ...,n) auftreten. Senkung: $w_{oj} > 0$, Hebung: $w_{oj} < 0$.
(3) An den Enden ist der Träger entweder gelenkig gelagert oder fest
    eingespannt. Bei gelenkiger Lagerung können an den Enden Belastungen
    durch Momente M_l bzw. M_r auftreten.
(4) Jedes Feld ist in n_j Balkenelemente mit Trapezbelastung und einer
    Einzelkraft am Ende zerlegbar. Die Balkenelemente werden für den ge-
    samten Durchlaufträger von i=1 bis $n_g = n_1 + n_2 + ... + n_n$ durchnummeriert.

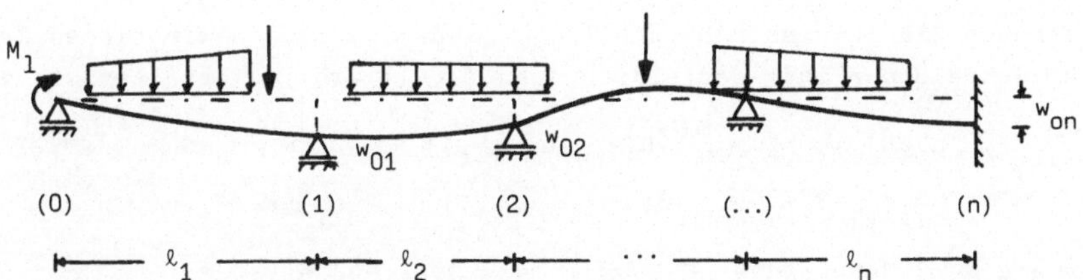

Abb.2.15: Durchlaufträger mit Stützensenkungen

Um einen Algorithmus für den Durchlaufträger zu entwickeln, schneiden
wir das j-te Feld ausschließlich der Auflager (j-1) und (j) heraus und
machen die Schnittgrößen zu äußeren Kräften (s. Abb.2.16). Die Indizes
r und l bei den Querkräften bedeuten rechts und links vom Auflager. Zwi-
schen den Zustandsgrößen $\underline{z}_{j-1}$ und $\underline{z}_j$ bestehen nach Abschn. 2.1 die
Beziehungen

$$F_{ql,j} = F_{qr,j-1} + F_{qoj} \; ,$$

$$M_j = \ell_j F_{qr,j-1} + M_{j-1} + M_{oj} \; ,$$

(2.61)

$$\bar{\varphi}_j = -(\ell_j^2/2 \, F_{qr,j-1} + \ell_j M_{j-1})/k_j + \bar{\varphi}_{j-1} + \bar{\varphi}_{o,j} \; ,$$

$$\bar{w}_j = -(\ell_j^3/6 \, F_{qr,j-1} + \ell_j^2/2 \, M_{j-1})/k_j + \ell_j \bar{\varphi}_{j-1} + \bar{w}_{j-1} + \bar{w}_{oj} \; .$$

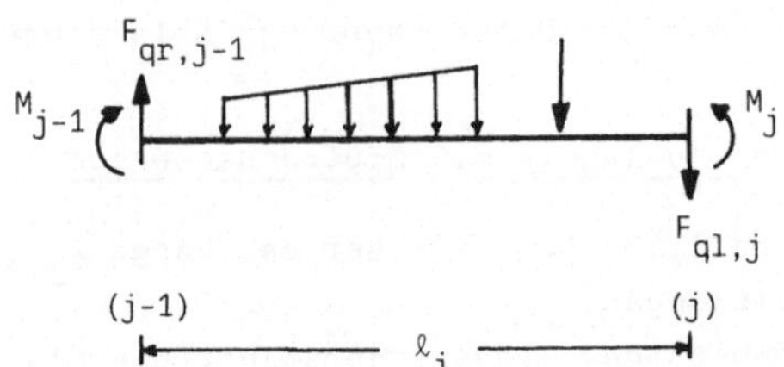

Abb.2.16: Schnittgrößen im Feld j eines Durchlaufträgers

Der Zustandsvektor $\underline{z}_{oj}$ wird nach (2.5) aus der Belastung im Feld j mit dem Anfangsvektor $\underline{z}_{ro,j-1} = (\,0\,)$ bestimmt. Die F_{qoj}, M_{oj}, $\bar{\varphi}_{oj}$ und $\bar{w}_{oj}$ setzen wir also in den folgenden Entwicklungen als bekannt voraus. In der letzten Gleichung (2.61) sind die

$$\bar{w}_j = EI_o w_{oj} = B w_{oj}$$

aufgrund der vorgegebenen Verschiebungen w_{oj} der Auflager bekannt. Wir lösen diese Gleichung nach $F_{qr,j-1}$ auf:

(2.62) $$F_{qr,j-1} = (\bar{w}_{oj} - B(w_{oj} - w_{o,j-1}))6k_j/\ell_j + (6k_j/\ell_j \, \bar{\varphi}_{j-1} - 3M_{j-1})/\ell_j \; .$$

(Beachten Sie in dieser Darstellung $\bar{w}_{oj} \neq B w_{oj}$.) Setzen wir diesen Term in die zweite und dritte der Gleichungen (2.61) ein, so erhalten wir mit

(2.63) $$a_j = M_{oj} + c_j/\ell_j \, (\bar{w}_{oj} - B(w_{oj} - w_{o,j-1})) \; ,$$
$$b_j = \bar{\varphi}_{oj} - 3/\ell_j \, (\bar{w}_{oj} - B(w_{oj} - w_{o,j-1})) \; , \qquad c_j = 6k_j/\ell_j$$

für die 2n+2 Unbekannten M_j und $\bar{\varphi}_j$ das Gleichungssystem

(2.64) $$M_j = -2M_{j-1} + c_j \bar{\varphi}_{j-1} + a_j \; ,$$
$$\bar{\varphi}_j = \frac{3}{c_j} M_{j-1} - 2\bar{\varphi}_{j-1} + b_j \; . \qquad (j=1,2,\dots,n)$$

Diese Gleichungen lassen sich kürzer in Matrixform schreiben. Mit

(2.65a) $$\underline{y}_j = \begin{bmatrix} M_j \\ \bar{\varphi}_j \end{bmatrix} \; , \qquad \underline{Y}_j = \begin{bmatrix} -2 & c_j \\ 3/c_j & -2 \end{bmatrix} \quad \text{und} \quad \underline{r}_j = \begin{bmatrix} a_j \\ b_j \end{bmatrix}$$

wird

(2.65b) $\underline{y}_j = \underline{Y}_j \underline{y}_{j-1} + \underline{r}_j$.

Mit den bekannten Werten a_j, b_j und c_j könnten aus (2.64) alle M_j und $\bar{\varphi}_j$ sehr einfach berechnet werden, wenn M_o und $\bar{\varphi}_o$ bekannt wären. Die Anfangsrandbedingung liefert uns aber nur eine der unbekannten Größen, nämlich

(2.66) $\begin{aligned} M_o &= M_1 \quad \text{für den gelenkig gelagerten Träger oder} \\ \bar{\varphi}_o &= 0 \quad \text{für den fest eingespannten Träger.} \end{aligned}$

Die Endrandbedingung liefert uns eine entsprechende Aussage über eine der Größen M_n oder $\bar{\varphi}_n$ am rechten Ende des Durchlaufträgers.
Wie wir (2.65) mit Erfüllung aller Randbedingungen lösen, zeigen wir für den links aufgelagerten und rechts eingespannten Träger. Wir bestimmen zunächst zwei Lösungen $\underline{y}_j^{(1)}$ und $\underline{y}_j^{(2)}$ rekursiv aus

(2.67)
$$\underline{y}_j^{(1)} = \underline{Y}_j \underline{y}_{j-1}^{(1)} \quad \text{mit} \quad \underline{y}_o^{(1)} = \begin{bmatrix} 0 \\ 1 \end{bmatrix}$$
$$\underline{y}_j^{(2)} = \underline{Y} \underline{y}_{j-1}^{(2)} + \underline{r}_j \quad \text{mit} \quad \underline{y}_o^{(2)} = \begin{bmatrix} M_1 \\ 0 \end{bmatrix} \; .$$

Dann ist auch

(2.68) $\underline{y}_j = C \underline{y}_j^{(1)} + \underline{y}_j^{(2)}$

mit einer beliebigen Konstanten C eine Lösung von (2.65), denn es gilt

$$\underline{Y}_j \underline{y}_{j-1} + \underline{r}_j = C \underline{Y}_j \underline{y}_{j-1}^{(1)} + \underline{Y}_j \underline{y}_{j-1}^{(2)} + \underline{r}_j = C \underline{y}_j^{(1)} + (\underline{y}_j^{(2)} - \underline{r}_j) + \underline{r}_j = \underline{y}_j \; .$$

Weiterhin gilt

$$\underline{y}_o = \begin{bmatrix} M_o \\ \bar{\varphi}_o \end{bmatrix} = C \underline{y}_o^{(1)} + \underline{y}_o^{(2)} = \begin{bmatrix} M_1 \\ C \end{bmatrix} ,$$

d.h. für M ist die ARB erfüllt, während $\bar{\varphi}_o = C$ noch unbekannt ist. Die Konstante C bestimmen wir nun so, daß auch die rechte Randbedingung erfüllt wird. Für den eingespannten Träger muß

$$\bar{\varphi}_n = C \bar{\varphi}_n^{(1)} + \bar{\varphi}_n^{(2)} = 0$$

werden und damit

(2.69) $\bar{\varphi}_o = C = -\bar{\varphi}_n^{(2)} / \bar{\varphi}_n^{(1)}$ (natürlich für $\bar{\varphi}_n^{(1)} \neq 0$).

Entsprechend werden für den links eingespannten Balken

$$\underline{y}_o^{(1)} = \begin{bmatrix} 1 \\ 0 \end{bmatrix} \quad \text{und} \quad \underline{y}_o^{(2)} = \begin{bmatrix} 0 \\ 0 \end{bmatrix} \quad \text{und wegen } M_1 = 0 \quad \underline{y}_o^{(2)} = \begin{bmatrix} M_1 \\ 0 \end{bmatrix}$$

gewählt. C wird für den rechts aufgelagerten Träger aus

$$M_n = CM_n^{(1)} + M_n^{(2)} = M_r$$

zu

$$(2.70) \qquad M_o = C = (M_r - M_n^{(2)})/M_n^{(1)}$$

bestimmt.

Nachdem der Zustandsvektor $\underline{y}_o$ ermittelt worden ist, können nach (2.65)
alle $\underline{y}_j$ bestimmt werden. Nach (2.62) werden die Querkräfte $F_{qr,j-1}$ und
nach der ersten Gleichung aus (2.61) $F_{ql,j}$ $(j=1,2,\ldots,n)$ berechnet. Mit
diesen Größen können wir die Auflagerkräfte F_{Aj}
ermitteln. Wir legen dazu Schnitte links und
rechts vom Auflager (j) und lesen aus der nebenstehenden Abbildung ab

$$(2.71) \qquad F_{Aj} = F_{qr,j} - F_{ql,j} \qquad (j=0,1,2,\ldots,n).$$

Mit $F_{ql,o}=0$ und $F_{qr,n}=0$ gilt diese Beziehung auch für $j=0$ und $j=n$.
Die nach dem obigen Algorithmus berechneten Auflagerkräfte werden zu den
äußeren Belastungskräften hinzugefügt. Mit dem bekannten Anfangsvektor
$\underline{z}_o$ werden wie früher nach (2.5) alle Zustandsgrößen ermittelt.

2.5.2 Durchlaufträger auf elastischen Stützen

Ein Träger über n Felder ist nach Abb.2.17 auf n+1 elastischen Senkfedern mit den Federkonstanten c_{wj} gelagert. An den Enden sind außerdem
Drehfedern mit c_{dl} und c_{dr} zulässig. Alle Federn sollen in der gezeichneten Lage des Trägers im spannungslosen Zustand sein.

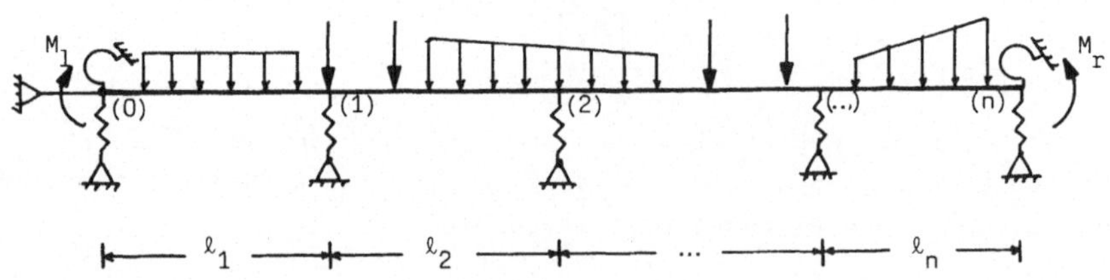

Abb.2.17: Durchlaufträger auf elastischen Stützen

Mit den Bezeichnungen des Abschnitts 2.5.1 für die Querkraft folgt aus
(2.71)

$$(2.72) \qquad F_{qr,j-1} = F_{ql,j-1} + F_{A,j-1} \, .$$

Zwischen der Auflagerkraft $F_{A,j-1}$ im Lager (j-1) und der Durchsenkung w_{j-1}
besteht die Beziehung

$$(2.73) \qquad F_{A,j-1}=c_{w,j-1}w_{j-1}=\bar{c}_{w,j-1}\bar{w}_{j-1} \quad \text{mit } \bar{c}_{w,j-1}=c_{w,j-1}/B \; .$$

Setzen wir die Terme aus (2.72) und (2.73) in die Gleichungen (2.61) ein, so erhalten wir für den Zustandsvektor $\underline{z}_j$ die Darstellung

$$(2.74) \qquad \underline{z}_j=\underline{V}_j\underline{z}_{j-1}+\underline{z}_{oj}$$

mit

$$(2.75) \qquad \underline{V}_j=\begin{bmatrix} 1 & 0 & 0 & \bar{c}_{w,j-1} \\ \ell_j & 1 & 0 & \bar{c}_{w,j-1}\ell_j \\ -\ell_j^2/(2k_j) & -\ell_j/k_j & 1 & -\bar{c}_{w,j-1}\ell_j^2/(2k_j) \\ -\ell_j^3/(6k_j) & -\ell_j^2/(2k_j) & \ell_j & 1-\bar{c}_{w,j-1}\ell_j^3/(6k_j) \end{bmatrix}$$

Durch wiederholte Anwendung der Gleichung (2.74) erhalten wir zwischen den Zustandsgrößen $\underline{z}_o$ am Anfang und $\underline{z}_n$ am Ende des Trägers

$$(2.76) \qquad \underline{z}_n=\underline{V}\,\underline{z}_o+\underline{z}_{on}$$

mit

$$(2.77) \qquad \underline{V}=\underline{V}_n\underline{V}_{n-1}\cdots\underline{V}_2\underline{V}_1=\begin{bmatrix} v_{11} & v_{12} & v_{13} & v_{14} \\ v_{21} & v_{22} & v_{23} & v_{24} \\ v_{31} & v_{32} & v_{33} & v_{34} \\ v_{41} & v_{42} & v_{43} & v_{44} \end{bmatrix}$$

Die Elemente v_{rs} $(r,s=1,2,3,4)$ der Matrix $\underline{V}$ berechnen wir rekursiv aus dem homogenen System (2.74) in folgender Weise. Setzen wir

$$\underline{z}_{01}=\begin{bmatrix} 1 \\ 0 \\ 0 \\ 0 \end{bmatrix} \quad \text{für den Anfangswert } \underline{z}_o,$$

so folgt aus (2.76) mit $\underline{z}_{on}=(\,0\,)$

$$\underline{z}_{n1}=\begin{bmatrix} v_{11} \\ v_{21} \\ v_{31} \\ v_{41} \end{bmatrix}\;.$$

Die v_{r1} sind also die Zustandsgrößen F_{qn}, M_n, $\bar{\varphi}_n$, $\bar{w}_n$ am Ende des Trägers, die wir aus den Anfangszustandsgrößen $F_{qo}=1$, $M_o=0$, $\bar{\varphi}_o=0$, $\bar{w}_o=0$ nach (2.74) ohne Berücksichtigung der äußeren Belastung berechnen. Entsprechend folgt aus

$$\underline{z}_{02}=\begin{bmatrix} 0 \\ 1 \\ 0 \\ 0 \end{bmatrix} \quad \text{die Endzustandsgröße} \quad \underline{z}_{n2}=\begin{bmatrix} v_{12} \\ v_{22} \\ v_{32} \\ v_{42} \end{bmatrix}\;.$$

Wir setzen noch

$$\underline{z}_{on} = \begin{bmatrix} v_{10} \\ v_{20} \\ v_{30} \\ v_{40} \end{bmatrix}$$

und ermitteln diesen Zustandsvektor aus (2.74) mit dem Startwert $\underline{z}_o = (\,0\,)$. Explizit können wir (2.76) somit schreiben:

$$
\begin{aligned}
F_{qln} &= v_{11}F_{qlo} + v_{12}M_o + v_{13}\bar{\varphi}_o + v_{14}\bar{w}_o + v_{10} \;, \\
M_n &= v_{21}F_{qlo} + v_{22}M_o + v_{23}\bar{\varphi}_o + v_{24}\bar{w}_o + v_{20} \;, \\
\bar{\varphi}_n &= v_{31}F_{qlo} + v_{32}M_o + v_{33}\bar{\varphi}_o + v_{34}\bar{w}_o + v_{30} \;, \\
\bar{w}_n &= v_{41}F_{qlo} + v_{42}M_o + v_{43}\bar{\varphi}_o + v_{44}\bar{w}_o + v_{40} \;.
\end{aligned}
$$

(2.78)

In dieser Darstellung können alle v_{rs} $(r=1,2,3,4; s=0,1,2,3,4)$ als bekannt vorausgesetzt werden. In den vier Gleichungen (2.78) treten demnach acht Unbekannte auf. Die restlichen vier Gleichungen erhalten wir aus den Anfangs- und Endrandbedingungen:

$$
\begin{aligned}
\text{ARB:} \quad & F_{qlo}=0 \;, \quad M_o - M_l = -\bar{c}_{dl}\bar{\varphi}_o \;, \\
\text{ERB:} \quad & F_{qln} = -\bar{c}_{wn}\bar{w}_n \;, \quad M_n - M_r = \bar{c}_{dr}\bar{\varphi}_n \;.
\end{aligned}
$$

(2.79)

Die Bedingung $F_{qlo}=0$ folgt aus der Einführung dieser Querkraft <u>links</u> vom Auflager. Einsetzen der ARB in (2.78) liefert

$$
\begin{aligned}
F_{qln} &= v_{12}(M_l - \bar{c}_{dl}\bar{\varphi}_o) + v_{13}\bar{\varphi}_o + v_{14}\bar{w}_o + v_{10} \;, \\
M_n &= v_{22}(M_l - \bar{c}_{dl}\bar{\varphi}_o) + v_{23}\bar{\varphi}_o + v_{24}\bar{w}_o + v_{20} \;, \\
\bar{\varphi}_n &= v_{32}(M_l - \bar{c}_{dl}\bar{\varphi}_o) + v_{33}\bar{\varphi}_o + v_{34}\bar{w}_o + v_{30} \;, \\
\bar{w}_n &= v_{42}(M_l - \bar{c}_{dl}\bar{\varphi}_o) + v_{43}\bar{\varphi}_o + v_{44}\bar{w}_o + v_{40} \;.
\end{aligned}
$$

Mit diesen Termen ergeben sich aus den ERB zwei Gleichungen für die beiden Unbekannten $\bar{\varphi}_o$ und $\bar{w}_o$:

$$
\begin{aligned}
a_1\bar{\varphi}_o + b_1\bar{w}_o + c_1 &= 0 \;, \\
a_2\bar{\varphi}_o + b_2\bar{w}_o + c_2 &= 0 \;.
\end{aligned}
$$

(2.80)

mit

$$
\begin{aligned}
a_1 &= v_{13} - \bar{c}_{dl}v_{12} + \bar{c}_{wn}(v_{43} - \bar{c}_{dl}v_{42}) \;, \quad b_1 = v_{14} + \bar{c}_{wn}v_{44} \;, \\
c_1 &= v_{10} + v_{12}M_l + \bar{c}_{wn}(v_{40} + v_{42}M_l) \;, \\
a_2 &= v_{23} - \bar{c}_{dl}v_{22} - \bar{c}_{dr}(v_{33} - \bar{c}_{dl}v_{32}) \;, \quad b_2 = v_{24} - \bar{c}_{dr}v_{34} \;, \\
c_2 &= v_{20} + v_{22}M_l - \bar{c}_{dr}(v_{30} + v_{32}M_l) - M_r \;.
\end{aligned}
$$

(2.81)

Mit diesen Werten werden aus (2.80) $\bar{\varphi}_o$ und $\bar{w}_o$ zu

$$\bar{\varphi}_0 = (c_2 b_1 - c_1 b_2)/D \ ,$$

$$(2.82a) \quad \bar{w}_0 = (a_2 c_1 - a_1 c_2)/D \ ,$$

$$D = a_1 b_2 - a_2 b_1$$

ermittelt und hiermit

$$(2.82b) \quad F_{qro} = F_{qo} = \bar{c}_{wo} \bar{w}_0 \ , \quad M_0 = M_1 - \bar{c}_{d1} \bar{\varphi}_0 \ .$$

Für unendlich große Federkonstanten (d.h. starre Lagerung bzw. feste
Einspannung) setzen wir zur Vermeidung unnötiger Rundungsfehler noch

$$(2.82c) \quad \begin{aligned} \bar{\varphi}_0 &= 0 \quad \text{für} \quad c_{d1} = \infty = 1E2\emptyset \ , \\ \bar{w}_0 &= 0 \quad \text{"} \quad c_{wo} = \infty = 1E2\emptyset \ . \end{aligned}$$

Die numerische Stabilität des Algorithmus für sehr große Federkonstanten
am Anfang und am Ende des Trägers und die Instabilität für sehr große
Federkonstanten für die inneren Stützen wollen wir hier nicht weiter untersuchen.

Durch (2.82) ist der Anfangszustandsvektor $\underline{z}_0$ bekannt, und wir können
nach (2.74) alle $\underline{z}_j$ an den Auflagern ermitteln. Mit den bekannten $\bar{w}_j$
berechnen wir die Auflagerkräfte F_{Aj} (j=0,1,2...,n-1) nach (2.73) und
$F_{An} = -F_{qln}$. Nachdem wir die Auflagerkräfte zu den äußeren Belastungen
hinzugefügt haben, verläuft die weitere Berechnung der Schnitt- und Verformungsgrößen wie in den früheren Abschnitten.

2.5.3 Programm für den Durchlaufträger

Für die Algorithmen des Durchlaufträgers auf starren Auflagern nach
2.5.1 und auf elastischen Stützen nach 2.5.2 schreiben wir das gemein-
same Programm "DLT". Ist der Träger elastisch gestützt, so wird dem
Rechner dieses durch E$="J" mitgeteilt, andernfalls ist E$="N". Der
Algorithmus für den starr gelagerten Träger wird im wesentlichen in den
Programmzeilen 62Ø bis 89Ø und im Unterprogramm "SL" durchgeführt. Für
den elastisch gestützten Träger finden Sie die Durchführung des Algorithmus in den Zeilen 92Ø bis 147Ø. Für diesen Teil wurden abweichend
von den Bezeichnungen in 2.5.2 zur Einsparung von Speicherplätzen die
folgenden Variablen benutzt:

$$C(J) = \bar{c}_{wj}, \ FL(J) = F_{qlj}, \ A(J) = M_j, \ B(J) = \bar{\varphi}_0, \ WO(J) = \bar{w}_j,$$

wobei der Index j (im Gegensatz zu i) sich immer auf eine Auflagerstelle
bezieht. Diese indizierten Variablen haben also im Programmteil E$="J"
eine andere Bedeutung als für E$="N". Bei der Durchführung der Rechnung
wird aber stets entweder der eine oder der andere Programmteil durchlaufen.

Programm "DLT": Durchlaufträger

```
10:"DLT":REM   DUR
   CHLAUFTRAEGER
20:READ N
25:LPRINT "N=";N
30:DIM N(N),L(N),
   WO(N),F1(N),K(
   N),A(N),B(N),C
   W(N),C(N),FL(N
   ),FR(N),FA(N),
   V(4,4)
40:FOR J=1TO N
50:READ N(J)
55:LPRINT "N";J;"
   =";N(J)
60:N(J)=N(J-1)+N(
   J)
70:NEXT J
75:LPRINT
80:NG=N(N)
90:DIM DX(NG),QL(
   NG),QR(NG),F(N
   G),X(NG),Q1(NG
   ),FQ(NG),M(NG)
   ,P(NG),W(NG)
100:FOR I=1TO NG
110:READ DX(I),QL(
    I),QR(I),F(I)
112:LPRINT "DX=";D
    X(I)
113:LPRINT "QL=";Q
    L(I)
114:LPRINT "QR=";Q
    R(I)
115:LPRINT "F= ";F
    (I)
116:LPRINT
120:X(I)=X(I-1)+DX
    (I)
130:Q1(I)=(QR(I)-Q
    L(I))/DX(I)
140:NEXT I
150:FOR J=1TO N
160:L(J)=X(N(J))-X
    (N(J-1))
170:F1(J)=F(N(J))
180:NEXT J
190:INPUT "ELASTIS
    CH GESTUETZT:J
    /N? ";E$
191:IF E$<>"J"AND
    E$<>"N"THEN 19
    0
200:IF E$="N"THEN
    260
210:FOR J=0TO N
220:READ CW(J)
225:LPRINT "CW";J;
    "=";CW(J)
230:NEXT J
240:READ DL,DR
242:LPRINT "DL=";D
    L
243:LPRINT "DR=";D
    R
245:LPRINT
250:L$="L":R$="R":
    GOTO 280
260:INPUT "LINKS E
    INGESPANNT:J/N
    ? ";L$
261:IF L$<>"J"AND
    L$<>"N"THEN 26
    0
270:INPUT "RECHTS
    EINGESPANNT:J/
    N? ";R$
271:IF R$<>"J"AND
    R$<>"N"THEN 27
    0
280:IF L$="J"OR DL
    >=1E20THEN 300
290:INPUT "MOMENT
    LINKS: ";ML
295:LPRINT "ML=";M
    L
300:IF R$="J"OR DR
    >=1E20THEN 320
310:INPUT "MOMENT
    RECHTS: ";MR
315:LPRINT "MR=";M
    R
320:IF E$="J"THEN
    400
330:INPUT "STUETZE
    NSENKUNG: J/N?
    ";S$
331:IF S$<>"J"AND
    S$<>"N"THEN 33
    0
340:IF S$="N"THEN
    400
350:WAIT 0
360:INPUT "J=";J
370:PRINT "WO";J;"
    =";
380:INPUT WO(J):
    PRINT
385:LPRINT "WO";J;
    "=";WO(J)
390:GOTO 330
400:INPUT "BIEGEST
    EIFIGKEIT E*IO
    =";B
404:LPRINT
405:LPRINT "E*IO="
    ;B
410:INPUT "KONST.Q
    UERSCHNITT: J/
    N? ";Q$
411:IF Q$<>"J"AND
    Q$<>"N"THEN 41
    0
420:WAIT 0:C(0)=CW
    (0)/B
430:DO=DL/B:DN=DR/
    B
440:FOR J=1TO N
450:IF Q$="J"THEN
    LET K(J)=1:
    GOTO 480
460:PRINT "I";J;"/
    IO=";
470:INPUT K(J):
    PRINT
475:LPRINT "I/IO="
    ;K(J)
480:IF E$="N"THEN
    500
490:C(J)=CW(J)/B
500:F(N(J))=F1(J)
510:NEXT J
515:LPRINT
520:FOR J=1TO N
530:FQ(N(J-1))=0:M
    (N(J-1))=0
540:P(N(J-1))=0:W(
    N(J-1))=0
550:FOR I=1+N(J-1)
    TO N(J)
560:T=DX(I)
570:GOSUB "ZG"
580:FQ(I)=FQ-F(I):
    M(I)=M
590:P(I)=P:W(I)=W
600:NEXT I
610:IF E$="J"THEN
    910
615:REM   STARRE LA
    GERUNG
620:C(J)=6*K(J)/L(
    J)
630:DW=(W(N(J))-B*
    (WO(J)-WO(J-1)
    ))/L(J)
640:A(J)=M(N(J))+C
    (J)*DW
650:B(J)=P(N(J))-3
    *DW
660:FR(J-1)=C(J)*D
    W/L(J)
670:FL(J)=FQ(N(J))
680:NEXT J
690:FOR U=1TO 3
700:IF U=1THEN 820
710:GOSUB "SL"
720:IF U=3THEN 890
730:IF R$="J"THEN
    760
740:C=(MR-M(N))/M1
750:GOTO 770
760:C=-P(N)/P1
770:IF L$="J"THEN
    800
780:M(0)=ML:P(0)=C
790:GOTO 890
800:M(0)=C:P(0)=0
810:GOTO 890
820:IF L$="J"THEN
    850
830:M(0)=0:P(0)=1
840:GOTO 860
```

```
850:M(0)=1:P(0)=0
860:GOSUB "SL"
870:M1=M(N):P1=P(N
    )
880:M(0)=ML:P(0)=0
890:NEXT U
900:GOTO 1480
910:REM ELASTISCHE
    STUETZEN
920:FL(J)=FQ(N(J))
930:A(J)=M(N(J))
940:B(J)=P(N(J))
950:WO(J)=W(N(J))
960:NEXT J
970:FOR S=0TO 4
980:FOR J=1TO N
990:FQ(J)=FQ(J-1)+
    C(J-1)*W(J-1)
1000:M(J)=L(J)*FQ
     (J-1)+M(J-1)
     +C(J-1)*L(J)
     *W(J-1)
1010:P(J)=P(J-1)-
     (2*M(J-1)+L(
     J)*(FQ(J-1)+
     C(J-1)*W(J-1
     )))*L(J)/2/K
     (J)
1020:W(J)=(P(J-1)
     -(M(J-1)+FQ(
     J-1)*L(J)/3)
     *L(J)/2/K(J)
     )*L(J)
1030:W(J)=W(J)+(1
     -L(J)^3/6/K(
     J)*C(J-1))*W
     (J-1)
1040: IF S<>0THEN
      1090
1050:FQ(J)=FQ(J)+
     FL(J)
1060:M(J)=M(J)+A(
     J)
1070:P(J)=P(J)+B(
     J)
1080:W(J)=W(J)+WO
     (J)
1090:NEXT J
1100:V(1,S)=FQ(N)
1110:V(2,S)=M(N)
1120:V(3,S)=P(N)
1130:V(4,S)=W(N)
1140:IF S=4THEN 1
     220
1150: IF S=3THEN 1
     210
1160: IF S=2THEN 1
     200
1170: IF S=1THEN 1
     190
1180:FQ(0)=1:GOTO
     1220
1190:FQ(0)=0:M(0)
     =1:GOTO 1220
1200:M(0)=0:P(0)=
     1:GOTO 1220
1210:P(0)=0:W(0)=
     1
```

```
1220:NEXT S
1230:A1=V(1,3)-DO
     *V(1,2)+C(N)
     *(V(4,3)-DO*
     V(4,2))
1240:B1=V(1,4)+C(
     N)*V(4,4)
1250:C1=V(1,0)+V(
     1,2)*ML+C(N)
     *(V(4,0)+V(4
     ,2)*ML)
1260:A2=V(2,3)-DO
     *V(2,2)-DN*(
     V(3,3)-DO*V(
     3,2))
1270:B2=V(2,4)-DN
     *V(3,4)
1280:C2=V(2,0)+V(
     2,2)*ML-DN*(
     V(3,0)+V(3,2
     )*ML)-MR
1290:DET=A1*B2-A2
     *B1
1300:P(0)=(C2*B1-
     C1*B2)/DET
1310:W(0)=(A2*C1-
     A1*C2)/DET
1320:FQ(0)=C(0)*W
     (0):FA(0)=FQ
     (0)
1330:M(0)=ML-DO*P
     (0)
1340:IF CW(0)>=1E
     20THEN LET W
     (0)=0
1350:IF DL>=1E20
     THEN LET P(0
     )=0
1360:FOR J=1TO N
1370:FOR I=1+N(J-
     1)TO N(J)
1380:T=DX(I)
1390:GOSUB "ZG"
1400:FQ(I)=FQ-F(I
     ):M(I)=M
1410:P(I)=P:W(I)=
     W
1420:NEXT I
1430:FA(J)=C(J)*W
     (N(J))
1440:FA(N)=-FQ(NG
     )
1450:FQ(N(J))=FQ(
     N(J))+FA(J)
1460:F(N(J))=F1(J
     )-FA(J)
1470:NEXT J
1480:LPRINT "AUFL
     AGERKRAEFTE:
     "
1490:FOR J=0TO N
1500:IF E$="N"
     THEN LET FA(
     J)=FR(J)-FL(
     J)
1510:LPRINT "FA";
     J;"=";FA(J)
```

```
1520:F(N(J))=F1(J
     )-FA(J)
1530:NEXT J
1535:LPRINT
1540:FQ(0)=FA(0)
1550:I=0:GOSUB "A
     USG SG"
1560:MM=ABS M(0):
     XM=0
1570:FOR J=1TO N
1580:FOR I=1+N(J-
     1)TO N(J)
1590:T=DX(I)
1600:GOSUB "ZG"
1610:FQ(I)=FQ-F(I
     ):M(I)=M
1620:P(I)=P:W(I)=
     W
1630:IF MM>ABS M
     THEN 1650
1640:MM=ABS M:XM=
     X(I)
1650:IF Q1(I)=0
     THEN 1700
1660:R=2*Q1(I)*FQ
     (I-1)+QL(I)*
     QL(I)
1670:IF R<0THEN 1
     790
1680:T=(SQR R-QL(
     I))/Q1(I)
1690:GOTO 1720
1700:IF QL(I)=0
     THEN 1790
1710:T=FQ(I-1)/QL
     (I)
1720:IF T<0OR T>D
     X(I)THEN 179
     0
1730:GOSUB "ZG"
1740:LPRINT "X=";
     X(I-1)+T
1750:LPRINT "M=";
     M
1755:LPRINT
1760:IF MM>ABS M
     THEN 1790
1770:MM=ABS M
1780:XM=X(I-1)+T
1790:GOSUB "AUSG
     SG"
1800:NEXT I
1810:NEXT J
1820:LPRINT "MAX
     M=";MM
1830:LPRINT "BEI
     X=";XM
1835:LPRINT
1840:INPUT "NEUE
     QUERSCHNITTE
     : J/N? ";NQ$
1841:IF NQ$<>"J"
     AND NQ$<>"N"
     THEN 1840
1850:IF NQ$="J"
     THEN 400
```

```
1860: INPUT "VERFO        2020: IF NO=0THEN       2290: "VG":P=P(I-1
      RMUNG: J/N?               2060                    )-(M(I-1)+(F
      ";V$               2030: X=X+DX:GOTO            Q(I-1)-(QL(I
1861: IF V$<>"J"               1960                    )+Q1(I)*T/4)
      AND V$<>"N"         2040: NEXT I                 *T/3)*T/2)*T
      THEN 1860          2050: NEXT J                  /K(J)
1870: IF V$="N"          2060: INPUT "WEITE      2300: W=W(I-1)+(P(
      THEN 2080                RE VERFORMUN            I-1)-(M(I-1)
1880: INPUT "AEQUI             G:J/N?";WV$             +(FQ(I-1)-(Q
      D.STELLEN: J       2061: IF WV$<>"J"            L(I)+Q1(I)*T
      /N? ";A$                 AND WV$<>"N"            /5)*T/4)*T/3
1881: IF A$<>"J"               THEN 2060               )*T/2/K(J))*
      AND A$<>"N"         2070: IF WV$="J"              T
      THEN 1880                THEN 1880          2310: RETURN
1890: IF A$="J"          2080: END               2320: "SL":FOR J=1
      THEN 1920          2200: "AUSG SG":              TO N
1900: INPUT "X=";X             LPRINT "X=";     2330: M(J)=-2*M(J-
1910: NO=0:GOTO 19             X(I)                    1)+C(J)*P(J-
      40                 2210: IF I=0THEN 2             1)
1920: INPUT "ANZAH             240               2340: P(J)=3/C(J)*
      L DER INTERV       2220: LPRINT "FQL=            M(J-1)-2*P(J
      ALLE? ";NO               ";FQ(I)+F(I)            -1)
1930: DX=X(NG)/NO:       2230: IF I=NGTHEN       2350: IF U=1THEN 2
      X=0                      2250                    410
1940: FOR J=1TO N        2240: LPRINT "FQR=      2360: M(J)=M(J)+A(
1950: FOR I=1+N(J-             ";FQ(I)                 J)
      1)TO N(J)          2250: LPRINT "M=";      2370: P(J)=P(J)+B(
1960: IF X>X(I)                M(I)                    J)
      THEN 2040          2255: LPRINT            2380: IF U<>3THEN
1970: T=X-X(I-1)         2260: RETURN                  2410
1980: GOSUB "VG"         2270: "ZG":FQ=FQ(I      2390: FR(J-1)=FR(J
1990: LPRINT "X=";             -1)-(QL(I)+Q            -1)+(C(J)*P(
      X                        1(I)*T/2)*T             J-1)-3*M(J-1
2000: LPRINT "PHI=       2280: M=M(I-1)+(FQ            ))/L(J)
      ";P/B                    (I-1)-(QL(I)      2400: FL(J)=FR(J-1
2010: LPRINT "W=";             +Q1(I)*T/3)*           )+FL(J)
      W/B                      T/2)*T            2410: NEXT J
2015: LPRINT                                     2420: RETURN
```

<u>Hinweise zum Programm "DLT":</u>

(1) Mit dem Programm "DLT" können Schnitt- und Verformungsgrößen für
    einen Durchlaufträger über n Felder berechnet werden. Der Träger
    kann starr gelagert (s. Abb.2.15) oder elastisch gestützt sein (s.
    Abb.2.17). Bei starren Auflagern sind Stützensenkungen w_{oj} am Auf-
    lager (j) zulässig. Die Flächenträgheitsmomente können in den n Fel-
    dern verschieden sein: $I_j=k_jI_o$. Jedes Feld läßt sich in n_j Balken-
    elemente mit Trapezbelastung und einer Einzelkraft am Ende (s. Abb.
    2.2) zerlegen. $n_g=n_1+n_2+...+n_n=$Anzahl der gesamten Balkenelemente.
(2) Über eine DATA-Anweisung werden eingegeben:

$$n, n_1, n_2, ..., n_n$$

$$\Delta x_1, q_{11}, q_{r1}, F_1, \Delta x_2, ..., F_{n_g-1}, \Delta x_{n_g}, q_{1n_g}, q_{rn_g}, F_{n_g}$$

und <u>zusätzlich</u> für den elastisch gestützten Träger:

$$c_{wo}, c_{w1}, c_{w2}, ..., c_{wn}, c_{dl}, c_{dr}$$

Die Federkonstanten an den Enden (also c_{wo}, c_{wn}, c_{dl}, c_{dr}) dürfen
unendlich werden (s. Tabelle S. 44). In diesem Fall ist der Wert
1E2Ø einzugeben.

(3) Alle weiteren Eingaben (M_1, M_r, j und w_{oj}, EI_o und $k_j=I_j/I_o$) werden
über eine INPUT-Anweisung abgefragt.

(4), (5) und (6) gelten wie beim Programm "ET" (S. 53).

Beispiel 2.10: Für den fünffach gelagerten Träger der Abb.2.18 ohne
Stützensenkung ist mit den angegebenen feldweise konstanten Flächenträgheitsmomenten die Biemomentenkurve zu ermitteln. Weiter sind die Verformungsgrößen für äquidistante x-Werte mit $\Delta x=3$ m und w_{max} zu berechnen.

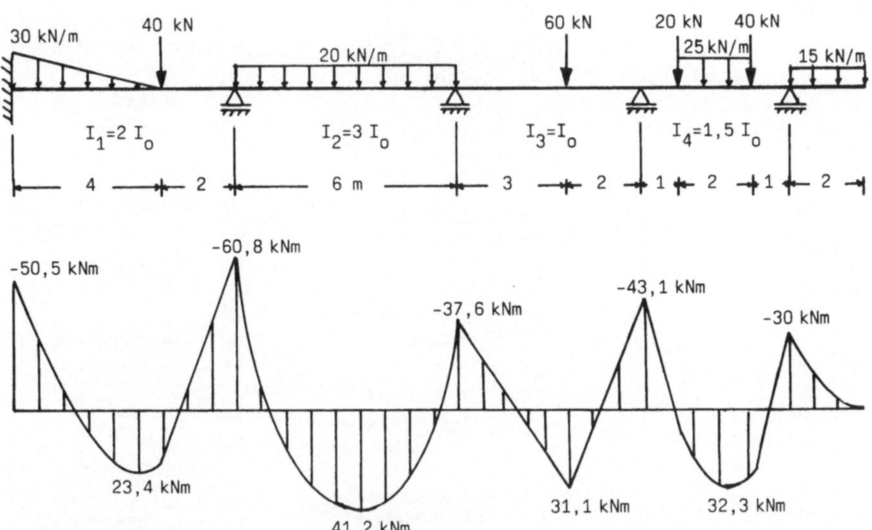

Abb.2.18: Durchlaufträger, Biegemomentenkurve

Den Kragarm am rechten Ende des Trägers
ersetzen wir nach nebenstehender Abbildung durch die Einzelkraft F=30 kN und
das rechtsdrehende Moment 30 kNm (im
Programm "DLT" negativ einzugeben).

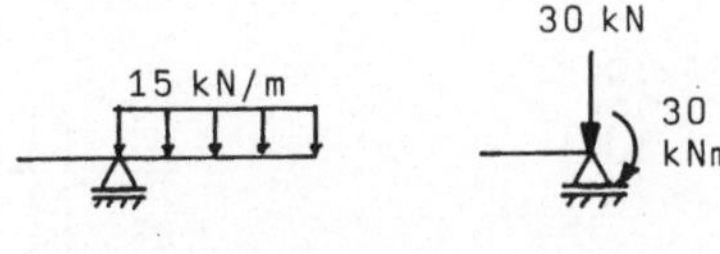

Die Eingabedaten mit $EI_o=1$ und die damit errechneten Schnitt- und Verformungsgrößen sind auf S.94 angegeben. Mit diesen Werten haben wir die
Biegemomentenkurve der Abb.2.18 gezeichnet. Für die maximale Durchbiegung erhalten wir

$$EI_o\,w_{max}=38,82 \text{ kNm}^3 \quad \text{bei} \quad x=9,14 \text{ m}.$$

Eingabedaten: Schnittgrößen: Verformungsgrößen:

```
N= 4                     AUFLAGERKRAEFTE:              X= 0
N 1= 2                   FA 0= 58.28320099            PHI= 0
N 2= 1                   FA 1= 105.5774474            W= 0
N 3= 2                   FA 2= 79.04101738
N 4= 3                   FA 3= 90.37855987
                         FA 4= 86.71977435            X= 3
DX= 4                                                 PHI=-5.549603925E-
QL= 30                   X= 0                         01
QR= 0                    FQR= 58.28320099             W= 25.50178553
F=  40                   M=-50.49232789
                                                      X= 6
DX= 2                    X= 3.323381149              PHI= 6.92817476
QL= 0                    M= 23.41488845               W=-0.00000014
QR= 0
F=  0                    X= 4                         X= 9
                         FQL=-1.71679901              PHI= 1.930324125
DX= 6                    FQR=-41.71679901             W= 38.68323448
QL= 20                   M= 22.64047607
QR= 20                                                X= 12
F=  0                    X= 6                         PHI=-14.64947168
                         FQL=-41.71679901             W=-0.00000056
DX= 3                    FQR= 63.86064839
QL= 0                    M=-60.79312195               X= 15
QR= 0                                                 PHI=-4.819272815
F=  60                   X= 9.19303242                W= 22.32563068
                         M= 41.16143837
DX= 2                                                 X= 18
QL= 0                    X= 12                        PHI= 18.21305754
QR= 0                    FQL=-56.13935161             W= 15.67947272
F=  0                    FQR= 22.90166577
                         M=-37.62923161               X= 21
DX= 1                                                 PHI=-16.39070958
QL= 0                    X= 15                        W=-2.155E-07
QR= 0                    FQL= 22.90166577
F=  20                   FQR=-37.09833423             X= 9.2
                         M= 31.0757657                PHI=-8.057795232E-
DX= 2                                                 01
QL= 25                   X= 17                        W= 38.79610242
QR= 25                   FQL=-37.09833423
F=  40                   FQR= 53.28022564             X= 9.15
                         M=-43.12090276               PHI=-1.198444672E-
DX= 1                                                 01
QL= 0                    X= 18                        W= 38.81924177
QR= 0                    FQL= 53.28022564
F=  30                   FQR= 33.28022564             X= 9.12
                         M= 10.15932288               PHI= 2.914256405E-
MR=-30                                                01
                         X= 19.33120903               W= 38.81666718
E*IO= 1                  M= 32.31079125
I/IO= 2                                               X= 9.14
I/IO= 3                  X= 20                        PHI= 1.728314554E-
I/IO= 1                  FQL=-16.71977436             02
I/IO= 1.5                FQR=-56.71977436             W= 38.81975455
                         M= 26.71977416

                         X= 21
                         FQL=-56.71977436
                         M=-30.0000002

                         MAX M= 60.79312195
                         BEI X= 6
```

Beispiel 2.11: Der Durchlaufträger der Abb.2.19 ist links gelenkig gelagert und rechts fest eingespannt. Im Innern liegt er auf I-Trägern 280,
260 und 240 (alle I-Träger nach DIN 1025, Blatt 1). Es ist die maximale
Biegespannung in diesen drei Trägern und im Durchlaufträger I-220 zu
berechnen.

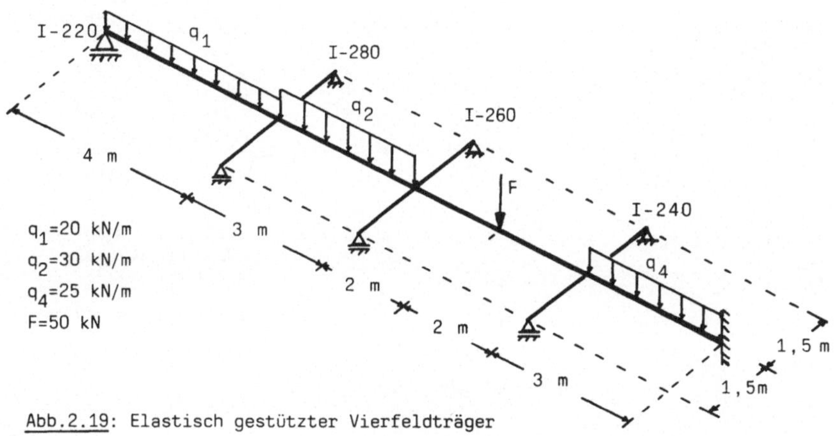

<u>Abb.2.19</u>: Elastisch gestützter Vierfeldträger

Die Federkonstanten der stützenden I-Träger werden nach der aus der elementaren Festigkeitslehre bekannten Formel

$$c_w = 48 \, EI/\ell^3$$

berechnet. Mit $E=21000$ kN/cm^2 und $\ell=3$m erhalten wir die Werte

$$c_{w1}=28336 \text{ kN/m}, \quad c_{w2}=21429 \text{ kN/m}, \quad c_{w3}=15867 \text{ kN/m} .$$

Für die Randlager gilt

$$c_{wo}=1E20, \quad c_{w4}=1E20, \quad c_{dl}=0, \quad c_{dr}=1E20 .$$

Nach der Eingabe aller erforderlichen Eingangsdaten erhalten wir die
ausgedruckten Ergebnisse (S.96). Hiermit berechnen wir für den I-Träger
220

$$\sigma_{max}=M_{max}/W=29,9 \text{ kNm}/278 \text{ cm}^3 =10,8 \text{ kN/cm}^2 .$$

Für die drei Stützträger beträgt das maximale Biegemoment $F_A \ell/4$. Mit
$\ell=3$ m und den berechneten Stützkräften wird

$$\text{I-280:} \quad \sigma_{max}=94,2 \text{ kN} \cdot 3\text{m}/(4 \cdot 542 \text{ cm}^3)=13,0 \text{ kN/cm}^2 ,$$

$$\text{I-260:} \quad \sigma_{max}=70,1 \text{ kN} \cdot 3\text{m}/(4 \cdot 442 \text{ cm}^3)=11,9 \text{ kN/cm}^2 ,$$

$$\text{I-240:} \quad \sigma_{max}=57,7 \text{ kN} \cdot 3\text{m}/(4 \cdot 354 \text{ cm}^3)=12,2 \text{ kN/cm}^2 .$$

```
N= 4              CW 0= 1E 20         X= 5.556975127
 N 1= 1           CW 1= 28336         M= 6.470165671
 N 2= 1           CW 2= 21429
 N 3= 2           CW 3= 15867         X= 7
 N 4= 1           CW 4= 1E 20         FQL=-43.29074619
                  DL= 0               FQR= 26.82195104
DX= 4             DR= 1E 20           M=-24.76464609
QL= 20
QR= 20            ML= 0               X= 9
F= 0                                  FQL= 26.82195104
                  E*I0= 5838          FQR=-23.17804896
DX= 3                                 M= 28.87925599
QL= 30            AUFLAGERKRAEFTE:
QR= 30            FA 0= 32.52689812   X= 11
F= 0             FA 1= 94.18235569   FQL=-23.17804896
                  FA 2= 70.11269723   FQR= 34.50487867
DX= 2             FA 3= 57.68292763   M=-17.47684193
QL= 0             FA 4= 40.49512133
QR= 0                                 X= 12.38019515
F= 50             X= 0                M= 6.334891111
                  FQR= 32.52689812
DX= 2             M= 0                X= 14
QL= 0                                 FQL=-40.49512133
QR= 0             X= 1.626344906      M=-26.46220592
F= 0              M= 26.44997753

DX= 3             X= 4                MAX M= 29.89240752
QL= 25            FQL=-47.47310188    BEI X= 4
QR= 25            FQR= 46.70925381
F= 0              M=-29.89240752
```

2.6 Elastisch gebetteter Träger

Wir betrachten einen Träger aus n Balkenelementen der Länge Δx_i mit der üblichen Trapezbelastung und einer Einzelkraft am Ende. Der Träger liegt auf einer nachgiebigen Unterlage, die in den Längen Δx_i unterschiedlich sein kann. An den Enden lassen wir freie Lagerung, starres Gelenklager oder feste Einspannung zu.

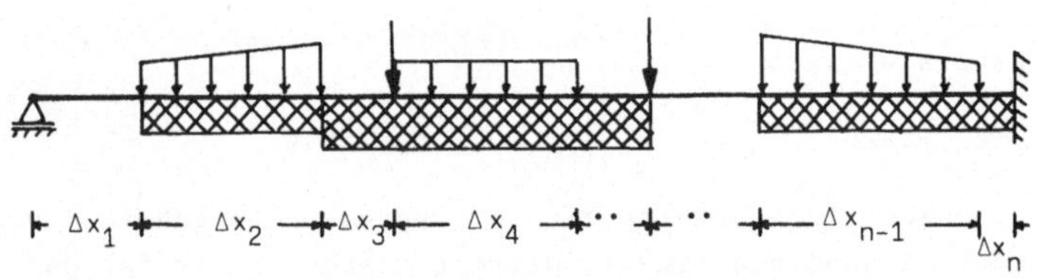

Abb.2.20: Träger auf nachgiebiger Unterlage

Die nachgiebige Unterlage wirkt wie eine zusätzliche Streckenbelastung des Trägers. Man macht hierfür den Ansatz

$$(2.83) \quad q_b(x) = \beta(x)w(x)$$

und nennt $\beta(x)$ die Bettungsfunktion. Wir wollen im folgenden annehmen, daß $\beta(x)$ intervallweise konstant ist und im Intervall der Länge Δx_i den Wert β_i besitzt. Die Bettungsziffer β_i besitzt die Dimension K/L^2 und wird z.B. in kN/m^2 angegeben.

Die Gleichungen für die Schnittgrößen $F_q(t)$ und $M(t)$ und für die Verformungsgrößen $\varphi(t)$ und $w(t)$ lauten
für das i-te Balkenelement

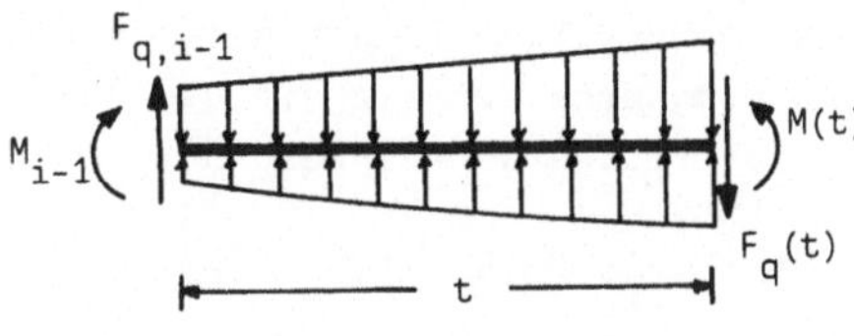

$$(2.84)\qquad \begin{aligned} &F_q'=-q(t)+\beta_i w=-q_{1i}-q_i't+\beta_i w\ , \\ &M'=F_q\ ,\quad k_i\bar\varphi'=-M\ ,\quad \bar w'=\bar\varphi\ , \end{aligned}$$

wobei wie früher $k_i=I_i/I_o$, $\bar\varphi=EI_o\varphi$ und $\bar w=EI_o w$ bedeuten. Den an sich erforderlichen Index i bei den Zustandsgrößen haben wir in (2.84) zur Verein-
fachung fortgelassen.

Differenzieren wir die letzte Gleichung dreimal, so erhalten wir für $\bar w$
die Differentialgleichung vierter Ordnung

$$(2.85)\qquad \bar w^{(4)}+4\mu_i^4\bar w = (q_{1i}+q_i't)/k_i\quad \text{mit } \mu_i^4=\bar\beta_i/(4k_i)\ \text{ und }\ \bar\beta_i=\beta_i/(EI_o)\ .$$

Die allgemeine Lösung dieser Differentialgleichung lautet für $\bar\beta_i\neq 0$

$$\bar w=(C_1\cos \mu t+C_2\sin \mu t)\cosh \mu t+(C_3\cos \mu t+C_4\sin \mu t)\sinh \mu t+$$
$$(q_1+q't)/\bar\beta\ ,$$

wobei wir auch hier zur Vereinfachung der Schreibweise den Index i bei
allen Größen nicht mitgeschrieben haben. Durch Differentiation erhalten
wir aus der obigen Darstellung

$$\begin{aligned} \bar\varphi=\bar w'=&\mu[((C_2+C_3)\cos \mu t+(-C_1+C_4)\sin \mu t)\cosh \mu t+((C_1+C_4)\cos \mu t \\ &+(C_2-C_3)\sin \mu t)\sinh \mu t]+q'/\bar\beta\ , \\ M=-k\bar\varphi'=&-k\mu^2[(2C_4\cos \mu t-2C_3\sin \mu t)\cosh \mu t+(2C_2\cos \mu t-2C_1\sin \mu t) \\ &\sinh \mu t]\ , \\ F_q=M'=&-k\mu^3[((2C_2-2C_3)\cos \mu t-(2C_1+2C_4)\sin \mu t)\cosh \mu t \\ &+(-2C_1+2C_4)\cos \mu t+(-2C_2-2C_3)\sin \mu t)\sinh \mu t]\ . \end{aligned}$$

Die Anfangsbedingung für $t=0$ liefert

$$\begin{aligned} &\bar w_{i-1}=C_1+q_1/\bar\beta\ ,\qquad \bar\varphi_{i-1}=\mu(C_2+C_3)+q'/\bar\beta\ , \\ &M_{i-1}=-k\mu^2 2C_4\ ,\qquad F_{q,i-1}=-k\mu^3(2C_2-2C_3)\ . \end{aligned}$$

Hieraus ergeben sich die Integrationskonstanten zu

$$C_1 = \bar{w}_{i-1} - q_1/\bar{\beta}, \qquad C_2 = \frac{1}{2}[\bar{\varphi}_{i-1}/\mu - F_{q,i-1}/(2k\mu^3) - q'/(\mu\bar{\beta})] ,$$

$$C_4 = -M_{i-1}/(2k\mu^2), \qquad C_3 = \frac{1}{2}[\bar{\varphi}_{i-1}/\mu + F_{q,i-1}/(2k\mu^3) - q'/(\mu\bar{\beta})] .$$

Nach einer etwas längeren (aber keineswegs schwierigen) elementaren
Rechnung erhalten wir mit den Abkürzungen (wobei wir jetzt den Index i
zur deutlicheren Kennzeichnung wieder mitschreiben)

$$t_i = \mu_i t ,$$

$$(2.86) \qquad a_i = \cos t_i \cosh t_i, \quad b_i = (\cos t_i \sinh t_i + \sin t_i \cosh t_i)/(2\mu_i) ,$$

$$c_i = -\sin t_i \sinh t_i/(2\mu_i^2), \quad d_i = (\cos t_i \sinh t_i - \sin t_i \cosh t_i)/(4\mu_i^3)$$

für die Schnitt- und Verformungsgrößen die Darstellung

$$F_q(t) = a_i F_{q,i-1} + \bar{\beta}_i d_i/k_i M_{i-1} - \bar{\beta}_i c_i \bar{\varphi}_{i-1} + \bar{\beta}_i \bar{w}_{i-1} - b_i q_{1i} + c_i q_i' ,$$

$$M(t) = b_i F_{q,i-1} + a_i M_{i-1} - \bar{\beta}_i d_i \bar{\varphi}_{i-1} - \bar{\beta}_i \bar{w}_{i-1} + c_i q_{1i} + d_i q_i' ,$$

$$(2.87) \qquad \bar{\varphi}(t) = (c_i F_{q,i-1} - b_i M_{i-1})/k_i + a_i \bar{\varphi}_{i-1} + \bar{\beta}_i d_i/k_i \bar{w}_{i-1} - d_i q_{1i}/k_i$$
$$+ (1 - a_i) q_i'/\bar{\beta}_i ,$$

$$\bar{w}(t) = (d_i F_{q,i-1} + c_i M_{i-1})/k_i + b_i \bar{\varphi}_{i-1} + a_i \bar{w}_{i-1} + (1 - a_i) q_{1i}/\bar{\beta}_i$$
$$+ (t - b_i) q_i'/\bar{\beta}_i .$$

Bei der Querkraft ist am rechten Ende des i-ten Balkenelements die Einzelkraft F_i zu berücksichtigen. Für den Zustandsvektor $\underline{z}_i$ folgt

$$(2.88a) \qquad \underline{z}_i = \underline{U}_i \underline{z}_{i-1} + \underline{r}_i$$

mit der Übertragungsmatrix

$$(2.88b) \qquad \underline{U}_i = \begin{bmatrix} a_i & \bar{\beta}_i d_i/k_i & -\bar{\beta}_i c_i & \bar{\beta}_i b_i \\ b_i & a_i & -\bar{\beta}_i d_i & -\bar{\beta}_i c_i \\ c_i/k_i & -b_i/k_i & a_i & \bar{\beta}_i d_i/k_i \\ d_i/k_i & c_i/k_i & b_i & a_i \end{bmatrix}$$

und dem Belastungsvektor

$$(2.88c) \qquad \underline{r}_i = \begin{bmatrix} -b_i q_{1i} + c_i q_i' - F_i \\ c_i q_{1i} + d_i q_i' \\ -d_i q_{1i}/k_i + (1 - a_i) q_i'/\bar{\beta}_i \\ (1 - a_i) q_{1i}/\bar{\beta}_i + (t - b_i) q_i'/\bar{\beta}_i \end{bmatrix} .$$

In den letzten beiden Darstellungen für $\underline{U}_i$ und $\underline{r}_i$ sind die a_i, b_i, c_i
und d_i nach (2.86) mit $t = \Delta x_i$ zu berechnen.

Eine Grenzwertbetrachtung für $\bar{\beta}_i \to 0$ liefert

$$a_i = 1, \quad b_i = t, \quad c_i = -t^2/2, \quad d_i = -t^3/6,$$
$$(1-a_i)/\bar{\beta}_i = t^4/(24k_i), \quad (t-b_i)/\bar{\beta}_i = t^5/(120k_i),$$

also die von früher bekannten Werte. Trotzdem dürfen wir in dem folgenden Algorithmus nicht $\bar{\beta}_i = 0$ setzen, weil dann vom Rechner eine Division
durch Null durchzuführen ist, die er naturgemäß verweigert. Tritt in
einem Teilintervall die Bettungsziffer $\bar{\beta}_i = 0$ auf, so führen wir in diesem
Fall die Berechnung der Zustndsgrößen nach dem Algorithmus der früheren
Abschnitte 2.2 bis 2.4 durch.

Aus (2.88a) folgt wie früher durch Rekursion

$$(2.89) \qquad \underline{z}_n = \underline{U}\,\underline{z}_o + \underline{u}_o$$

mit

$$\underline{U} = \underline{U}_n \underline{U}_{n-1} \underline{U}_{n-2} \cdots \underline{U}_2 \underline{U}_1 \,.$$

Durch (2.89) ist der Zusammenhang zwischen dem Anfangszustandsvektor $\underline{z}_o$
und dem Endzustandsvektor $\underline{z}_n$ gegeben. Die Elemente u_{rs} (r,s=1,2,3,4) der
Gesamtübertragungsmatrix $\underline{U}$ und u_{ro} des Vektors $\underline{u}_o$ berechnen wir wie im
Abschnitt 2.5. Mit $\underline{z}_o = (\ 0\ )$ erhalten wir aus (2.88a) die u_{ro}, während die
u_{rs} (s≠0) aus der entsprechenden homogenen Beziehung $\underline{z}_i = \underline{U}_i \underline{z}_{i-1}$ mit den
Anfangswerten $\underline{z}_{os}$, dessen s-te Komponente 1 und die übrigen Komponenten
0 betragen, berechnet werden. $\underline{U}$ und $\underline{u}_o$ können somit in (2.89) als bekannt vorausgesetzt werden.

Aus den vier Gleichungen (2.89) und den insgesamt vier Randbedingungen,
die sich aus der Art der Lagerung ergeben, lassen sich die Anfangsgrößen
F_{qo}, M_o, $\bar{\varphi}_o$ und $\bar{w}_o$ bestimmen. Wir könnten wieder wie früher die Lagerung
durch weg- und drehelastische Federn beschreiben. Wir wollen hier zur
Abwechslung einen anderen Weg beschreiben, der zwar zunächst etwas un-
übersichtlich und verwirrend aussieht, der sich aber letztenendes keineswegs sehr schwierig programmieren läßt.

Ist der Träger z.B. links fest eingespannt und rechts frei gelagert, so
folgt aus den Randbedingungen

$$\text{ARB:} \quad \bar{\varphi}_o = 0, \ \bar{w}_o = 0, \qquad\qquad \text{ERB:} \quad F_{qn} = 0, \ M_n = 0$$

für F_{qo} und M_o das lineare Gleichungssystem

$$u_{11} F_{qo} + u_{12} M_o + u_{10} = 0\,,$$
$$u_{21} F_{qo} + u_{22} M_o + u_{20} = 0\,.$$

Mit den bekannten Werten u_{rs} lassen sich hieraus F_{qo} und M_o berechnen.
Allgemein führen die verschiedenen Lagerungsbedingungen auf die linearen
Gleichungen

$$a_1 y_1 + b_1 y_2 + c_1 = 0 \; ,$$
$$(2.90) \qquad a_2 y_1 + b_2 y_2 + c_2 = 0 \; ,$$

wobei y_1 und y_2 zwei Komponenten des Anfangsvektors $\underline{z}_o$ sind und a, b, c für Elemente u_{rs} von $\underline{U}$ oder $\underline{u}_o$ stehen. Eine Zusammenstellung der verschiedenen Randbedingungen wird durch die folgende Tabelle gegeben.

links	rechts frei gelagert $F_{qn}=0$, $M_n=0$	rechts fest eingesp. $\bar{\varphi}_n=0$, $\bar{w}_n=0$	rechts starr gelagert $M_n=0$, $\bar{w}_n=0$	Lösung von (2.90)
frei gelag. $F_{qo}=0$ $M_o=0$	$a_1=u_{13}$, $b_1=u_{14}$, $c_1=u_{10}$ $a_2=u_{23}$, $b_2=u_{24}$, $c_2=u_{20}$ $j_1=1$, $j_2=2$, $l_1=3$, $l_2=4$	$a_1=u_{33}$, $b_1=u_{34}$, $c_1=u_{30}$ $a_2=u_{43}$, $b_2=u_{44}$, $c_2=u_{40}$ $j_1=3$, $j_2=4$, $l_1=3$, $l_2=4$	$a_1=u_{23}$, $b_1=u_{24}$, $c_1=u_{20}$ $a_2=u_{43}$, $b_2=u_{44}$, $c_2=u_{40}$ $j_1=2$, $j_2=4$, $l_1=3$, $l_2=4$	$\bar{\varphi}_o=y_1$ $\bar{w}_o=y_2$
fest eing. $\bar{\varphi}_o=0$ $\bar{w}_o=0$	$a_1=u_{11}$, $b_1=u_{12}$, $c_1=u_{10}$ $a_2=u_{21}$, $b_2=u_{22}$, $c_2=u_{20}$ $j_1=1$, $j_2=2$, $l_1=1$, $l_2=2$	$a_1=u_{31}$, $b_1=u_{32}$, $c_1=u_{30}$ $a_2=u_{41}$, $b_2=u_{42}$, $c_2=u_{40}$ $j_1=3$, $j_2=4$, $l_1=1$, $l_2=2$	$a_1=u_{21}$, $b_1=u_{22}$, $c_1=u_{20}$ $a_2=u_{41}$, $b_2=u_{42}$, $c_2=u_{40}$ $j_1=2$, $j_2=4$, $l_1=1$, $l_2=2$	$F_{qo}=y_1$ $M_o=y_2$
starr gelag. $M_o=0$ $\bar{w}_o=0$	$a_1=u_{11}$, $b_1=u_{13}$, $c_1=u_{10}$ $a_2=u_{21}$, $b_2=u_{23}$, $c_2=u_{20}$ $j_1=1$, $j_2=2$, $l_1=1$, $l_2=3$	$a_1=u_{31}$, $b_1=u_{33}$, $c_1=u_{30}$ $a_2=u_{41}$, $b_2=u_{43}$, $c_2=u_{40}$ $j_1=3$, $j_2=4$, $l_1=1$, $l_2=4$	$a_1=u_{21}$, $b_1=u_{23}$, $c_1=u_{20}$ $a_2=u_{41}$, $b_2=u_{43}$, $c_2=u_{40}$ $j_1=2$, $j_2=4$, $l_1=1$, $l_2=3$	$F_{qo}=y_1$ $\bar{\varphi}_o=y_2$

Wir erkennen aus dieser Tabelle, daß sich die Koeffizienten des Gleichungssystems (2.90) übersichtlich in der Form

$$(2.91) \qquad a_1 = u_{j_1 l_1}, \quad b_1 = u_{j_1 l_2}, \quad c_1 = u_{j_1 0},$$
$$a_2 = u_{j_2 l_1}, \quad b_2 = u_{j_2 l_2}, \quad c_2 = u_{j_2 0}$$

schreiben lassen. Die Werte j und l sind ebenfalls in der Tabelle aufgeführt. In der Spalte ganz rechts stehen die gesuchten Freigrößen am Anfang des Trägers. Die Art der Lagerung teilen wir dem Rechner in folgender Form mit:

links starr gelagert: LS$="J", links fest eingespannt:LE$="J",
links frei gelagert: LG$="J" und entsprechend für rechte Lagerung.

So werden z.B. für LS$="J" und RE$="J" nach der obigen Tabelle

$$a_1 = u_{11}, \quad b_1 = u_{13}, \quad c_1 = u_{10}, \quad a_2 = u_{21}, \quad b_2 = u_{23}, \quad c_2 = u_{20} \; .$$

Die exakte Berechnung von M_{max} ist beim elastisch gebetteten Träger nicht möglich. Die Ausgabe der Zustandsgrößen wird daher für äquidistante x-Werte bzw. für einen diskreten x-Wert vorgenommen. Auf diese Weise können wir uns näherungsweise na M_{max} bzw. w_{max} herantasten.

Programm "EGT": Elastisch gebetteter Träger

```
10:"EGT":REM ELAS        171:IF RE$<>"J"AND        420:T=DX(I)
   TISCH GEBETTET            RE$<>"N"THEN 1       430:GOSUB "ZG"
   ER TRAEGER                70                   440:FQ(I)=FQ:M(I)=
20:READ N                 180:IF RE$="J"THEN          M
30:RADIAN                    200                  450:P(I)=P:W(I)=W
40:DIM DX(N),QL(N         190:INPUT "RECHTS        460:IF S<>0THEN 48
   ),QR(N),F(N),X            FREI GELAGERT:          0
   (N),Q1(N),B(N)            J/N?";RG$            470:FQ(I)=FQ(I)-F(
   ,FQ(N),M(N),P(        191:IF RG$<>"J"AND          I)
   N),W(N),U(4,4)            RG$<>"N"THEN 1       480:NEXT I
   ,K(N)                     90                   490:U(1,S)=FQ(N)
50:FOR I=1TO N            200:INPUT "BETTUNG       500:U(2,S)=M(N)
60:READ DX(I),QL(           SZ. KONSTANT:J        510:U(3,S)=P(N)
   I),QR(I),F(I)            /N?";BZ$             520:U(4,S)=W(N)
62:LPRINT "DX=";D         201:IF BZ$<>"J"AND       530:IF S=4THEN 610
   X(I)    ..                BZ$<>"N"THEN 2       540:IF S=3THEN 600
63:LPRINT "QL=";Q           00                   550:IF S=2THEN 590
   L(I)                  210:IF BZ$<>"J"           560:IF S=1THEN 580
64:LPRINT "QR=";Q           THEN 230             570:FQ(0)=1:GOTO 6
   R(I)                  220:INPUT "BETTUNG          10
65:LPRINT "F= ";F           SZIFFER: ";BZ       580:FQ(0)=0:M(0)=1
   (I)                   225:LPRINT "B=";BZ          :GOTO 610
66:LPRINT                 230:WAIT 0              590:M(0)=0:P(0)=1:
70:X(I)=X(I-1)+DX         240:FOR I=1TO N             GOTO 610
   (I)                   250:IF BZ$="J"THEN       600:P(0)=0:W(0)=1
80:Q1(I)=(QR(I)-Q           LET B(I)=BZ:         610:NEXT S
   L(I))/DX(I)              GOTO 290             620:IF LG$="J"THEN
90:NEXT I                 260:PRINT "B";I;"=          740
100:INPUT "LINKS S          ";                  630:IF LE$="J"THEN
   TARR GELAG.:J/        270:INPUT B(I)             690
   N? ";LS$              280:PRINT                640:L1=1:L2=3
101:IF LS$<>"J"AND        285:LPRINT "B";I;"      650:GOSUB "GS"
   LS$<>"N"THEN 1           =";B(I)             660:FQ(0)=Y1:M(0)=
   00                    290:NEXT I                  0
110:IF LS$="J"THEN        300:INPUT "BIEGEST      670:P(0)=Y2:W(0)=0
   150                      EIFIGKEIT E*IO       680:GOTO 780
120:INPUT "LINKS F          = ";BS              690:L1=1:L2=2
   EST EINGESP.:J        305:LPRINT "E*IO="      700:GOSUB "GS"
   /N? ";LE$                ;BS                 710:FQ(0)=Y1:M(0)=
121:IF LE$<>"J"AND        310:INPUT "KONST.          Y2
   LE$<>"N"THEN 1           QUERSCHNITT:J/      720:P(0)=0:W(0)=0
   20                       N? ";Q$             730:GOTO 780
130:IF LE$="J"THEN        311:IF Q$<>"J"AND       740:L1=3:L2=4
   150                      Q$<>"N"THEN 31       750:GOSUB "GS"
140:INPUT "LINKS F          0                   760:FQ(0)=0:M(0)=0
   REI GELAGERT:J        320:FOR I=1TO N         770:P(0)=Y1:W(0)=Y
   /N? ";LG$             330:IF Q$="J"THEN           2
141:IF LG$<>"J"AND          LET K(I)=1:         780:S=0
   LG$<>"N"THEN 1           GOTO 370            790:FOR I=1TO N
   40                    340:PRINT "I";I;"/      800:T=DX(I)
150:INPUT "RECHTS           IO=";              810:GOSUB "ZG"
   STARR GELAG.:J        350:INPUT K(I)          820:FQ(I)=FQ-F(I):
   /N? ";RS$             360:PRINT                  M(I)=M
151:IF RS$<>"J"AND        365:LPRINT "K";I;"      830:P(I)=P:W(I)=W
   RS$<>"N"THEN 1           =";K(I)             840:NEXT I
   50                    370:NEXT I              850:BEEP ON
160:IF RS$="J"THEN        375:LPRINT             860:BEEP 1,2,2000
   200                   380:FQ(0)=0:M(0)=0      870:INPUT "AEQUID.
170:INPUT "RECHTS         390:P(0)=0:W(0)=0          X-WERTE:J/N? "
   FEST EINGESP.:        400:FOR S=0TO 4            ;A$
   J/N?";RE$             410:FOR I=1TO N
```

```
871:IF A$<>"J"AND        1110:END                 1480:P=(C*FQ(I-1)
   A$<>"N"THEN 87        1200:"GS":IF RG$=            -B*M(I-1))/K
   0                        "J"THEN 1240           (I)+A*P(I-1)
880:IF A$="J"THEN        1210:IF RE$="J"             +BO/K(I)*D*W
   910                      THEN 1230              (I-1)
890:INPUT "X=";X         1220:J1=2:J2=4:         1490:W=(D*FQ(I-1)
900:NO=0:GOTO 930           GOTO 1250              +C*M(I-1))/K
910:INPUT "ANZAHL        1230:J1=3:J2=4:            (I)+B*P(I-1)
   DER INTERVALLE            GOTO 1250              +A*W(I-1)
   : ";NO               1240:J1=1:J2=2         1500:IF S<>0THEN
920:DX=X(N)/NO:X=0       1250:A1=U(J1,L1)           1650
930:FOR I=1TO N          1260:B1=U(J1,L2)      1510:FQ=FQ-B*QL(I
940:IF X>X(I)THEN        1270:C1=U(J1,0)            )+C*Q1(I)
   1060                  1280:A2=U(J2,L1)      1520:M=M+C*QL(I)+
950:T=X-X(I-1)           1290:B2=U(J2,L2)          D*Q1(I)
960:GOSUB "ZG"           1300:C2=U(J2,0)       1530:P=P-D/K(I)*Q
970:LPRINT "X=";X        1310:DET=A1*B2-A2         L(I)+(1-A)/B
980:LPRINT "FQ=";F          *B1                   O*Q1(I)
   Q                    1320:Y1=(-C1*B2+C      1540:W=W+((1-A)*Q
990:IF X<>X(I)OR I          2*B1)/DET             L(I)+(T-B)*Q
   =NTHEN 1010          1330:Y2=(-A1*C2+A         1(I))/BO
  1000:LPRINT "FQR=         2*C1)/DET          1550:GOTO 1650
     ";FQ-F(I)          1340:RETURN            1560:FQ=FQ(I-1)
  1010:LPRINT "M=";      1350:"ZG":IF B(I)     1570:M=M(I-1)+FQ(
     M                     =0THEN 1560            I-1)*T
  1020:LPRINT "PHI=      1360:BO=B(I)/BS       1580:P=P(I-1)-(M(
     ";P/BS              1370:K=(BO/K(I)/4         I-1)+FQ(I-1)
  1030:LPRINT "W=";         )^.25                 *T/2)*T/K(I)
     W/BS                1380:TI=K*T           1590:W=W(I-1)+(P(
  1035:LPRINT            1390:EX=EXP (TI)          I-1)-(M(I-1)
  1040:IF NO=0THEN       1400:CH=(EX+1/EX)         +FQ(I-1)*T/3
     1070                   /2                    )*T/2/K(I))*
  1050:X=X+DX:GOTO       1410:SH=(EX-1/EX)         T
     940                    /2                 1600:IF S<>0THEN
  1060:NEXT I            1420:A=COS TI*CH          1650
  1070:INPUT "NEUE       1430:B=(COS TI*SH     1610:FQ=FQ-(QL(I)
     QUERSCHNITTE           +SIN TI*CH)/          +Q1(I)*T/2)*
     :J/N? ";NQ$           2/K                    T
  1071:IF NQ$<>"J"       1440:C=-SIN TI*SH     1620:M=M-(QL(I)+Q
     AND NQ$<>"N"           /2/K/K                1(I)*T/3)*T/
     THEN 1070           1450:D=(COS TI*SH         2*T
  1080:IF NQ$="J"           -SIN TI*CH)/      1630:P=P+(QL(I)+Q
     THEN 300               4/K^3                 1(I)*T/4)*T*
  1090:INPUT "WEITE      1460:FQ=A*FQ(I-1)         T*T/6/K(I)
     RE ZUSTANDSG           +BO*D/K(I)*M      1640:W=W+(QL(I)+Q
     R.:J/N?";W$            (I-1)-BO*C*P          1(I)*T/5)*T^
  1091:IF W$<>"J"           (I-1)+BO*B*W          4/24/K(I)
     AND W$<>"N"            (I-1)             1650:RETURN
     THEN 1090           1470:M=B*FQ(I-1)+
  1100:IF W$="J"            A*M(I-1)-BO*
     THEN 870               D*P(I-1)-BO*
                            C*W(I-1)
```

Hinweise zum Programm "EGT":

   Mit dem Programm "EGT" werden Schnitt- und Verformungsgrößen eines
   elastisch gebetteten Trägers für äquidistante x-Werte oder für ein-
   zelne x-Werte berechnet. Der Träger besteht aus n Balkenelementen,
   die mit Trapezlasten und einer Einzelkraft am Ende belastet werden.
   Der Träger kann links und rechts an den Enden starr gelenkig oder
   frei gelagert oder fest eingespannt sein. Das i-te Balkenelement besitzt ein konstantes Flächenträgheitsmoment $I_i = k_i I_o$ und liegt auf

einer elastischen Unterlage mit der Bettungsziffer $\beta_i \geq 0$. Über eine
DATA-Anweisung werden eingegeben:

$n, \Delta x_1, q_{11}, q_{r1}, F_1, \Delta x_2, q_{12}, \ldots, \Delta x_n, q_{1n}, q_{rn}, F_n$

Die restlichen Eingaben werden über eine INPUT-Anweisung abgefragt.

Beispiel 2.12: Ein Träger mit der konstanten Biegesteifigkeit $EI_o=1800\,kNm^2$
liegt nach Abb.2.21 frei auf einer elastischen Unterlage. Es sind die
Schnitt- und Verformungsgrößen für äquidistante x-Werte mit $\Delta x=1\,m$ zu
ermitteln und die F_q-, M- und w-Kurve zu zeichnen. Weiterhin sind M_{max}
und w_{max} zu bestimmen.

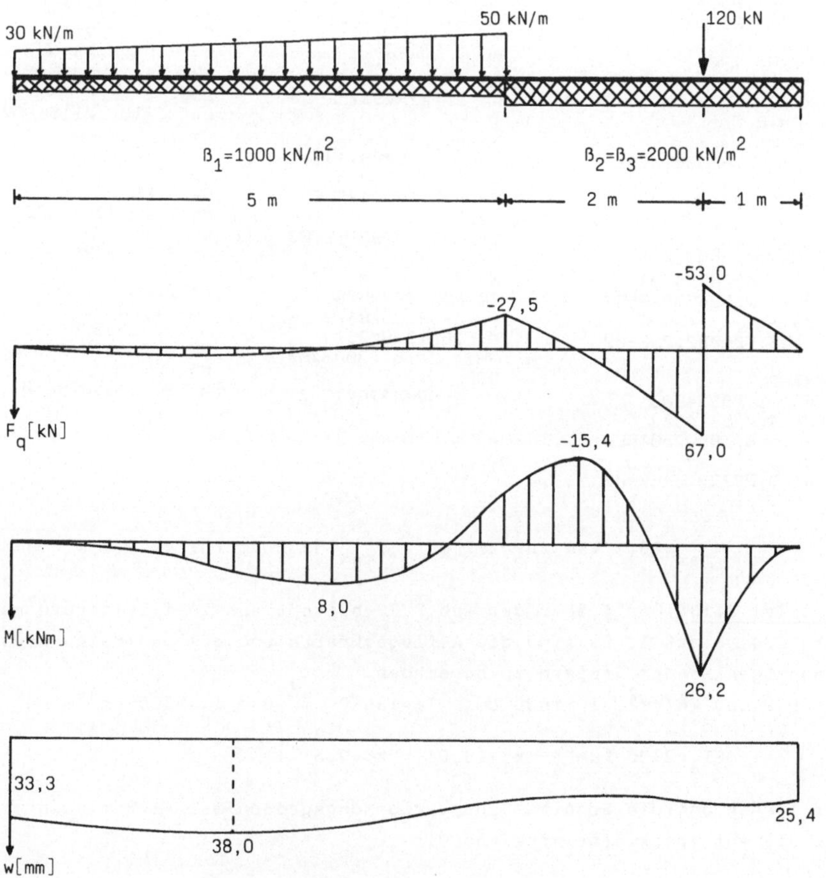

Abb.2.21: Elastisch gebetteter Träger mit F_q-, M- und w-Kurve

Eingabedaten und Ergebnisse zum Beispiel 2.12:

```
DX= 5              X= 3                 X= 8
QL= 30             FQ= 1.54027657       FQ=-9.032E-07
QR= 50             M= 7.945620036       FQR=-9.032E-07
F=  0              PHI=-2.843904412E-   M=-1.297E-07
                   03                   PHI=-2.656714969E-
DX= 2              W= 3.700611616E-02   03
QL= 0                                   W= 2.538673816E-02
QR= 0              X= 4
F=  120            FQ=-7.618025434      X= 2.2
                   M= 5.661915968       FQ= 3.70112024
DX= 1              PHI=-7.044437456E-   M= 5.627231428
QL= 0              03                   PHI= 2.353309674E-
QR= 0              W= 3.196321673E-02   04
F=  0                                   W= 3.797953991E-02
                   X= 5
B 1= 1000          FQ=-27.45115315      X= 2.3
B 2= 2000          FQR=-27.45115315     FQ= 3.59972132
B 3= 2000          M=-10.89895102       M= 5.99260051
E*IO= 1800         PHI=-6.508117194E-   PHI=-8.748905611E-
                   03                   05
X= 0               W= 2.442929826E-02   W= 3.798710119E-02
FQ= 0
M= 0               X= 6                 X= 2.27
PHI= 2.803061623E- FQ= 17.75288148      FQ= 3.634283832
03                 M=-15.40436029       M= 5.884081354
W= 3.330878619E-02 PHI= 2.875743759E-   PHI= 1.148472802E-
                   03                   05
X= 1               W= 2.240773731E-02   W= 3.798823673E-02
FQ= 2.695924823
M= 1.452482498     X= 7                 X= 2.28
PHI= 2.524592886E- FQ= 67.0479578       FQ= 3.623166224
03                 FQR=-52.9520422      M= 5.920368934
W= 3.604082123E-02 M= 26.19280251       PHI=-2.130546229E-
                   PHI= 2.161230032E-   05
X= 2               03                   W= 3.79881878E-02
FQ= 3.79394909     W= 2.684432821E-02
M= 4.875414832
PHI= 8.189825006E-
04
W= 3.787271546E-02
```

$$M_{max}=26{,}2 \text{ kNm für } x=7 \text{ m}, \qquad w_{max}=38{,}0 \text{ mm für } x=2{,}27 \text{ m}.$$

Beispiel 2.13: Der Träger der Abb.2.22 besteht aus zwei I-Trägern nach
DIN 1024, Blatt 1. Es sind die Auflagerkräfte und die maximalen Biege-
spannungen in den Trägern zu berechnen.
Mit $E=21000$ kN/cm^2, $I_o=1000$ cm^4, $I_1=19610$ cm^4 und $I_2=9800$ cm^4 wird

$$EI_o=2100 \text{ kNm}^2, \quad k_1=19{,}61, \quad k_2=9{,}8.$$

Wir lassen uns die Schnitt- und Verformungsgrößen mit $\Delta x=3$ m ausdrucken.
Für die Auflagerkräfte erhalten wir

$$F_A=F_{qo}=85{,}3 \text{ kN}, \quad F_B=-F_{qn}=55{,}2 \text{ kN}.$$

Das maximale Biegemoment wird für den I-Träger 360 an der Einspannstelle
angenommen. Mit diesem Wert berechnen wir

$$\sigma_{max} = M_{max}/W = 151,4 \text{ kNm}/1090 \text{ cm}^3 = 13,9 \text{ kN/cm}^2 \;.$$

Für den I-Träger 300 wird M_{max} etwas rechts von $x=6$ m angenommen. Aus dem linearen Verlauf von F_q berechnen wir

$$x_m = 6,00 + \frac{3 \cdot 4,85}{60} = 6,2425 \text{ m} \;.$$

Mit diesem Wert ermitteln wir M_{max} (s. Tabelle) und berechnen die maximale Biegespannung im I-Träger 300 zu

$$\sigma_{max} = 76,0 \text{ kNm}/653 \text{ cm}^3 = 11,6 \text{ kN/cm}^2 \;.$$

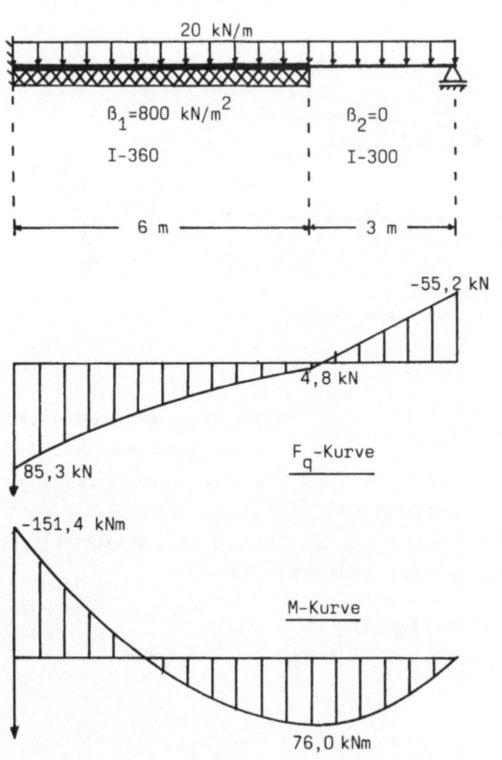

Abb.2.22: Elastisch gebetteter Träger

```
DX= 6
QL= 20
QR= 20
F=  0

DX= 3
QL= 20
QR= 20
F=  0

B 1= 800
B 2= 0
E*IO= 2100
K 1= 19.61
K 2= 9.8

X= 0
FQ= 85.30810302
M=-151.411501
PHI= 0
W= 0

X= 3
FQ= 33.71798859
M= 21.46980078
PHI= 3.785816184E-
03
W= 8.80609579E-03

X= 6
FQ= 4.84939874
FQR= 4.84939874
M= 75.451804
PHI=-2.611098506E-
04
W= 1.506201816E-02

X= 9
FQ=-55.15060126
FQR=-55.15060126
M= 0.00000022
PHI=-7.94710141E-0
3
W=-3.578095238E-11

X= 6.24
FQ= 0.04939874
M= 76.0396597
PHI=-1.145561534E-
03
W= 1.48933547E-02
```

2.7 Träger mit veränderlichem Querschnitt

Für einen Träger mit veränderlichem Querschnitt, wie er z.B. in Abb.2.23
dargestellt wird, lassen sich näherungsweise die in den vorangegangenen
Abschnitten entwickelten Verfahren und Programme anwenden, indem das
Flächenträgheitsmoment intervallweise durch einen konstanten Mittelwert
ersetzt wird. In diesem Abschnitt wollen wir jedoch zur Berechnung der
Schnitt- und Verformungsgrößen eine andere Methode mit Hilfe des gewöhnlichen Differenzenverfahrens entwickeln. Wir zeigen die Vorgehensweise
für einen Einfeldträger. Es dürfte dem Leser aber nicht schwerfallen,
dieses Verfahren auf die früher betrachteten Mehrfeldträger zu übertragen.

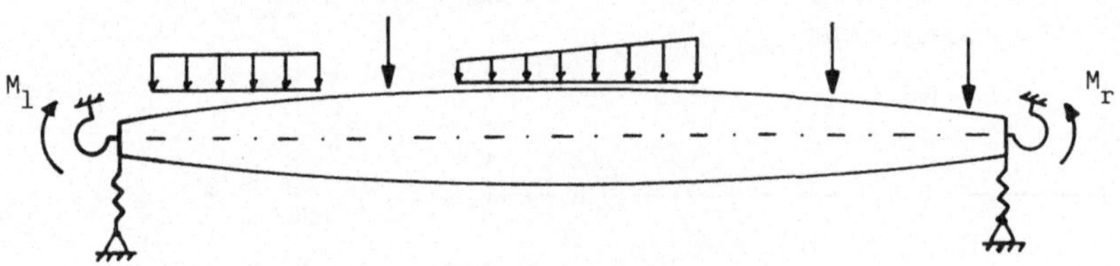

Abb.2.23: Träger mit veränderlichem Querschnitt

Für den Einfeldträger lassen wir links und rechts eine weg- und drehelastische Lagerung und am rechten Ende eine Stützensenkung zu. Für ein
starres Gelenklager ist wie früher $c_w = \infty = 1E20$ und für eine feste Einspannung $c_d = \infty = 1E20$ zu setzen (s. Tabelle S.44).
Für das i-te Balkenelement der Breite Δx_i (s. Abb.2.2) gelten zur Bestimmung der Zustandsgrößen an der Stelle t die Gleichungen

$$(2.92) \qquad F_q'(t) = -q_{1i} - q_i' t , \qquad M'(t) = F_q(t) ,$$
$$k(t)\,\bar{\varphi}' = -M(t) , \qquad \bar{w}(t) = \bar{\varphi}(t)$$

mit

$$(2.93) \qquad EI = EI_o f(x), \quad k(t) = f(x_{i-1} + t), \quad \bar{\varphi} = EI_o \varphi, \quad \bar{w} = EI_o w.$$

Sind die Zustandsgrößen am linken Rand des Balkenelements bekannt, so
lassen sich F_q und M unmittelbar angeben:

$$(2.94) \qquad F_q(t) = F_{q,i-1} - (q_{1i} + q_i' t/2) t ,$$
$$M(t) = M_{i-1} + F_{q,i-1} t - (q_{1i} + q_i' t/3) t^2/2 .$$

$\bar{\varphi}(t)$ und $\bar{w}(t)$ wären durch Integration zu bestimmen:

$$\bar{\varphi}(t) = \bar{\varphi}_{i-1} - \int_0^t M(\tau)/k(\tau)\,d\tau \ ,$$

$$\bar{w}(t) = \bar{w}_{i-1} + \int_0^t \bar{\varphi}(\tau)\,d\tau \ .$$

Sind diese Integrale nicht oder auch nur sehr mühsam oder aufwendig in geschlossener Form lösbar, so ist man auf Näherungsmethoden angewiesen. Zur übersichtlicheren Darstellung des folgenden Algorithmus führen wir die folgenden Funktionen ein:

$$(2.95) \qquad y(t) = \bar{\varphi}(x_{i-1}+t) = \bar{w}'(x_{i-1}+t) \ ,$$

$$z(t) = w(x_{i-1}+t) \ .$$

Die Funktion $z(t)$ ist aus der Anfangswertaufgabe

$$(2.96) \qquad z''(t) = -M(t)/k(t), \quad z(0) = w_{i-1}, \quad z'(0) = y(0) = \bar{\varphi}_{i-1}$$

zu bestimmen. Zur Lösung dieses Problems wählen wir das gewöhnliche Differenzenverfahren mit anschließender Extrapolation.

Das Intervall der Länge t unterteilen wir in n_t Teilintervalle mit

$$(2.97) \qquad h = t/n_t \quad \text{und} \quad t_j = jh \quad (j=0,1,2,\ldots,n_t)$$

und ersetzen die Ableitungen an der Stelle t_j durch die Differenzenquotienten

$$(2.98) \qquad z_j'' = z''(t_j) \approx (z_{j+1} - 2z_j + z_{j-1})/h^2 \ ,$$

$$z_j' = y_j \approx (z_{j+1} - z_{j-1})/(2h) \ .$$

Die diskretisierte Gleichung von (2.96) können wir dann in der Form

$$(2.99) \qquad z_{j+1} = -z_{j-1} + 2z_j - h^2 M(t_j)/k(t_j) \qquad (j=0,1,2,\ldots,n_t-1)$$

schreiben, wobei das Ungefährzeichen durch das Gleichheitszeichen ersetzt wurde. Wäre in dieser Darstellung außer $z_0 = \bar{w}_{i-1}$ auch z_1 bekannt, so ließen sich alle weiteren z_j sehr leicht berechnen. Wir ermitteln z_1 näherungsweise aus der Taylorentwicklung von $z(h)$ bis zum Glied h^2 einschließlich. Mit

$$z'(0) = \bar{\varphi}_{i-1}, \quad M(0) = M_{i-1}, \quad k(0) = f(x_{i-1}) = f_{i-1}$$

erhalten wir

$$(2.100) \qquad z_1 = z_0 + h\bar{\varphi}_{i-1} - h^2 M_{i-1}/(2f_{i-1}) \ .$$

Mit (2.99) und (2.100) liegt der Algorithmus zur Berechnung der z_j vor. Um $y = z' = \bar{\varphi}$ am Ende des Intervalls bestimmen zu können, lassen wir in (2.99) auch noch $j = n_t$ zu. Wir gehen also über das Intervall der Länge t

um eine Schrittweite h hinaus und berechnen $z_{n_t+1}=z(t+h)$ mit den Werten
$M(t)$ und $k(t)$ am Ende des Intervalls. So erhalten wir

$$(2.101)\qquad z(t)=z_{n_t}, \quad y(t)=y_{n_t}=(z_{n_t+1}-z_{n_t-1})/(2h) \; .$$

Diese ermittelten Werte sind für $\bar{w}(t)$ und $\bar{\varphi}(t)$ Näherungswerte, deren Güte
von der gewählten Intervallunterteilung n_t abhängen. Je größer n_t gewählt
wird, um so besser werden im allgemeinen die Näherungen ausfallen. Um
einigermaßen brauchbare Werte zu erhalten, müßte man also n_t "groß genug"
wählen. Bessere Ergebnisse mit wesentlich geringerem Rechenaufwand erhalten wir durch Extrapolation einiger Näherungswerte (ähnlich wie beim
Romberg-Verfahren für numerische Integration).
Wir berechnen eine Folge von Näherungswerten nach (2.101) durch jeweilige Verdoppelung der Intervallunterteilung. Bezeichnen wir die für

$$n_t=2, \; 4, \; 8, \; 16, \; 32, \; \ldots$$

nach dem obigen Algorithmus berechneten Werte z_{n_t} und y_{n_t} mit

$$z_{00}, \; z_{01}, \; z_{02}, \; z_{03}, \; \ldots \quad \text{und} \quad y_{00}, \; y_{01}, \; y_{02}, \; y_{03}, \; \ldots,$$

so lassen sich diese Werte nach der folgenden Extrapolationsformel ver-
bessern:

$$(2.102)\qquad \begin{aligned} z_{kl}&=(4^k z_{k-1,1}-z_{k-1,1-1})/(4^k-1)\\ y_{kl}&=(4^k y_{k-1,1}-y_{k-1,1-1})/(4^k-1) \end{aligned} \qquad \begin{aligned} &(l=1, \; 2, \; 3, \; \ldots .\\ &\;\; k=1, \; 2, \; 3, \; \ldots, \; 1). \end{aligned}$$

Die Frage ist nun, wie lange zu unterteilen und zu extrapolieren ist,
damit eine verlangte Genauigkeit erreicht wird. Hierüber liegen keine
exakten Kriterien vor. Eine Genauigkeit von 0,1% erreichen wir aber mit
einiger Wahrscheinlichkeit durch die Erfüllung der Forderung

$$(2.103)\qquad \begin{aligned} |z_{11}-z_{1-1,1-1}| &\leq 0,001|z_{11}|,\\ |y_{11}-y_{1-1,1-1}| &\leq 0,001|y_{11}|. \end{aligned}$$

Wer mit 1% Genauigkeit zufrieden ist, ersetzt 0,001 durch 0,01 (oder
durch einen anderen Wert bei anderer Genauigkeitsforderung) und ändert
das Programm "TVQ" in den Zeilen 1560 und 1570 entsprechend ab. Wird die
Forderung (2.103) erfüllt, so brechen wir die Näherungsrechnung nach dem
gewöhnlichen Differenzenverfahren mit Extrapolation ab und setzen

$$(2.104)\qquad \bar{\varphi}(t)=y_{11}, \quad \bar{w}(t)=z_{11} \; .$$

Schwierigkeiten wird das Abbruchkriterium (2.103) dann bereiten, wenn
$\bar{\varphi}(t)\approx 0$ oder $\bar{w}(t)\approx 0$ wird. Hier machen sich die Rundungsfehler durch das

Rechnen mit einer begrenzten Stellenzahl durch die Differenzbildung
stark bemerkbar. In diesem Fall brechen wir die Rechnung bei $l=5$ ab und
hoffen trotzdem auf brauchbare Ergebnisse (die durchgerechneten Beispiele
bestätigen uns in dieser Hoffnung). Vorsorglich lassen wir uns vom Rechner den Hinweis

"Genauigkeit nicht zu erreichen!"

und zur Kontrolle die Werte

$$\Delta y = y_{11} - y_{1-1,1-1} \quad \text{und} \quad \Delta z = z_{11} - z_{1-1,1-1}$$

ausgeben. Danach können wir entscheiden, ob wir die errechneten Ergebnisse anerkennen wollen oder nicht.

Die Berechnung des Anfangszustandsvektors $\underline{z}_o$ verläuft ganz ähnlich wie
beim Einfeldträger des Abschnitts 2.2. Die u_{rs} aus (2.15) werden wieder
nach (2.5) ermittelt. Zur Bestimmung von u_{ro} (r=1,2,3,4) setzen wir den
Anfangsvektor $\underline{z}_{oo} = (\,0\,)$, während die u_{rs} (s=1,2) mit Anfangsvektoren berechnet werden, bei denen eine der Komponenten den Wert 1 und die ande-
ren den Wert 0 annehmen. Wir sind dabei stets vom inhomogenen System
(2.5) ausgegangen, so daß von den so ermittelten u_{rs} (s≠0) die vorher
ermittelten u_{ro} abzuziehen sind. Diese u_{rs} hängen lediglich von der Geometrie und der Flächenträgheitsfunktion f(x) ab, während die u_{ro} im wesentlichen durch die äußere Belastung bestimmt werden. Bei der Berechnung eines Trägers mit verschiedenen Biegesteifigkeiten EI_o ist daher
die Bestimmung der u_{rs} nur einmal erforderlich. Dieses wurde im folgenden Programm durch UM=Ø oder UM=1 berücksichtigt.

Die Berechnung der z_{11} und y_{11} nach dem Differenzenverfahren mit anschließender Extrapolation wird im Programm "TVQ" im Unterprogramm "VG"
durchgeführt.

<u>Hinweise zum Programm "TVQ":</u>

(1) Mit dem Programm "TVQ" werden Schnitt- und Verformungsgrößen eines
    Einfeldträgers mit veränderlichem Querschnitt mit Hilfe des gewöhn-
    lichen Differenzenverfahrens und anschließender Extrapolation mit
    einer Genauigkeit von 0,1% berechnet. Falls eine andere Genauigkeit
    verlangt wird, ist der Faktor .ØØ1 in den Programmzeilen 156Ø und
    157Ø durch den gewünschten Genauigkeitsfaktor zu ersetzen. Kann die
    Genauigkeitsforderung nicht erfüllt werden, so zeigt der Rechner uns
    dieses durch

    GENAUIGKEIT NICHT ZU ERREICHEN!

    DPHI= ....   DW= ....

an. Die Rechnung wird trotzdem bis zur Ausgabe aller verlangten Größen fortgesetzt. Ob diese Größen unseren Anforderungen genügen oder
nicht, muß im Einzelfall entschieden werden. Im allgemeinen werden
bei nicht zu großer Genauigkeitsforderung die Ergebnisse als brauch-

Programm "TVQ": Träger mit veränderlichem Querschnitt

```
 10:"TVQ":REM TRAE
    GER MIT VERAEN
    DERLICHEM QUER
    CHNITT
 20:READ N
 30:DIM DX(N),QL(N
    ),QR(N),F(N),X
    (N),Q1(N),FQ(N
    ),M(N),P(N),W(
    N),U(4,3),Y(5,
    5),Z(5,5)
 40:FOR I=1TO N
 50:READ DX(I),QL(
    I),QR(I),F(I)
 52:LPRINT "DX=";D
    X(I)
 53:LPRINT "QL=";Q
    L(I)
 54:LPRINT "QR=";Q
    R(I)
 55:LPRINT "F= ";F
    (I)
 56:LPRINT
 60:X(I)=X(I-1)+DX
    (I)
 70:Q1(I)=(QR(I)-Q
    L(I))/DX(I)
 80:NEXT I
 90:READ CL,DL,CR,
    DR
 92:LPRINT "CWL=";
    CL
 93:LPRINT "CDL=";
    DL
 94:LPRINT "CWR=";
    CR
 95:LPRINT "CDR=";
    DR
100:IF DL>=1E20
    THEN 120
110:INPUT "MOMENT
    LINKS: ";ML
115:LPRINT "ML=";M
    L
120:IF DR>=1E20
    THEN 140
130:INPUT "MOMENT
    RECHTS: ";MR
135:LPRINT "MR=";M
    R
140:IF CR=0THEN 16
    0
150:INPUT "SENKUNG
     RECHTS: ";WR
155:LPRINT "WR=";W
    R
160:INPUT "BIEGEST
    EIFIGKEIT E*IO
    = ";B
165:LPRINT "E*IO="
    ;B
166:LPRINT
170:CO=CL/B:DO=DL/
    B

180:CN=CR/B:DN=DR/
    B:WN=WR/B
190:IF UM=1THEN 39
    0
200:FQ(0)=0:M(0)=0
210:P(0)=0:W(0)=0
220:FOR S=0TO 2
230:FOR I=1TO N
240:T=DX(I)
250:GOSUB "SG"
260:FQ(I)=FQ-F(I):
    M(I)=M
270:GOSUB "VG"
280:P(I)=P:W(I)=W
290:NEXT I
300:U(1,S)=FQ(N)-U
    (1,0)
310:U(2,S)=M(N)-U(
    2,0)
320:U(3,S)=P(N)-U(
    3,0)
330:U(4,S)=W(N)-U(
    4,0)
340:IF S=2THEN 380
350:IF S=1THEN 370
360:FQ(0)=1:GOTO 3
    80
370:FQ(0)=0:M(0)=1
380:NEXT S
390:A1=CN*(X(N)-DO
    *U(4,2))
400:B1=CO+CN*(1+CO
    *U(4,1))
410:C1=U(1,0)+CN*(
    ML*U(4,2)-WN+U
    (4,0))
420:A2=-DO-DN*(1-D
    O*U(3,2))
430:B2=CO*(X(N)-DN
    *U(3,1))
440:C2=(1-DN*U(4,2
    ))*ML-MR+U(2,0
    )-DN*U(3,0)
450:DET=A1*B2-A2*B
    1
460:P(0)=(-C1*B2+C
    2*B1)/DET
470:W(0)=(-A1*C2+A
    2*C1)/DET
480:FQ(0)=CO*W(0)
490:M(0)=ML-DO*P(0
    )
500:IF CL>=1E20
    THEN LET W(0)=
    0
510:IF DL>=1E20
    THEN LET P(0)=
    0
520:I=0:GOSUB "AUS
    G SG"
530:MM=ABS M(0):XM
    =0
540:FOR I=1TO N
550:T=DX(I)

560:GOSUB "SG"
570:FQ(I)=FQ-F(I):
    M(I)=M
580:IF MM>ABS M
    THEN 600
590:MM=ABS M:XM=X(
    I)
600:IF Q1(I)=0THEN
    650
610:R=2*Q1(I)*FQ(I
    -1)+QL(I)*QL(I
    )
620:IF R<0THEN 730
630:T=(SQR R-QL(I)
    )/Q1(I)
640:GOTO 670
650:IF QL(I)=0THEN
    730
660:T=FQ(I-1)/QL(I
    )
670:IF T<=0OR T>=D
    X(I)THEN 730
680:GOSUB "SG"
690:LPRINT "X=";X(
    I-1)+T
700:LPRINT "M=";M
705:LPRINT
710:IF MM>=ABS M
    THEN 730
720:MM=ABS M:XM=X(
    I-1)+T
730:GOSUB "AUSG SG
    "
740:NEXT I
750:LPRINT "MAX M=
    ";MM
760:LPRINT "BEI X=
    ";XM
765:LPRINT
770:UM=1:NQ=0
780:INPUT "NEUE BI
    EGESTEIFIGK.:J
    /N? ";NB$
781:IF NB$<>"J"AND
    NB$<>"N"THEN 7
    80
790:IF NB$="J"THEN
    160
800:INPUT "VERFORM
    UNG:J/N? ";V$
801:IF V$<>"J"AND
    V$<>"N"THEN 80
    0
810:IF V$="N"THEN
    1130
820:INPUT "AEQUID.
    X-WERTE? ";A$
821:IF A$<>"J"AND
    A$<>"N"THEN 82
    0
830:IF A$="J"THEN
    860
840:INPUT "X=";XO
850:NO=0:GOTO 880
```

```
 860:INPUT "ANZAHL          1111:IF W$<>"J"           1350:ZO=W(I-1)
     DER INTERVALLE              AND W$<>"N"         1360:X=X(I-1):
     ? ";NO                      THEN 1110                GOSUB "FKT"
 870:DX=X(N)/NO:XO=        1120:IF W$="J"           1370:Z1=ZO+H*P(I-
     0                           THEN LET NQ=             1)-H*H/2*M(I
 880:P(N)=U(3,1)*FQ            1:GOTO 820               -1)/FX
     (0)+U(3,2)*M(0      1130:END                   1380:FOR J=1TO NT
     )+P(0)+U(3,0)       1200:"AUSG SG":            1390:TJ=J*H:X=X(I
 890:W(N)=U(4,1)*FQ            LPRINT "X=";              -1)+TJ
     (0)+U(4,2)*M(0            X(I)                 1400:GOSUB "FKT"
     )+X(N)*P(0)+W(      1210:IF I=0THEN 1         1410:Z2=-ZO+2*Z1-
     0)+U(4,0)                  240                      H*H*(M(I-1)+
 900:IF NQ=1OR N=1        1220:LPRINT "FQL=             (FQ(I-1)-(QL
     THEN 960                   ";FQ(I)+F(I)             (I)+Q1(I)*TJ
 910:FOR I=1TO N          1230:IF I=NTHEN 1             /3)*TJ/2)*TJ
 920:T=DX(I)                   250                      )/FX
 930:GOSUB "UG"           1240:LPRINT "FQR=         1420:Y=Z2-ZO
 940:P(I)=P:W(I)=W             ";FQ(I)              1430:ZO=Z1:Z1=Z2
 950:NEXT I               1250:LPRINT "M=";         1440:NEXT J
 960:FOR I=1TO N               M(I)                 1450:Y(0,L)=Y/2/H
 970:IF XO=0THEN 10       1255:LPRINT               1460:Z(0,L)=ZO
     30                   1260:RETURN               1470:IF L=0THEN 1
 980:IF XO>X(I)THEN       1270:"SG":FQ=FQ(I             310
     1100                      -1)-(QL(I)+Q         1480:C=1
 990:IF XO=X(I)THEN            1(I)*T/2)*T          1490:FOR K=1TO L
     1040                 1280:M=M(I-1)+(FQ         1500:C=4*C
1000:T=XO-X(I-1)              (I-1)-(QL(I)          1510:Y(K,L)=(C*Y(
1010:GOSUB "UG"               +Q1(I)*T/3)*             K-1,L)-Y(K-1
1020:GOTO 1050                T/2)*T                   ,L-1))/(C-1)
1030:P=P(0):W=W(0        1290:RETURN               1520:Z(K,L)=(C*Z(
     ):GOTO 1050         1300:"UG":NT=1:L=             K-1,L)-Z(K-1
1040:P=P(I):W=W(I             -1:H=T                    ,L-1))/(C-1)
     )                   1310:IF L<5THEN 1         1530:NEXT K
1050:LPRINT "X=";             340                   1540:DY=Y(L,L)-Y(
     XO                  1320:LPRINT "GENA             L-1,L-1)
1060:LPRINT "PHI=             UIGKEIT NICH         1550:DZ=Z(L,L)-Z(
     ";P/B                    T ZU ERREICH             L-1,L-1)
1070:LPRINT "W=";             EN!"                 1560:IF ABS DY>.0
     W/B                 1321:LPRINT "X=";             01*ABS Y(L,L
1075:LPRINT                   X(I-1)+T                 )THEN 1310
1080:IF NO=0THEN         1322:LPRINT "DPHI         1570:IF ABS DZ>.0
     1110                     =";DY/B                  01*ABS Z(L,L
1090:XO=XO+DX:           1323:LPRINT "DW="             )THEN 1310
     GOTO 980                 ;DZ/B                1580:P=Y(L,L)
1100:NEXT I              1324:LPRINT               1590:W=Z(L,L)
1110:INPUT "WEITE        1330:GOTO 1580            1600:RETURN
     RE VERFORMUN        1340:NT=2*NT:H=H/         1800:"FKT":FX=
     G:J/N? ";W$              2:L=L+1              1810:RETURN
```

bar erkannt werden.

(2) Die Veränderlichkeit des Querschnitts wird durch das Flächenträg-
    heitsmoment $I(x)=I_0 f(x)$ beschrieben. Die Funktion f(x) ist einzu-
    geben durch

$$1800:"FKT":FX=\ldots.$$

(3) Zur weiteren Durchführung des Programms "TVQ" gelten sinngemäß die
    Hinweise zum Programm "ET" (s. S.52/53). Lediglich die Eingabe der
    dortigen Werte k_i entfällt hier.

Beispiel 2.14: Um die Güte des Differenzenverfahrens zu testen (insbesondere das Abbruchkriterium (2.103) mit der Genauigkeitsforderung von 0,1%), betrachten wir den Träger der Abb.2.24 mit dem veränderlichen Flächenträgheitsmoment $I(x)=I_o(1+x/\ell)$. In diesem Fall lassen sich die Verformungsgrößen durch Integration exakt berechnen. Man erhält mit $\xi=\frac{x}{\ell}$

$$w'(x)=\varphi(x)=\frac{1}{12}[3\xi^2+17-24\ln2-12(\xi-\ln(1+\xi))]\frac{q\ell^3}{EI_o}$$

$$w(x)=\frac{1}{12}[\xi^3-6\xi^2+(5-24\ln2)\xi+12(1+\xi)\ln(1+\xi)]\frac{q\ell^4}{EI_o}$$

und insbesondere

$$\varphi(0)=0,0303723056\cdot\ ,\quad \varphi(\tfrac{\ell}{2})=-0,0016625863\cdot\ ,\quad \varphi(\ell)=-0,0264805140\cdot\ ,$$

$$w(\tfrac{\ell}{4})=0,0065745989\cdot\ ,\quad w(\tfrac{\ell}{2})=0,0088004816\cdot\ ,\quad w(\tfrac{3\ell}{4})=0,0060131081\cdot\ ,$$

wobei der $\cdot$ durch die entsprechenden Faktoren ganz rechts in den Darstellungen für $\varphi(x)$ und $w(x)$ zu ersetzen ist.

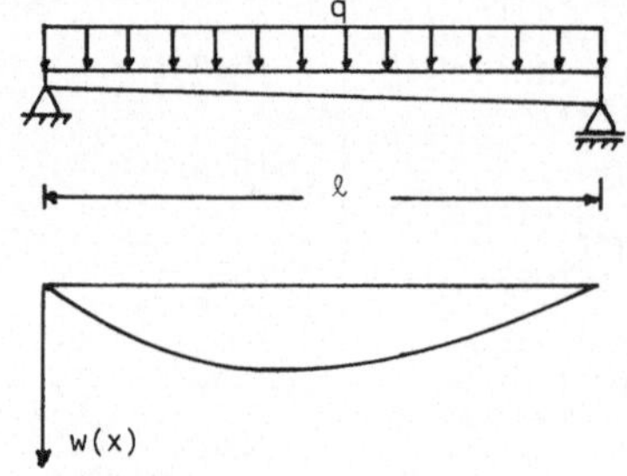

Abb.2.24: Träger mit veränderlichem Flächenträgheitsmoment $I(x)=I_o(1+x/\ell)$

Nach der Eingabe

```
1:DATA 1,1,1,1,0

2:DATA 1E20,0,1E20,0
```

und $M_1=0$, $M_r=0$, $w_r=0$, $EI_o=1$ erhalten wir die folgenden Ergebnisse:

```
DX= 1          X= 0            X= 0                   X= 0.75
QL= 1          FQR= 0.5        PHI= 3.037230052E-     PHI=-1.938691123E-
QR= 1          M= 0            02                     02
F=  0                          W= 0                   W= 6.013104801E-03
               X= 0.5
CWL= 1E 20     M= 0.125        X= 0.25
CDL= 0                         PHI= 1.914085204E-     X= 1
CWR= 1E 20     X= 1           02                      PHI=-2.648051652E-
CDR= 0         FQL=-0.5        W= 6.574597824E-03     02
ML= 0          M= 0                                   W= 0
MR= 0                          X= 0.5
WR= 0          MAX M= 0.125    PHI=-1.66259129E-0
E*IO= 1        BEI X= 0.5      3
                               W= 8.800479129E-03
```

Wir erkennen, daß die Genauigkeitsforderung von 0,1% weit unterschritten wird. Dieses liegt an der sehr strengen Forderung (2.103), die durch eine schwächere, aber natürlich dann auch nicht so sichere Forderung ersetzt werden könnte.

Beispiel 2.15: Der Träger der Abb.2.25 ist rechts fest eingespannt und liegt links in der Mitte eines 2 m langen I-Trägers 160 (DIN 1025, Bl.1). Das Flächenträgheitsmoment des Trägers wird durch

$$I(x)=I_o(1+x^2/32) \quad \text{mit x in m und } I_o=3000 \text{ cm}^4$$

dargestellt. Es sind die Schnitt- und Verformungsgrößen zu ermitteln und die F_q-, M- und w-Kurve zu zeichnen.
Für den I-160 beträgt die Federkonstante

$$c_w=48EI/\ell^3=11780 \text{ kN/m}$$

und für den Träger der Abbildung

$$EI_o=6300 \text{ kNm}^2 \;.$$

Nach der Eingabe aller Eingangsdaten erhalten wir die ausgedruckten Ergebnisse (S.114) und zeichnen hiermit die verlangten Kurven.

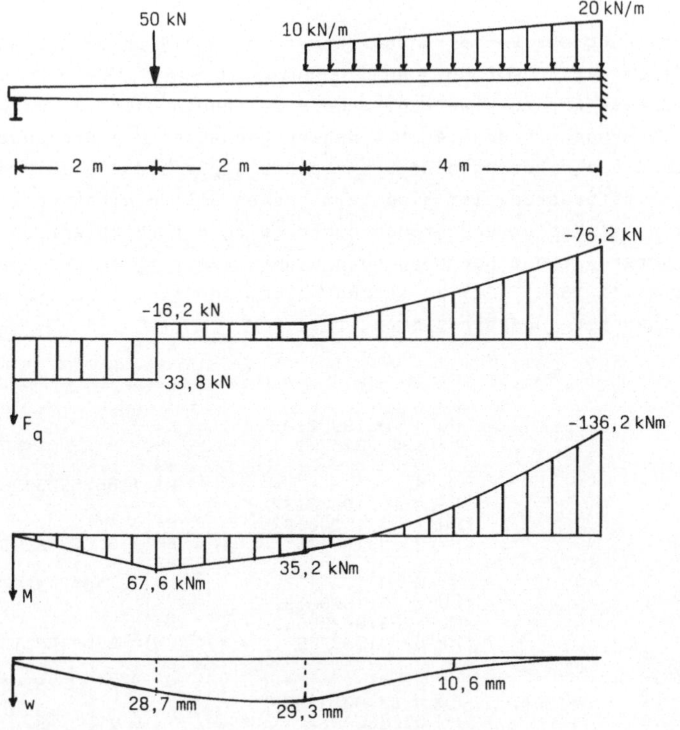

Abb.2.25: Träger mit veränderlichem Querschnitt, F_q-, M- und w-Kurve

```
   DX= 2              X= 0
   QL= 0              FQR= 33.80799879        X= 0
   QR= 0              M= 0                    PHI= 1.665472322E-
   F=  50                                     02
                      X= 2                    W= 2.869948963E-03
   DX= 2              FQL= 33.80799879
   QL= 0              FQR=-16.19200121        X= 2
   QR= 0              M= 67.61599758          PHI= 6.54168557E-0
   F=  0                                      3
                      X= 4                    W= 2.927768856E-02
   DX= 4              FQL=-16.19200121
   QL= 10             FQR=-16.19200121        X= 4
   QR= 20             M= 35.23199516          PHI=-6.378431751E-
   F=  0                                      03
                      X= 8                    W= 2.749492194E-02
   CWL= 11780         FQL=-76.19200121
   CDL= 0             M=-136.2026763          X= 6
   CWR= 1E 20                                 PHI=-8.73060577E-0
   CDR= 1E 20         MAX M= 136.2026763      3
   ML= 0             BEI X= 8                W= 1.062529124E-02
   WR= 0
   E*IO= 6300         GENAUIGKEIT NICHT       X= 8
                      ZU ERREICHEN!           PHI= 9.175987663E-
                      X= 8                    09
                      DPHI= 3.717412381E      W= 3.785115368E-09
                      -10
                      DW= 8.562565873E-1
                      0
```

Bei der Berechnung der Verformungsgrößen zeigt der Rechner uns an, daß
er an der Stelle x=8 m die verlangte Genauigkeit von 0,1% nicht erreichen kann. Dieses war zu erwarten, denn dort nehmen φ und w den Wert 0
an. Die Abweichungen in den letzten Näherungen haben die Größenordnung
10^{-10}, während die Näherungen selbst von der Größenordnung 10^{-9} sind.
Die Genauigkeitsforderung ist also beim besten Willen nicht zu erfüllen.
Trotzdem sind die Verformungsgrößen genau genug berechnet worden. Zur
Kontrolle führen wir die Rechnung noch einmal vom rechten Ende her durch,
wobei wir $f(x)=(1+(8-x)^2/32)$ zu setzen haben, und stellen zwischen beiden Ergebnissen gute Übereinstimmung fest.

```
   DX= 4                                      X= 0
   QL= 20                                     PHI= 0
   QR= 10                                     W= 0
   F=  0              X= 0
                      FQR= 76.19200137        X= 2
   DX= 2              M=-136.2026778          PHI= 8.730614876E-
   QL= 0                                      03
   QR= 0              X= 4                    W= 1.062530593E-02
   F=  50             FQL= 16.19200137
                      FQR= 16.19200137        X= 4
   DX= 2              M= 35.23199435          PHI= 6.378439068E-
   QL= 0                                      03
   QR= 0              X= 6                    W= 2.749494517E-02
   F=  0              FQL= 16.19200137
                      FQR=-33.80799863        X= 6
   CWL= 1E 20         M= 67.61599709          PHI=-6.541678152E-
   CDL= 1E 20                                 03
   CWR= 11780         X= 8                    W= 2.927772654E-02
   CDR= 0             FQL=-33.80799863
   MR= 0              M=-0.00000017           X= 8
   WR= 0                                      PHI=-1.665471562E-
   E*IO= 6300         MAX M= 136.2026778      02
                      BEI X= 0                W= 2.870002002E-03
```

3 EINFACHE EBENE STABTRAGWERKE

In diesem Abschnitt werden einige Stabtragwerke numerisch behandelt, die
nicht unbedingt zu den vorrangigen Problemen der Praxis zu zählen sind.
(Einige Probleme sind wahrscheinlich sogar als 'praxisfern' zu bezeichnen.) Ziel dieser Betrachtungen ist vielmehr zu zeigen, wie numerische
Verfahren mathematisch aufzubereiten sind, um aufwendige Berechnungen
möglichst bequem mit einem Rechner durchführen zu können.

3.1 Statisch bestimmtes Hängewerk

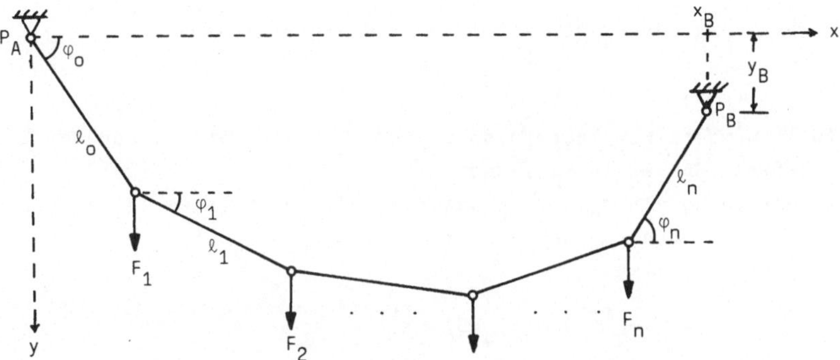

Abb.3.1: Statisch bestimmtes Hängewerk

$n+1$ starre (gewichtslose) Stäbe mit den gegebenen Längen ℓ_0, ℓ_1, $\ldots$, ℓ_n
sind gelenkig miteinander verbunden und an den Enden in den festen Punk-
ten P_A und P_B befestigt (Abb.3.1). In den Gelenkpunkten wirken die senkrechten Kräfte F_1, F_2, $\ldots$, F_n. Die geometrische Lage dieser Gelenkstan-
genverbindung ist nicht von vornherein bekannt. Sie ändert sich bei gege-
bener Belastung. Für dieses statisch bestimmte Hängewerk sind die Gleichgewichtslage und die Stabkräfte S_0, S_1, $\ldots$, S_n zu bestimmen.
Wir betrachten den i-ten Gelenkpunkt. Für
die Koordinaten gilt

$$(3.1) \quad \begin{aligned} x_i &= x_{i-1} + \ell_{i-1} \cos \varphi_{i-1} \, , \\ y_i &= y_{i-1} + \ell_{i-1} \sin \varphi_{i-1} \, . \end{aligned} \quad (i=1,\ldots,n+1)$$

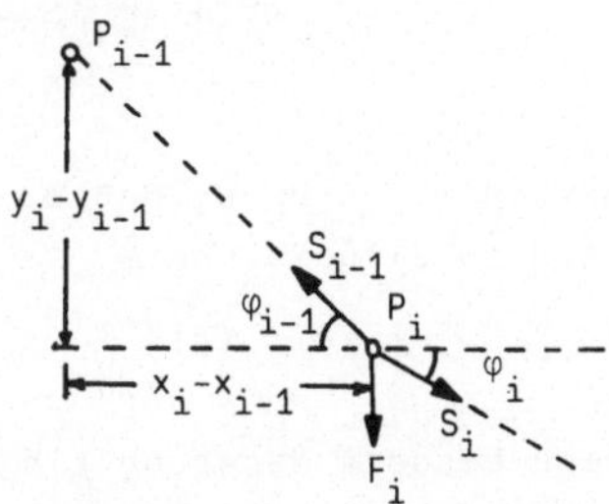

Abb.3.2: Kräfte am Gelenkpunkt
mit der Nummer i

Das Kräftegleichgewicht liefert

$$\begin{aligned} S_i \cos \varphi_i &= S_{i-1} \cos \varphi_{i-1} , \\ S_i \sin \varphi_i &= S_{i-1} \sin \varphi_{i-1} - F_i \, . \end{aligned} \quad (i=1,\ldots,n)$$

Division der zweiten Gleichung durch die
erste und Auflösung der ersten Gleichung

nach S_i ergibt

$$\text{(3.2)}\qquad \tan\varphi_i = \tan\varphi_{i-1} - F_i/(S_{i-1}\cos\varphi_{i-1})\ ,$$
$$S_i = S_{i-1}\cos\varphi_{i-1}/\cos\varphi_i\ .$$

Wären φ_0 und S_0 bekannt, so könnten aus (3.1) und (3.2) alle gesuchten Größen rekursiv ermittelt werden. Aber φ_0 und S_0 sind unbekannt. Fassen wir diese Anfangsgrößen als Variable auf, so sind alle x_i und y_i Funktionen von φ_0 und S_0:

$$x_i = x_i(\varphi_0, S_0)\ ;\quad y_i = y_i(\varphi_0, S_0)\ .$$

Wir müssen φ_0 und S_0 so bestimmen, daß die Bedingungen

$$\text{(3.3)}\qquad x_{n+1}(\varphi_0, S_0) = x_B \quad\text{und}\quad y_{n+1}(\varphi_0, S_0) = y_B$$

erfüllt werden. Wir haben also φ_0 und S_0 so zu wählen, daß der Endpunkt des letzten Stabes in P_B landet.
Die Berechnung von φ_0 und S_0 aus dem Gleichungssystem (3.3) führen wir mit dem Verfahren von Newton durch. Sind $\varphi_0^{(1)}$ und $S_0^{(1)}$ Näherungen von φ_0 und S_0, so wird mit

$$\Delta\varphi_0 = \varphi_0 - \varphi_0^{(1)} \quad\text{und}\quad \Delta S_0 = S_0 - S_0^{(1)}$$

nach der Taylorschen Reihe

$$x_{n+1}(\varphi_0, S_0) = x_{n+1}(\varphi_0^{(1)}, S_0^{(1)}) + \frac{\partial x_{n+1}}{\partial\varphi_0}\Delta\varphi_0 + \frac{\partial x_{n+1}}{\partial S_0}\Delta S_0 + \dots .$$

Eine entsprechende Darstellung gilt für y_{n+1}.
Brechen wir die Reihe nach den ersten partiellen Ableitungen ab, so erhalten wir mit

$$\text{(3.4)}\qquad \Delta x = x_B - x_{n+1}(\varphi_0^{(1)}, S_0^{(1)})\ ,\quad \Delta y = y_B - y_{n+1}(\varphi_0^{(1)}, S_0^{(1)})$$

für φ_0 und S_0 das lineare Gleichungssystem

$$\text{(3.5)}\qquad \dot{x}_{n+1}\Delta\varphi_0 + x'_{n+1}\Delta S_0 = \Delta x\ ,$$
$$\dot{y}_{n+1}\Delta\varphi_0 + y'_{n+1}\Delta S_0 = \Delta y \qquad\text{mit}\quad \frac{\partial}{\partial\varphi_0} = \dot{}\quad\text{und}\quad \frac{\partial}{\partial S_0} = {}'\ .$$

Setzen wir voraus, daß dieses Gleichungssystem eine Lösung besitzt, dann wird im allgemeinen

$$\varphi_0^{(2)} = \varphi_0^{(1)} + \Delta\varphi_0\ ,\quad S_0^{(2)} = S_0^{(1)} + \Delta S_0$$

eine bessere Näherung als $\varphi_0^{(1)}$, $S_0^{(1)}$ für die Lösung des Gleichungssystems (3.3) sein.
Die Hauptarbeit bei der Anwendung des obigen Algorithmus besteht in der Ermittlung der partiellen Ableitungen $\dot{x}_{n+1}$, x'_{n+1}, $\dot{y}_{n+1}$ und y'_{n+1}. Zu die-

sem Zweck differenzieren wir die durch (3.1) und (3.2) rekursiv gegebenen Funktionen nach φ_0 und S_0. Mit den Abkürzungen

$$(3.6) \qquad a_{i-1} = \ell_{i-1}\,\cos\varphi_{i-1}\,, \quad b_{i-1} = \ell_{i-1}\,\sin\varphi_{i-1}\,, \quad q_{i-1} = \cos\varphi_{i-1}/\cos\varphi_i$$

lauten die geordneten Ergebnisse

$$(3.7) \qquad
\begin{aligned}
&\dot{x}_i = \dot{x}_{i-1} - b_{i-1}\dot{\varphi}_{i-1}\,, \qquad x_i' = x_{i-1}' - b_{i-1}\varphi_{i-1}'\,,\\
&\dot{y}_i = \dot{y}_{i-1} + a_{i-1}\dot{\varphi}_{i-1}\,, \qquad y_i' = y_{i-1}' + a_{i-1}\varphi_{i-1}'\,,\\
&\dot{\varphi}_i = \dot{\varphi}_{i-1}/q_{i-1}^2 + F_i/S_i\,(\dot{S}_{i-1}/S_i\,\cos\varphi_{i-1} - \dot{\varphi}_{i-1}/q_{i-1}\,\sin\varphi_{i-1})\,,\\
&\varphi_i' = \varphi_{i-1}'/q_{i-1}^2 + F_i/S_i\,(S_{i-1}'/S_i\,\cos\varphi_{i-1} - \varphi_{i-1}'/q_{i-1}\,\sin\varphi_{i-1})\,,\\
&\dot{S}_i = q_{i-1}\dot{S}_{i-1} + S_i\,(\dot{\varphi}_i\,\tan\varphi_i - \dot{\varphi}_{i-1}\,\tan\varphi_{i-1})\,,\\
&S_i' = q_{i-1}S_{i-1}' + S_i\,(\varphi_i'\,\tan\varphi_i - \varphi_{i-1}'\,\tan\varphi_{i-1})\,.
\end{aligned}$$

Der Index i läuft in diesen Darstellungen bei den Koordinaten von 1 bis n+1 und bei den übrigen Größen von 1 bis n.
Die Anfangsbedingungen für das System (3.7) ergeben sich zu

$$(3.8) \qquad \dot{x}_0 = x_0' = \dot{y}_0 = y_0' = \varphi_0' = \dot{S}_0 = 0\,, \quad \dot{\varphi}_0 = S_0' = 1\,.$$

Die Iterationsrechnung brechen wir ab, wenn für eine vorgegebene Genauigkeit ε

$$(3.9) \qquad |\Delta x| + |\Delta y| < \varepsilon$$

wird. Danach lassen wir uns die Größen x_i, y_i, φ_i, S_i ausdrucken.
Etwas problematisch für die Konvergenz des Newton-Verfahrens können die Startwerte $\varphi_0^{(1)}$ und $S_0^{(1)}$ werden. Sind alle F_i positiv, so wird man z.B.

$$\varphi_0^{(1)} \approx 45° \quad \text{und} \quad S_0^{(1)} \approx \tfrac{1}{2}\sum F_i$$

wählen können. Aber gesichert ist die Konvergenz für diese Ausgangswerte keineswegs. Hier sollte man sich die zu erwartende Form des Hängewerks vor Augen führen und danach den Winkel φ_0 und die Stabkraft S_0 abschätzen. Bei ungünstiger Wahl erhält man sehr große Werte für $\Delta\varphi_0$ und ΔS_0, die zu einem 'overflow' oder zu einem nicht zulässigen Argument in den Winkelfunktionen führen können (bei den trigonometrischen Funktionen muß der Winkel im Gradmaß beim PC-1500 betragsmäßig kleiner als 10^{10} sein). Ist dieses der Fall oder übersteigt die Anzahl der Iterationen den Wert 10, so lassen wir uns vom Rechner anzeigen, daß wir schlechte Ausgangswerte gewählt haben und wieviele Iterationschritte benötigt wurden.
Der gesamte Algorithmus verläuft folgendermaßen. Mit Startwerten für φ_0 und S_0 werden nach (3.1) und (3.2) x_{n+1} und y_{n+1} berechnet und mit diesen Werten nach (3.4) Δx und Δy. Ist die Abbruchbedingung (3.9) erfüllt, so werden die gesuchten Größen ausgegeben. Andernfalls werden mit (3.7)

und (3.5) $\Delta\varphi_o$ und ΔS_o berechnet und zu den jeweiligen Startwerten hinzu-
addiert. Mit diesen neuen Anfangswerten wird die Rechnung wiederholt,
bis die Genauigkeitsforderung erfüllt wird oder Konvergenz nicht zu erreichen ist (s.oben).

Im Programm "HW1" haben wir die partiellen Ableitungen nach φ_o mit angehängter 1 und die nach S_o mit angehängter 2 bezeichnet, also z.B. $X1=\dot{x}$
oder $Y2=y'$. Ansonsten dürfte das Programm so einfach aufgebaut sein, daß
es keiner weiteren Erläuterung bedarf.

Programm "HW1": Statisch bestimmtes Hängewerk

```
10:"HW1":REM STAT
   ISCH BESTIMMTE
   S HAENGEWERK
20:READ N
25:DEGREE
30:DIM L(N),X(N+1
   ),Y(N+1),F(N),
   P(N),S(N),P1(N
   ),P2(N)
40:READ L(0)
45:LPRINT "L";0;"
   =";L(0)
50:FOR I=1TO N
60:READ F(I),L(I)
65:LPRINT "F";I;"
   =";F(I)
66:LPRINT "L";I;"
   =";L(I)
70:NEXT I
75:LPRINT
80:INPUT "XB=";XB
   ,"YB=";YB
90:INPUT "EPSYLON
   =";E
95:LPRINT "EPSYLO
   N=";E
100:INPUT "PHI O="
    ;P(0)
110:INPUT "SO=";S(
    0)
115:LPRINT "STARTW
    ERTE:"
116:LPRINT "PHI O=
    ";P(0)
117:LPRINT "SO=";S
    (0)
118:LPRINT
120:IF AI=10THEN 4
    80
130:X1=0:X2=0:Y1=0
    :Y2=0:P1(0)=1:
    P2(0)=0:S1=0:S
    2=1
140:FOR I=1TO N+1
150:A=L(I-1)*COS P
    (I-1)
160:B=L(I-1)*SIN P
    (I-1)
170:X(I)=X(I-1)+A
180:Y(I)=Y(I-1)+B
190:X1=X1-B*P1(I-1
    )
200:X2=X2-B*P2(I-1
    )
210:Y1=Y1+A*P1(I-1
    )
220:Y2=Y2+A*P2(I-1
    )
230:IF I=N+1THEN 3
    10
240:P(I)=ATN (TAN
    P(I-1)-F(I)/S(
    I-1)/COS P(I-1
    ))
250:Q=COS P(I-1)/
    COS P(I)
260:S(I)=S(I-1)*Q
270:P1(I)=P1(I-1)/
    Q^2+F(I)/S(I)*
    (S1/S(I)*COS P
    (I-1)-SIN P(I-
    1)*P1(I-1)/Q)
280:P2(I)=P2(I-1)/
    Q^2+F(I)/S(I)*
    (S2/S(I)*COS P
    (I-1)-SIN P(I-
    1)*P2(I-1)/Q)
290:S1=Q*S1+S(I)*(
    P1(I)*TAN P(I)
    -P1(I-1)*TAN P
    (I-1))
300:S2=Q*S2+S(I)*(
    P2(I)*TAN P(I)
    -P2(I-1)*TAN P
    (I-1))
310:NEXT I
320:AI=AI+1
330:DX=XB-X(N+1):D
    Y=YB-Y(N+1)
340:D=X1*Y2-X2*Y1
350:DP=(DX*Y2-X2*D
    Y)/D
360:DS=(X1*DY-DX*Y
    1)/D
370:P(0)=P(0)+DP*1
    80/PI
380:S(0)=S(0)+DS
390:IF ABS P(0)>=1
    E10THEN 480
400:IF ABS DX+ABS
    DY>=ETHEN 120
405:LPRINT "X 0=0"
406:LPRINT "Y 0=0"
407:LPRINT
410:FOR I=1TO N+1
420:LPRINT "PHI";I
    -1;"=";P(I-1)
430:LPRINT "S";I-1
    ;"=";S(I-1)
435:LPRINT
440:LPRINT "X";I;"
    =";X(I)
450:LPRINT "Y";I;"
    =";Y(I)
455:LPRINT
460:NEXT I
470:GOTO 510
480:LPRINT "SCHLEC
    HTE START- WE
    RTE"
490:LPRINT "ANZAHL
    DER ITERA- TI
    ONEN=";AI
495:LPRINT
500:AI=0:GOTO 100
510:END
```

Hinweise zum Programm "HW1":

(1) Mit dem Programm "HW1" werden die Koordinaten, Winkel und Stabkräfte
    eines statisch bestimmten Hängewerks der Abb.3.1 berechnet.

(2) Über eine DATA-Anweisung werden eingegeben:

$$n, \ell_0, F_1, \ell_1, F_2, \ldots, \ell_{n-1}, F_n, \ell_n$$

Die weiteren Eingaben (x_B, y_B, ϵ, Startwerte φ_0 und S_0) werden über eine INPUT-Anweisung abgefragt.

Beispiel 3.1: Für ein Hängewerk der Abb.3.1 sind die folgenden Werte gegeben:

i	0	1	2	3	4
F_i[kN]	–	1,75	1,80	1,65	1,30
ℓ_i[m]	3,25	2,80	2,56	3,04	2,75

x_B=11.50 m ,

y_B=2,25 m .

Mit den Startwerten $\varphi_0^{(1)}$=45° und $S_0^{(1)}$=2 kN erhalten wir für eine Genau-ϵ=0,001 (Endkoordinaten auf mm genau) die folgenden Ergebnisse:

```
L 0= 3.25              X 0=0                    X 3= 6.500056949
F 1= 1.75              Y 0=0                    Y 3= 5.004868753
L 1= 2.8
F 2= 1.8               PHI 0= 55.30108198       PHI 3=-19.71325107
L 2= 2.56              S 0= 5.06766676          S 3= 3.064346681
F 3= 1.65
L 3= 3.04              X 1= 1.850085385         X 4= 9.361890325
F 4= 1.3               Y 1= 2.672018725         Y 4= 3.97943727
L 4= 2.75
                       PHI 1= 39.95055469       PHI 4=-38.97140175
EPSYLON= 0.001         S 1= 3.76305427          S 4= 3.710484443
STARTWERTE:
PHI O= 45              X 2= 3.996562229         X 5= 11.49990527
SO= 3                  Y 2= 4.469972328         Y 5= 2.249873134

                       PHI 2= 12.06047022
                       S 2= 2.949863658
```

Mit $\varphi_0^{(1)}$=15° und $S_0^{(1)}$=2 kN erhalten wir

```
SCHLECHTE START-
WERTE
ANZAHL DER ITERA-
TIONEN= 6
```

In diesem Fall liegt ein 'overflow' vor, die Ausgangswerte lagen zu weit von den tatsächlichen Werten entfernt.
Neben der oben ermittelten stabilen Gleichgewichtslage gibt es auch noch eine instabile Gleichgewichtslage. Mit $\varphi_0^{(1)}$=-30° und $S_0^{(1)}$=-4 kN wird

```
X 0=0                  X 2= 5.178351276         X 4= 9.856104396
Y 0=0                  Y 2=-2.824676482         Y 4= 0.045437443

PHI 0=-40.51606382     PHI 2= 19.01362385       PHI 4= 53.28928994
S 0=-3.894134294       S 2=-3.131239512         S 4=-4.952369358

X 1= 2.470725182       X 3= 7.598680581         X 5= 11.49998567
Y 1=-2.111401686       Y 3=-1.990646475         Y 5= 2.250013219

PHI 1=-14.75823865     PHI 3= 42.04888729
S 1=-3.061400319       S 3=-3.986678957
```

3.2 Einfach statisch unbestimmtes Hängewerk

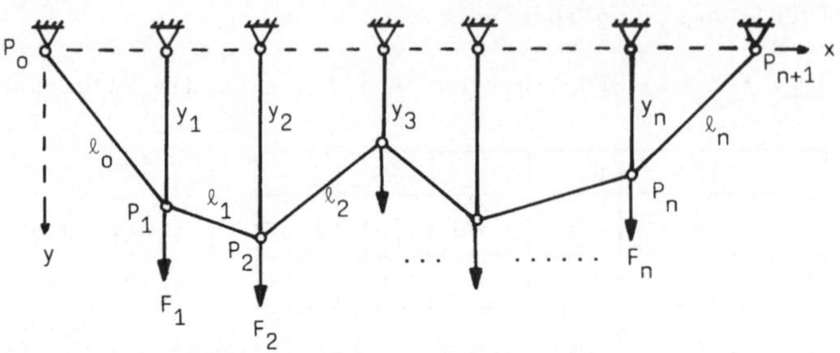

Abb.3.3: Einfach statisch unbestimmtes Hängewerk

Das in Abb.3.3 dargestellte Stabwerk ist einfach statisch unbestimmt, denn für die 2n+1 Stabkräfte stehen nur 2n Gleichungen der Statik zur Verfügung. Zur Bestimmung der n+1 Stabkräfte S_0, S_1, ..., S_n der schrägliegenden Stäbe und der n Stabkräfte V_1, V_2, ..., V_n der Vertikalstäbe zerlegen wir das Hängewerk in ein statisch bestimmtes "0"-und "1"-System, indem wir den Stab mit der Länge ℓ_o fortnehmen (Abb.3.4).

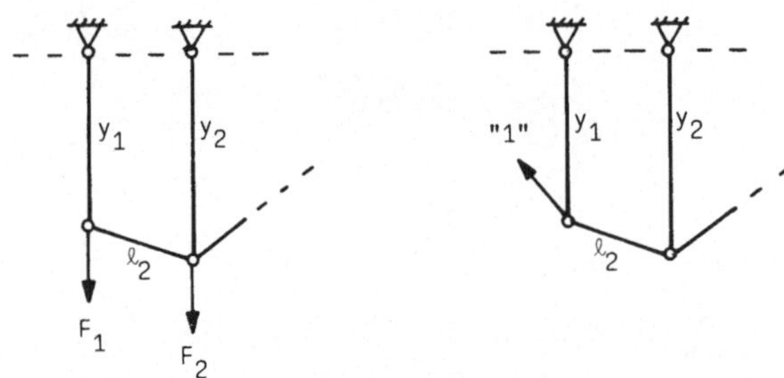

Abb.3.4: Statisch bestimmtes "0"- und "1"-System

Wir bezeichnen die Stabkräfte im "0"-System mit $S_i^{(0)}$ und $V_i^{(0)}$ und die Stabkräfte des mit der Kraft "1" in Richtung des Stabes 0 belasteten "1"-Systems mit $S_i^{(1)}$ und $V_i^{(1)}$. Ist $X=S_0$ die tatsächliche Stabkraft im statisch unbestimmten Hängewerk, so erhalten wir mit

$$(3.10) \qquad S_o^{(0)} = V_o^{(0)} = V_o^{(1)} = 0 \quad \text{und} \quad S_o^{(1)} = 1$$

durch Superposition

$$(3.11) \qquad \begin{aligned} S_i &= S_i^{(0)} + X\, S_i^{(1)}, \\ V_i &= V_i^{(0)} + X\, V_i^{(1)} \end{aligned} \qquad (i = 0, 1, 2, \ldots, n) \,.$$

Die Unbekannte X ist so zu wählen, daß die gesamte Formänderungsarbeit

$$(3.12) \qquad W = W(X) = \frac{1}{2} \sum_{i=0}^{n} \left(\frac{S_i^2 \ell_i^2}{E_i A_i} + \frac{V_i^2 |y_i|}{E_{n+i} A_{n+i}} \right)$$

zu einem Minimum wird. In (3.12) bedeuten E_{n+i} den Elastizitätsmodul und A_{n+i} die Querschnittsfläche des i-ten Vertikalstabes. Die Forderung W=Min liefert mit

$$\frac{dS_i}{dX} = S_i^{(1)} \quad \text{und} \quad \frac{dV_i}{dX} = V_i^{(1)}$$

$$(3.13) \qquad \frac{dW}{dX} = \sum_{i=0}^{n} \left(\frac{S_i S_i^{(1)} \ell_i}{E_i A_i} + \frac{V_i V_i^{(1)} |y_i|}{E_{n+i} A_{n+i}} \right) = 0 \; .$$

Die Dehnsteifigkeit der Stäbe stellen wir durch die Bezugsgröße EA dar und schreiben

$$(3.14) \qquad E_i A_i = k_i EA \qquad \text{für } i=0, 1, 2, \ldots, 2n \; .$$

Aus (3.13) folgt dann mit (3.11) für die Unbekannte X die Gleichung

$$(3.15) \qquad \sum_{i=0}^{n} (S_i^{(0)} S_i^{(1)} \ell_i / k_i + V_i^{(0)} V_i^{(1)} |y_i| / k_{n+i}) + X \sum_{i=0}^{n} (S_i^{(1)} S_i^{(1)} \ell_i / k_i +$$

$$+ V_i^{(1)} V_i^{(1)} |y_i| / k_{n+i}) = 0 \; .$$

Für die Stabkräfte $S_i^{(0)}$ und $V_i^{(0)}$ im "0"-System erhalten wir unmittelbar (s.Abb.3.4) mit $F_0=0$

$$(3.16) \qquad S_i^{(0)} = 0 \quad \text{und} \quad V_i^{(0)} = F_i \cdot \text{sgn } y_i \quad (i=0, 1, \ldots, n) \; .$$

Die Gleichgewichtsbedingung am Punkt P_i im "1"-System ergibt für die Stabkräfte

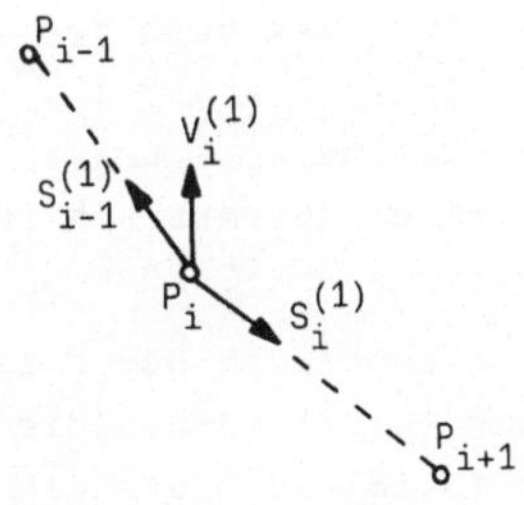

$$\frac{x_{i+1} - x_i}{\ell_i} S_i^{(1)} = \frac{x_i - x_{i-1}}{\ell_{i-1}} S_{i-1}^{(1)} \; ,$$

$$\text{sgn } y_i \cdot V_i^{(1)} + \frac{y_i - y_{i-1}}{\ell_{i-1}} S_{i-1}^{(1)} = \frac{y_{i+1} - y_i}{\ell_i} S_i^{(1)} \; .$$

Hieraus folgt mit $S_0^{(1)} = 1$ und $V_0^{(1)} = 0$

$$S_i^{(1)} = \frac{x_i - x_{i-1}}{x_{i+1} - x_i} \frac{\ell_i}{\ell_{i-1}} S_{i-1}^{(1)} \; ,$$

$$(3.17) \qquad\qquad\qquad\qquad\qquad\qquad\qquad (i=1, 2, \ldots, n)$$

$$V_i^{(1)} = \left[\frac{y_{i+1} - y_i}{\ell_i} S_i^{(1)} - \frac{y_i - y_{i-1}}{\ell_{i-1}} S_{i-1}^{(1)} \right] \text{sgn } y_i \; .$$

Für X erhalten wir mit (3.16) aus (3.15)

$$(3.18) \qquad X = S_o = -\frac{\sum\limits_{i=o}^{n} F_i V_i^{(1)} y_i / k_{n+i}}{\sum\limits_{i=o}^{n} (S_i^{(1)} S_i^{(1)} \ell_i / k_i + V_i^{(1)} V_i^{(1)} |y_i| / k_{n+i})}$$

Mit der bekannten Größe X können nach (3.11) alle Stabkräfte berechnet werden.

Um die Verschiebung f_o eines Punktes P_{i_o} in Richtung des Winkels φ_o zu bestimmen, bringen wir in diesem Punkt eine Kraft der Größe "1" in Richtung φ_o an. Bezeichnen wir die hierdurch hervorgerufenen Stabkräfte mit S_{oi} und V_{oi}, so wird

$$(3.19) \qquad f_o = \frac{1}{EA} \sum\limits_{i=o}^{n} (S_i S_{oi} \ell_i / k_i + V_i V_{oi} |y_i| / k_{n+i})$$

Die S_{oi} und V_{oi} werden nach denselben Überlegungen wie oben die S_i und V_i berechnet. Dabei können wir die $S_i^{(1)}$ und $V_i^{(1)}$ für das "1"-System aus der obigen Rechnung übernehmen. Für die Stabkräfte $S_i^{(0)}$ und $V_i^{(0)}$ im "0"-System mit der Kraft "1" unter dem Winkel φ_o am Punkt P_{i_o} erhalten wir

$$(3.20\,a) \qquad S_i^{(0)} = V_i^{(0)} = 0 \quad \text{für } i < i_o .$$

Für $i = i_o$ müssen die Kraftkomponenten $\cos \varphi_o$ und $\sin \varphi_o$ berücksichtigt werden. Nach nebenstehender Abbildung führt dieses auf

$$(3.20\,b)$$
$$S_{oi_o}^{(0)} = -\frac{\ell_i}{x_{i+1} - x_i} \cos \varphi_o ,$$
$$V_{oi_o}^{(0)} = \left[\frac{y_{i+1} - y_i}{\ell_i} S^{(0)} + \sin \varphi_o \right] \operatorname{sgn} y_i = \left[-\frac{y_{i+1} - y_i}{x_{i+1} - x_i} \cos \varphi_o + \sin \varphi_o \right] \operatorname{sgn} y_i .$$

Für $i > i_o$ verläuft der weitere Algorithmus nach (3.17) (jetzt mit dem oberen Index 0 statt 1). Im Programm "HW2" berechnen wir für alle $i \neq i_o$ die Stabkräfte $S_{oi}^{(0)}$ und $V_{oi}^{(0)}$ nach (3.17), indem wir mit $S_{oo}^{(0)}$ starten. Dann erhalten automatisch für alle $i < i_o$ die Stabkräfte den Wert Null. Für $i = i_o$ werden nach (3.20 b) die Kraftkomponenten der Kraft "1" berücksichtigt.

Insgesamt wird der obige Algorithmus in folgender Weise durchgeführt. Nach (3.17) werden die $S_i^{(1)}$ und $V_i^{(1)}$ berechnet und mit diesen Größen die in (3.18) auftretenden Summen. Im Programm "HW2" wird die Zählersumme mit ZS und die Nennersumme mit NS bezeichnet. Mit X werden nach (3.11) alle Stabkräfte S_i und V_i ermittelt. Zur Bestimmung der Verschiebung f_o eines Punktes P_{i_o} sind nach (3.20) und (3.17) die $S_{oi}^{(0)}$ und $V_{oi}^{(0)}$ und die Stabkräfte S_{oi} und V_{oi} mit (3.18) nach (3.11) zu bestimmen. Mit diesen Werten wird nach (3.19) die Verschiebung f_o berechnet.

Programm "HW2": Einfach statisch unbestimmtes Hängewerk

```
10:"HW2":REM EINF
   ACH STATISCH U
   NBESTIMMTES HA
   ENGEWERK
15:DEGREE
20:READ N
30:DIM X(N+1),Y(N
   +1),L(N),F(N),
   S(N),U(N),K(2*
   N),SO(N),S1(N)
   ,UO(N),U1(N)
40:FOR I=1TO N+1
50:READ X(I),Y(I)
55:LPRINT "X";I;"
   =";X(I)
56:LPRINT "Y";I;"
   =";Y(I)
60:L(I-1)=SQR ((X
   (I)-X(I-1))^2+
   (Y(I)-Y(I-1))^
   2)
70:IF I=N+1THEN 9
   0
80:READ F(I)
86:LPRINT "F";I;"
   =";F(I)
90:NEXT I
95:LPRINT
100:SO(0)=1:S1(0)=
    1
110:FOR I=1TO N
120:SO(I)=(X(I)-X(
    I-1))/(X(I+1)-
    X(I))*L(I)/L(I
    -1)*SO(I-1)
130:UO(I)=((Y(I+1)
    -Y(I))/L(I)*SO
    (I)-(Y(I)-Y(I-
    1))/L(I-1)*SO(
    I-1))*SGN Y(I)
140:IF UM=1THEN 18
    0
150:S1(I)=SO(I)
160:U1(I)=UO(I)
170:GOTO 210
180:IF I<>IOTHEN 2
    10
190:SO(I)=-L(I)/(X
    (I+1)-X(I))*
    COS PO
200:UO(I)=(SIN PO-
    (Y(I+1)-Y(I))/
    (X(I+1)-X(I))*
    COS PO)*SGN Y(
    I)
210:NEXT I

220:IF UM=1THEN 32
    0
230:INPUT "DEHNSTE
    IFIGKEIT EA= "
    ;D
235:LPRINT "EA=";D
240:INPUT "KONST.
    DEHNSTEIF.: J/
    N ?";D$
241:IF D$<>"J"AND
    D$<>"N"THEN 24
    0
250:WAIT 0
260:FOR I=0TO 2*N
270:IF D$="J"THEN
    LET K(I)=D:
    GOTO 310
280:PRINT "K";I;
290:INPUT "=";K(I)
300:PRINT
305:LPRINT "K";I;"
    =";K(I)
310:NEXT I
315:NS=0
320:ZS=0
330:FOR I=0TO N
340:IF UM=1THEN 38
    0
350:ZS=ZS+F(I)*U1(
    I)*Y(I)/K(N+I)
360:NS=NS+S1(I)*S1
    (I)*L(I)/K(I)+
    U1(I)*U1(I)*
    ABS Y(I)/K(N+I
    )
370:GOTO 390
380:ZS=ZS+SO(I)*S1
    (I)*L(I)/K(I)+
    UO(I)*U1(I)*
    ABS Y(I)/K(N+I
    )
390:NEXT I
400:X=-ZS/NS
410:IF UM=1THEN 58
    0
415:LPRINT
420:S(0)=X
430:LPRINT "S";0;"
    =";X
440:FOR I=1TO N
450:U(I)=F(I)*SGN
    Y(I)+X*U1(I)
460:LPRINT "U";I;"
    =";U(I)
470:S(I)=X*S1(I)

480:LPRINT "S";I;"
    =";S(I)
490:NEXT I
500:INPUT "NEUE QU
    ERSCHNITTE? ";
    NQ$
501:IF NQ$<>"J"AND
    NQ$<>"N"THEN 5
    00
510:IF NQ$="J"THEN
    250
520:INPUT "VERSCHI
    EBUNG: J/N? ";
    U$
521:IF U$<>"J"AND
    U$<>"N"THEN 52
    0
530:IF U$="N"THEN
    700
540:UM=1
550:INPUT "VERSCHI
    EBUNG AM PUNKT
    : ";IO
560:INPUT "IN RICH
    TUNG: ";PO
570:SO(0)=0:GOTO 1
    10
580:FO=0
590:FOR I=0TO N
600:SO(I)=SO(I)+X*
    S1(I)
610:UO(I)=UO(I)+X*
    U1(I)
620:FO=FO+S(I)*SO(
    I)*L(I)/K(I)+U
    (I)*UO(I)*ABS
    Y(I)/K(N+I)
630:NEXT I
635:LPRINT
640:LPRINT "VERSCH
    IEBUNG AM"
650:LPRINT "PUNKT"
    ;IO;" IN"
660:LPRINT "RICHTU
    NG";PO;" GRAD:
    "
670:LPRINT "FO=";F
    O/D
680:INPUT "WEITERE
    VERSCHIEB.: J
    /N ?";WU$
681:IF WU$<>"J"AND
    WU$<>"N"THEN 6
    80
690:IF WU$="J"THEN
    550
700:END
```

Hinweise zum Programm "HW2":

(1) Mit dem Programm "HW2" können für ein einfach statisch unbestimmtes
    Hängewerk der Abb.3.3 Stabkräfte und Verschiebungen eines Punktes
    P_{i_0} berechnet werden. Über eine DATA-Anweisung sind einzugeben:

$$n,\ x_1,\ y_1,\ F_1,\ x_2,\ y_2,\ F_2,\ \ldots,\ x_n,\ y_n,\ F_n,\ x_{n+1},\ \emptyset$$

(2) Die Dehnsteifigkeiten der Stäbe werden auf eine Grundgröße EA bezo-
    gen: $E_i A_i = k_i EA$ (i=0, 1, 2, ..., n, n+1, ..., 2n). Dabei sind die Ver-
    tikalstäbe mit n+1, n+2, ..., 2n zu numerieren. Diese Größen werden
    über eine INPUT-Anweisung abgefragt.

(3) Ausgedruckt werden die Stabkräfte S_i und V_i. Die Berechnung der Stab-
    kräfte kann für neue Dehnsteifigkeiten beliebig oft wiederholt wer-
    den.

(4) Zur Berechnung der Verschiebung f_0 eines Punktes P_{i_0} in Richtung
    eines Winkels φ_0 (in Grad) sind die Nummer i_0 und φ_0 über eine INPUT-
    Anweisung einzugeben.

Beispiel 3.2: Für das Stabwerk der Abb.3.5 sind die Spannungen in den
Stäben und die Verschiebung des Punktes P_1 in x- und y-Richtung zu bestimmen.

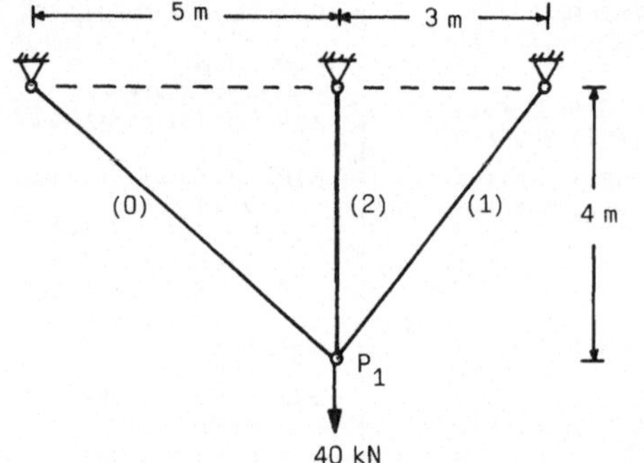

Abb.3.5: Einfach statisch unbestimmtes Stabwerk

Mit der gewählten Dehnsteifigkeit $D=EA=10^3$ kN/cm$^2\cdot$1 cm^2 = 1000 kN berechnen
wir

$$k_0=E_0A_0/D=21; \quad k_1=E_1A_1/D=25,5; \quad k_2=E_2A_2/D=12,6 .$$

Mit diesen Werten und der Dateneingabe

        1:DATA 1,5,4,4$\emptyset$,8,$\emptyset$

erhalten wir die folgenden Ergebnisse:

```
X 1= 5
Y 1= 4                   S 0= 13.89907853
F 1= 40                  V 1= 16.84617194
X 2= 8                   S 1= 18.08892818
Y 2= 0

EA= 1000
K 0= 21
K 1= 25.2
K 2= 12.6
```

VERSCHIEBUNG AM
PUNKT 1 IN
RICHTUNG 0 GRAD:
FO= 1.148866364E-03

VERSCHIEBUNG AM
PUNKT 1 IN
RICHTUNG 90 GRAD:
FO= 5.34799109E-03

Hiermit berechnen wir

$$\sigma_0 = S_0/A_0 = 13,9\ kN/cm^2, \quad \sigma_1 = S_1/A_1 = 15,7\ kN/cm^2, \quad \sigma_2 = V_1/A_2 = 9,4\ kN/cm^2.$$

Die Verschiebungen des Punktes P_1 betragen

$$f_x = 1,15\ mm, \quad f_y = 5,35\ mm.$$

<u>Beispiel 3.3</u>: Für das Hängewerk der Abb.3.6 sind die Stabkräfte zu be-
stimmen. Alle Stäbe besitzen dieselbe Dehnsteifigkeit EA.

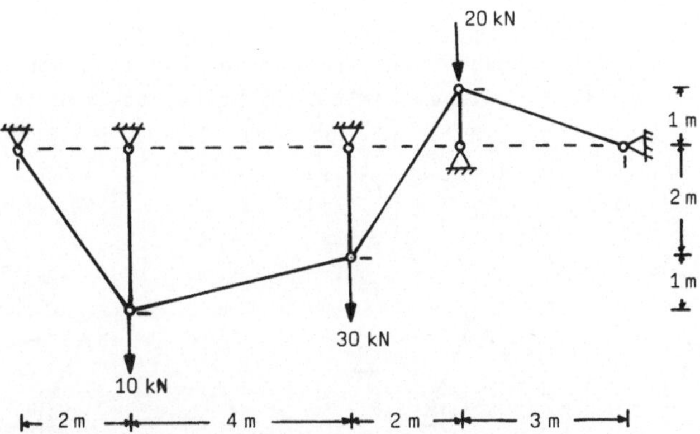

<u>Abb.3.6</u>: Einfach statisch unbestimmtes Stabwerk

<u>Eingabedaten</u>:   <u>Stabkräfte</u>:

```
X 1= 2
Y 1= 3                   S 0= 3.483781098
F 1= 10                  V 1= 6.618205397
X 2= 6                   S 1= 1.99192805
Y 2= 2                   V 2= 27.58443243
F 2= 30                  S 2= 3.483781098
X 3= 8                   V 3=-23.54283244
Y 3=-1                   S 3= 2.036985433
F 3= 20
X 4= 11
Y 4= 0

EA= 1
```

3.3   Mehrfach statisch unbestimmtes Stabwerk

Das in Abb.3.7 dargestellte ebene
Stabwerk besteht aus n Stäben, die
im Punkt P_0 gelenkig miteinander
verbunden sind. Das andere Ende
eines jeden Stabes ist in einem
festen Gelenkpunkt P_i befestigt.
Das Stabwerk wird in P_0 durch die
Kraft

$$\underline{F} = \begin{pmatrix} F_x \\ F_y \end{pmatrix}$$

belastet. Ist n>2, so ist das Stabwerk (n-2)-fach statisch unbestimmt.
Für diesen Fall sind die Stabkräfte
S_i und die Verschiebung des Punktes
P_0 nach einer vorgegebenen Richtung
φ_0 zu bestimmen.

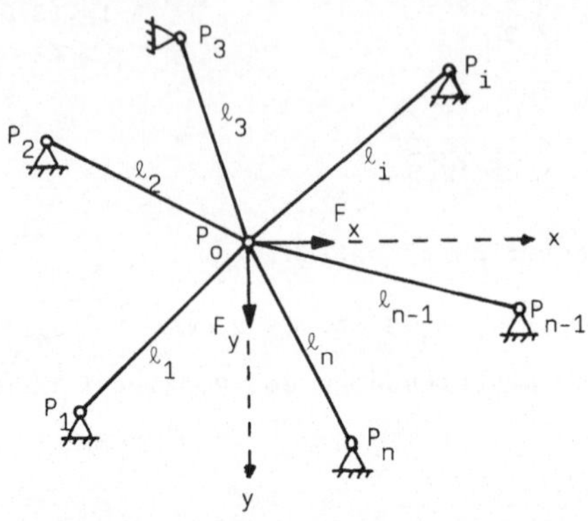

<u>Abb.3.7</u>: Statisch unbestimmtes Stabwerk

Nehmen wir die ersten n-2 Stäbe fort, so entsteht ein statisch bestimmtes System, das wir als "0"-System wählen. Im "i"-System greift die Kraft
"1" in Richtung des Stabes P_0P_i an (s. Abb.3.8). Die in den Stäben der
Nummer (n-1) und n in den verschiedenen Systemen hervorgerufenen Stabkräfte bezeichnen wir mit $S_{n-1}^{(i)}$ und $S_n^{(i)}$ (i=0, 1, 2, ..., n-2). Diese Kräfte

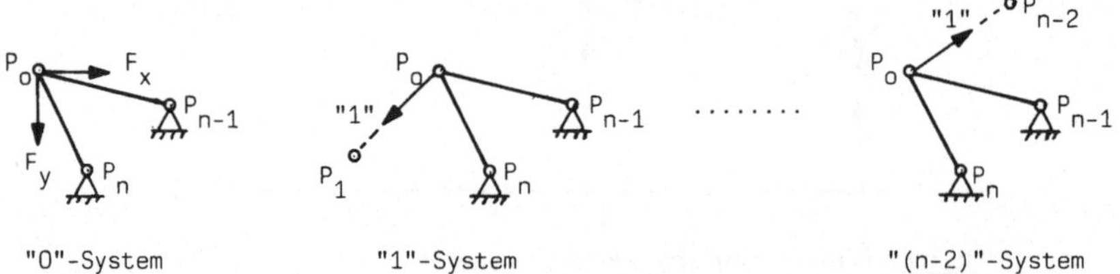

<u>Abb.3.8</u>: Zerlegung des Stabwerks in statisch bestimmte Systeme

berechnen wir aus der Gleichgewichtsbedingung am Punkt P_0 im "i"-System:

(3.21)
$$\frac{x_{n-1}}{\ell_{n-1}} S_{n-1}^{(i)} + \frac{x_n}{\ell_n} S_n^{(i)} + \frac{x_i}{\ell_i} \cdot 1 = 0 \ ,$$

$$\frac{y_{n-1}}{\ell_{n-1}} S_{n-1}^{(i)} + \frac{y_n}{\ell_n} S_n^{(i)} + \frac{y_i}{\ell_i} \cdot 1 = 0 \ .$$

Mit den Abkürzungen

(3.22) $q_{xi} = \dfrac{x_i}{\ell_i}$ und $q_{yi} = \dfrac{y_i}{\ell_i}$ (i=1, 2, ..., n) lautet die Lösung des Gleichungssystems (3.21)

$$(3.23) \quad \begin{aligned} D &= q_{x,n-1}q_{yn} - q_{xn}q_{y,n-1}\ , \\ S_{n-1}^{(i)} &= (q_{xn}q_{yi} - q_{xi}q_{yn})/D\ , \\ S_{n}^{(i)} &= (q_{xi}q_{y,n-1} - q_{x,n-1}q_{yi})/D\ . \end{aligned} \qquad (i=1,2,\ \ldots,\ n-2)$$

Setzen wir noch

$$(3.24) \quad q_{xo} = F_x \quad \text{und} \quad q_{yo} = F_y\ ,$$

so gilt (3.23) auch für i=0.

Mit den tatsächlichen Stabkräften S_1, S_2, $\ldots$, S_{n-2} wird durch Superposition

$$(3.25) \quad S_j = S_j^{(0)} + \sum_{i=1}^{n-2} S_i S_j^{(i)} \quad (j=n-1,\ n)\ .$$

Die S_i sind so zu bestimmen, daß die gesamte Formänderungsarbeit

$$(3.26) \quad W = \frac{1}{2} \sum_{i=1}^{n} S_i^2 \ell_i / (E_i A_i) = W(S_1,\ S_2,\ \ldots,\ S_{n-2})$$

ein Minimum wird. Die notwendige Bedingung

$$\frac{\partial W}{\partial S_l} = 0 \quad (l=1,\ 2,\ \ldots,\ n-2)$$

liefert uns ein lineares Gleichungssystem für die (n-2) Unbekannten S_1, S_2, $\ldots$, S_{n-2}. Mit (3.25) und

$$\frac{\partial S_i^2}{\partial S_l} = 2 S_i \frac{\partial S_i}{\partial S_l} \quad \text{und} \quad \frac{\partial S_i}{\partial S_l} = \left\{ \begin{array}{ll} 0 \ \text{für} \ l \neq i \\ 1 \ \ " \ \ \ l = i \\ S_i^{(1)} \ \text{für} \ i=n-1,\ n \end{array} \right\} \quad \text{und} \ i=1,2,\ldots,n-2$$

erhalten wir

$$(3.27) \quad \frac{\partial W}{\partial S_l} = S_1 \ell_1 / (E_1 A_1) + \sum_{j=n-1}^{n} (S_j^{(0)} + S_1 S_j^{(1)} + \ldots + S_{n-2} S_j^{(n-2)}) S_j^{(1)} \ell_j / (E_j A_j)$$

Die Dehnsteifigkeit $E_i A_i$ des Stabes i beziehen wir wieder auf eine Grundgröße EA:

$$(3.28) \quad E_i A_i = k_i\, EA\ .$$

Setzen wir diese Terme in (3.27) ein, so kürzt sich EA beim Nullsetzen der rechten Seite heraus. Das lineare Gleichungssystem lautet somit

$$(3.28) \quad S_1 \ell_1 / k_1 + \sum_{j=n-1}^{n} (S_j^{(0)} + \sum_{i=1}^{n-2} S_i S_j^{(i)}) S_j^{(1)} \ell_j / k_j = 0 \quad (l=1,\ 2,\ \ldots,\ n-2)\ .$$

Aus diesem linearen Gleichungssystem sind die (n-2) unbekannten Stabkräfte S_l zu berechnen. Mit diesen Größen erhalten wir nach (3.25) S_{n-1} und S_n. Geordnet können wir (3.28) auf die Form

$$(3.29) \qquad b_{10} + \sum_{i=1}^{n-2} b_{1i} S_i = 0 \qquad (1=1, 2, \ldots, n-2)$$

bringen. Die b_{10} und b_{1i} werden mit den Stabkräften des "i"-Systems nach

$$(3.30) \qquad b_{1i} = \begin{cases} \displaystyle\sum_{j=n-1}^{n} S_j^{(1)} S_j^{(i)} \ell_j / k_j & \text{für } i \neq 1 \\[2em] \displaystyle\sum_{j=n-1}^{n} S_j^{(1)} S_j^{(1)} \ell_j / k_j + \ell_1 / k_1 & \text{für } i = 1 \end{cases} \qquad \begin{array}{l} (i=0,1, 2, \ldots, n-2; \\ 1=1, 2, \ldots, n-2) \end{array}$$

Die Lösung des Gleichungssystems (3.29) bestimmen wir iterativ. Wegen $b_{11} > 0$ können wir schreiben

$$(3.31) \qquad S_1 = -(b_{10} + b_{11} S_1 + \ldots + b_{1,1-1} S_{1-1} + b_{1,1+1} S_{1+1} + \ldots + b_{1,n-2} S_{n-2})/b_{11}.$$

Auf der rechten Seite setzen wir für S_i ($i \neq 1$) die durch Iteration zuletzt ermittelten Stabkräfte ein, also für $i<1$ die im momentanen Iterationsschritt und für $i>1$ die im vorhergehenden Iterationsschritt ermittelten S_i. (Auf die Konvergenzfrage des Iterationsverfahrens wollen wir hier nicht eingehen.) Wir beginnen die Iteration, indem wir alle $S_i = 0$ setzen, und brechen sie ab, wenn die Differenz ΔS_1 zweier aufeinander folgender iterativ bestimmter Werte S_1 kleiner als eine vorgegebene Genauigkeit ε wird. Genauer:

$$(3.32) \qquad \mathrm{Max}_1 |\Delta S_1| \leq \varepsilon$$

Wie aus dem obigen Algorithmus hervorgeht, sind die Stabkräfte von den Dehnsteifigkeitszahlen k_i abhängig (nur für $k_i = $ konst. für alle i ist dieses nicht der Fall). Für neue Werte k_i braucht jedoch nicht der gesamte Rechengang wiederholt zu werden. Die nach (3.23) berechneten $S_j^{(i)}$ sind unabhängig von den k_i und brauchen daher nur einmal ermittelt zu werden. Mit diesen Werten werden lediglich nach (3.30) die b_{1i} und damit nach (3.31) die Stabkräfte neu berechnet.

Nach der Berechnung der Stabkräfte bestimmen wir die Verschiebung f_0 des Punktes P_0 in Richtung des Winkels φ_0:

$$(3.33) \qquad f_0 = \frac{1}{EA} \sum_{i=1}^{n} S_i S_i^{(1)} \ell_i / k_i$$

Dabei sind $S_i^{(1)}$ die Stabkräfte für die Belastung mit der Kraft "1" in Richtung φ_0 (diese Kräfte sind nicht zu verwechseln mit den früheren $S_j^{(1)}$). Die $S_i^{(1)}$ werden ebenfalls nach dem obigen Algorithmus berechnet (im Programm in einem Durchlauf mit UM=1). Dabei sind F_x durch $\cos \varphi_0$ und F_y durch $\sin \varphi_0$ zu ersetzen. Die $S_j^{(i)}$ ($j=n-1,n$; $i=1, 2, \ldots, n$) können aus der früheren Rechnung übernommen werden. Dementsprechend brauchen von den Koeffizienten b_{1i} auch nur die b_{10} neu berechnet zu werden.

Im folgenden Programm bedeuten

$$SV(I)=S_{n-1}^{(i)}, \quad SN(I)=S_{n}^{(i)},$$

während die Determinante in (3.23) mit DET bezeichnet wurde.

Programm "SUSW": Statisch unbestimmtes Stabwerk

```
10:"SUSW":REM  ST        201:IF D$<>"J"AND        550:IF UM=1THEN 69
   ATISCH UNBESTI            D$<>"N"THEN 20           0
   MMTES STABWERK           0                    555:LPRINT "STABKR
20:READ N                210:WAIT 0                   AEFTE:"
30:DIM X(N),Y(N),        220:FOR I=1TO N          560:FOR I=1TO N
   L(N),QX(N),QY(        230:IF D$="J"THEN        570:S(I)=S1(I)
   N),SV(N-2),SN(           LET K(I)=1:          580:LPRINT "S";I;"
   N-2),K(N),B(N-          GOTO 260                 =";S(I)
   2,N-2),S(N),S1       240:PRINT "K";I;"=       590:S1(I)=0
   (N)                     ";                   600:NEXT I
40:FOR I=1TO N           250:INPUT K(I):         605:LPRINT
50:READ X(I),Y(I)           PRINT                610:INPUT "NEUE QU
55:LPRINT "X";I;"        255:LPRINT "K";I;"          ERSCHNITTE:J/N
   =";X(I)                 =";K(I)                  ? ";NQ$
56:LPRINT "Y";I;"        260:NEXT I              611:IF NQ$<>"J"AND
   =";Y(I)              265:LPRINT                   NQ$<>"N"THEN 6
60:L(I)=SQR (X(I)        270:FOR I=0TO N-2           10
   ^2+Y(I)^2)           280:FOR L=1TO N-2       620:IF NQ$="J"THEN
70:QX(I)=X(I)/L(I        290:B(L,I)=SV(L)*S          210
   )                       V(I)*L(N-1)/K(       630:INPUT "VERSCHI
80:QY(I)=Y(I)/L(I           N-1)+SN(L)*SN(          EBUNG:J/N? ";V
   )                        I)*L(N)/K(N)            $
90:NEXT I                300:IF L<>ITHEN 32      631:IF V$<>"J"AND
95:LPRINT                   0                        V$<>"N"THEN 63
100:INPUT "FX=";QX       310:B(L,L)=B(L,L)+          0
   (0)                      L(L)/K(L)            640:IF V$="N"THEN
110:INPUT "FY=";QY       320:NEXT L                  790
   (0)                  330:IF UM=1THEN 35      650:INPUT "RICHTUN
115:LPRINT "FX=";Q          0                        G: ";PO
   X(0)                 340:NEXT I              660:QX(0)=COS PO
116:LPRINT "FY=";Q       350:MAX=0              670:QY(0)=SIN PO
   Y(0)                 360:FOR L=1TO N-2       680:UM=1:I=0:GOTO
117:LPRINT              370:S=B(L,0)                150
120:INPUT "GENAUIG      380:FOR I=1TO N-2       690:FO=0
   KEIT FUER S? "       390:IF L=ITHEN 410      700:FOR I=1TO N
   ;EP                  400:S=S+B(L,I)*S1(      710:FO=FO+S(I)*S1(
130:DET=QX(N-1)*QY          I)                      I)*L(I)/K(I)
   (N)-QX(N)*QY(N       410:NEXT I              720:S1(I)=0
   -1)                  420:S=-S/B(L,L)         730:NEXT I
140:FOR I=0TO N-2       430:AB=ABS (S-S1(L      740:LPRINT "VERSCH
150:SV(I)=(QX(N)*Q          ))                      IEBUNG IN"
   Y(I)-QX(I)*QY(       440:S1(L)=S             750:LPRINT "RICHTU
   N))/DET              450:IF AB<=MAXTHEN          NG";PO;" GRAD:
160:SN(I)=(QX(I)*Q          470                      "
   Y(N-1)-QX(N-1)       460:MAX=AB              760:LPRINT "FO=";F
   *QY(I))/DET          470:NEXT L                  O/D
170:IF UM=1THEN 28      480:IF MAX>EPTHEN       765:LPRINT
   0                       350                  770:INPUT "WEITERE
180:NEXT I              490:S1(N-1)=SU(0)            VERSCHIEBG.:
190:INPUT "DEHNSTE      500:S1(N)=SN(0)             J/N ";WU$
   IFIGKEIT EA=";       510:FOR I=1TO N-2       771:IF WU$<>"J"AND
   D                    520:S1(N-1)=S1(N-1          WU$<>"N"THEN 7
195:LPRINT "EA=";D          )+S1(I)*SU(I)           70
200:INPUT "KONST.       530:S1(N)=S1(N)+S1      780:IF WU$="J"THEN
   DEHNSTEIFIGK.            (I)*SN(I)               650
   ";D$                 540:NEXT I              790:END
```

Hinweise zum Programm "SUSW":

(1) Zur Berechnung der Stabkräfte eines statisch unbestimmten Stabwerks
    der Abb.3.7 werden über eine DATA-Anweisung eingegeben:

$$n, x_1, y_1, x_2, y_2, \ldots, x_n, y_n$$

(2) Die Kraftkomponenten F_x und F_y der Belastung, die gewünschte Genau-
    igkeit der Stabkräfte, Die Dehnsteifigkeit EA und $k_i = E_i A_i / (EA)$ wer-
    den über eine INPUT-Anweisung abgefragt. Ausgedruckt werden die Stab-
    kräfte S_i. Diese Rechnung kann für neue Dehnsteifigkeitsziffern k_i
    beliebig oft wiederholt werden.

(3) Die Berechnung der Verschiebung des Punktes P_o in Richtung des Win-
    kels φ_o ist ebenfalls beliebig oft wiederholbar.

Beispiel 3.4: Das durch Abb.3.9
dargestellte Stabwerk besteht
aus Stäben gleicher Dehnsteifigkeit EA=50 000 kN. Es sind
alle Stabkräfte (mit einer
Genauigkeit $\varepsilon=0,001$) und die
Verschiebung des Punktes P_o
in x- und y-Richtung zu bestimmen.

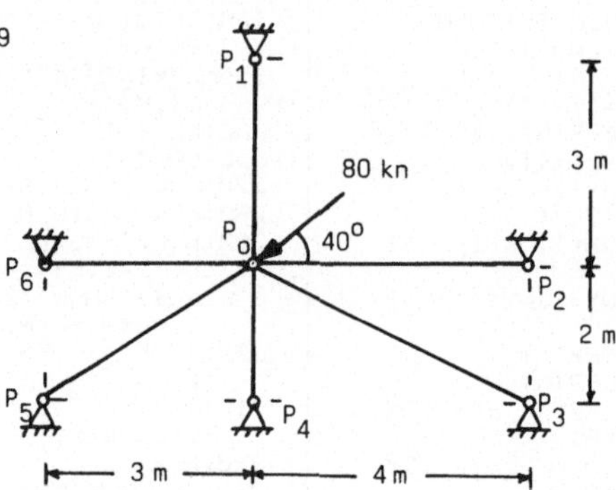

Abb.3.9: Vierfach statisch unbestimmtes Stabwerk

Eingabe (Längen in m,   Ausgabe:
Kräfte in kN):

              X 1= 0   STABKRAEFTE:
              Y 1=-3   S 1= 23.85441313
              X 2= 4   S 2= 20.1328445
              Y 2= 0   S 3= 8.949750325
              X 3= 4   S 4=-35.77340465
              Y 3= 2   S 5=-7.575910366
              X 4= 0   S 6=-26.84227242
              Y 4= 2
              X 5=-3   VERSCHIEBUNG IN
              Y 5=-2   RICHTUNG 0 GRAD:
              X 6=-3   FO=-1.610573672E-0
              Y 6= 0   3

              FX=-61.28355545   VERSCHIEBUNG IN
              FY= 51.42300878   RICHTUNG 90 GRAD:
                                         FO= 1.431067634E-0
              EA= 50000   3

Beispiel 3.5: Im Stabwerk der Abb.3.10 besitzen die Stäbe verschiedene Dehnsteifigkeiten. Es sind für die angegebenen zulässigen Spannungen und E-Module Flächenquerschnitte zu wählen. Für diese Querschnitte ist die Verschiebung des Punktes P_o in x- und y-Richtung zu bestimmen.

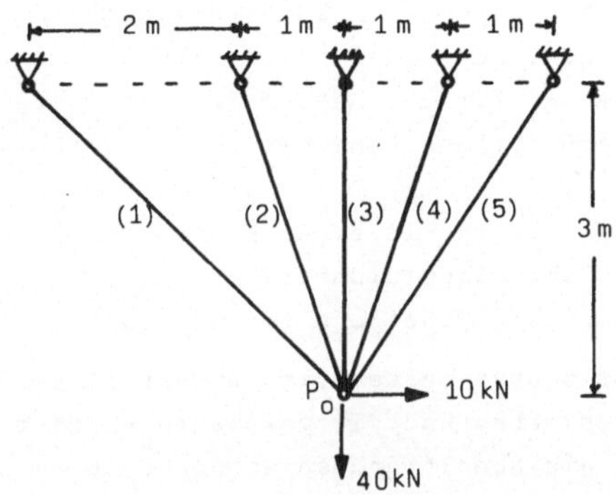

$$E_1 = E_5 = 21 \cdot 10^3 \text{ kN/cm}^2,$$

$$E_2 = E_3 = E_4 = 7,2 \cdot 10^3 \text{ kN/cm}^2,$$

$$\sigma_{zul} = 14 \text{ kN/cm}^2 \text{ für die}$$
Stäbe (1) und (5),

$$\sigma_{zul} = 8 \text{ kN/cm}^2 \text{ für die}$$
Stäbe (2), (3), (4).

Abb.3.10: Zweifach statisch unbestimmtes Stabwerk

Als Bezugsdehnsteifigkeit wählen wir D=EA=1000 kN. Wir berechnen zunächst die Stabkräfte für konstante Dehnsteifigkeit und erhalten die unten aufgelisteten Ergebnisse. Danach wählen wir

$$A_1 = 0,9 \text{ cm}^2, \quad A_2 = 1,8 \text{ cm}^2, \quad A_3 = 1,4 \text{ cm}^2, \quad A_4 = 0,8 \text{ cm}^2, \quad A_5 = 0,2 \text{ cm}^2$$

und berechnen hiermit die Dehnsteifigkeitsziffern

$$k_1 = 18,9; \quad k_2 = 12,96; \quad k_3 = 10,08; \quad k_4 = 5,76; \quad k_5 = 4,2.$$

Mit den so erhaltenen Stabkräften betragen die Spannungen in den Stäben:

$$\sigma_1 = 13,93; \quad \sigma_2 = 7,56; \quad \sigma_3 = 7,84; \quad \sigma_4 = 6,56; \quad \sigma_5 = 13,61 \text{ kN/cm}^2.$$

```
X 1=-3            STABKRAEFTE:           VERSCHIEBUNG IN
Y 1=-3            S 1= 12.01382356       RICHTUNG 0 GRAD:
X 2=-1            S 2= 13.88306081       FO= 7.056246485E-0
Y 2=-3            S 3= 11.10652887       4
X 3= 0            S 4= 6.113502737
Y 3=-3            S 5= 1.716253373
X 4= 1                                   VERSCHIEBUNG IN
Y 4=-3                                   RICHTUNG 90 GRAD:
X 5= 2            K 1= 18.9              FO= 3.26990309E-03
Y 5=-3            K 2= 12.96
                  K 3= 10.08
                  K 4= 5.76             VERSCHIEBUNG IN
FX= 10            K 5= 4.2              RICHTUNG 45 GRAD:
FY= 40                                  FO= 2.811041515E-0
                  STABKRAEFTE:          3
EPSYLON= 0.001    S 1= 12.53815054
                  S 2= 13.60871713
EA= 1000          S 3= 10.9800769
                  S 4= 5.249066657
                  S 5= 2.721046179
```

3.4 Langerscher Balken

Für die in Abb.3.11 dargestellten Langerschen Balken gelten die folgenden Voraussetzungen:

die oberen Gelenkpunkte und die Auflagerpunkte liegen auf einer quadratischen Parabel mit gleicher horizontaler Unterteilung;

die Querschnittsflächen aller gleichen Trägerteile sind konstant, und zwar A_s für die Bogenstäbe, A_h für die Hängestäbe und A_b für den Balken; damit ist auch das Flächenträgheitsmoment I für den Balken konstant;

der Balken wird über die gesamte Länge mit einer konstanten Streckenlast q belastet (in Abb.3.11 nicht eingezeichnet);

der Elastizitätsmodul E ist für alle Stäbe und für den Balken gleich.

Nach der Theorie I.Ordnung sind alle Stabkräfte, die Längskraft im Balken, die Biegemomente in den Hängepunkten und die maximalen Feldmomente zu bestimmen. Die Gleichungen für die Schnittgrößen werden also am unverformten System aufgestellt. Insbesondere besitzt die Längskraft im Balken keinen Anteil am Biegemoment.

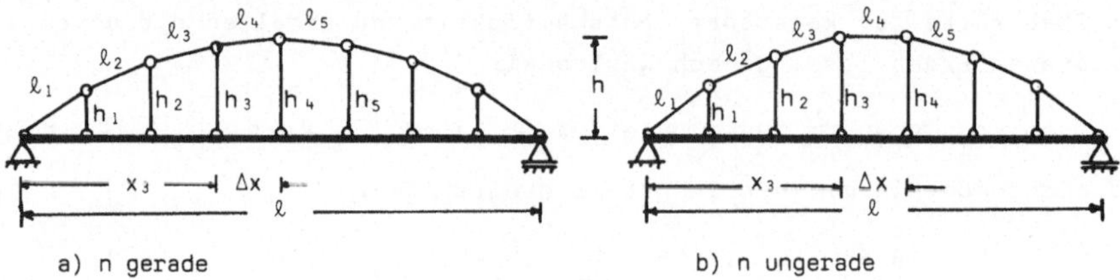

Abb.3.11: Langerscher Balken mit gerader und ungerader Unterteilung

Wir betrachten zunächst die Geometrie des Hängewerks. Für die Längen h_i der Hängestäbe gilt

$$(3.34) \qquad h_i = c\, x_i(\ell-x_i) \quad \text{mit } c = \begin{cases} 4h/\ell^2 & \text{für n gerade,} \\ 4h/(\ell^2-\Delta x^2) & \text{für n ungerade.} \end{cases}$$

Die Unterscheidung n gerade oder n ungerade markieren wir durch die Größe

$$(3.35) \qquad g = \frac{n}{2} - \text{Int}\,\frac{n}{2} = \begin{cases} 0 & \text{für n gerade,} \\ \frac{1}{2} & \text{"} \quad \text{n ungerade.} \end{cases}$$

Mit $\ell = n\,\Delta x$ und $x_i = i\,\Delta x$ können wir die Höhen h_i nach

$$(3.36) \qquad h_i = 4\,h\,i(n-i)/(n^2-2g) \qquad (i=0, 1, 2, \ldots, n)$$

berechnen. Die Längen ℓ_i der Bogenstäbe bestimmen wir nach

$$(3.37) \qquad \ell_i = \sqrt{\Delta x^2 + (h_i - h_{i-1})^2} \qquad (i=1, 2, \ldots, n).$$

Wegen der Symmetrie zur senkrechten Mittellinie des Balkens braucht die Berechnung der h_i und ℓ_i nur bis

$$(3.38) \qquad n_0 = \frac{n}{2} \quad \text{für n gerade und} \quad n_0 = \frac{n+1}{2} \quad \text{für n ungerade}$$

durchgeführt zu werden.

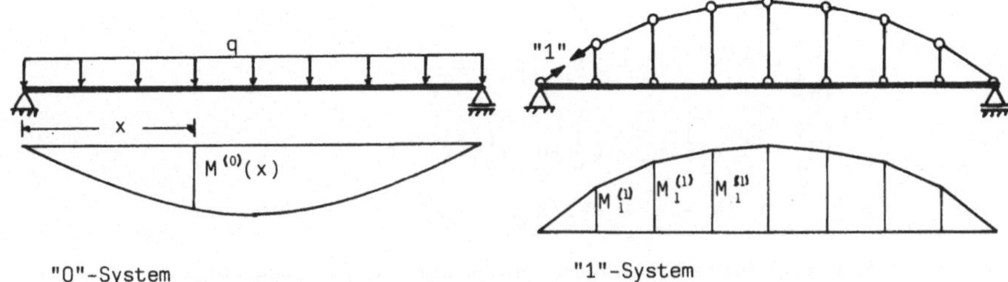

Abb.3.12: "0"- und "1"-System beim Langerschen Balken mit Momentenkurven

Der Langersche Balken ist einfach statisch unbestimmt. Wir zerlegen ihn in ein "0"- und "1"-System, indem wir den Bogenstab mit der Länge ℓ_1 herausnehmen und im "1"-System die Kräfte der Größe "1" (s.Abb.3.12) anbringen. Im "0"-System nehmen dann sämtliche Stabkräfte und die Längskraft im Balken den Wert Null an. Im "1"-System bezeichnen wir die Stabkräfte mit $S_i^{(1)}$ für die Bogenstäbe und $V_i^{(1)}$ für die Hängestäbe und die konstante Längskraft im Balken mit $F_n^{(1)}$. Beträgt für den Stab der Länge ℓ_1 die tatsächliche Stabkraft S_1, so wird für den Balken und das Hängewerk

$$(3.39) \qquad \begin{aligned} M(x) &= M^{(0)}(x) + S_1 M^{(1)}(x), \quad F_n = S_1 F_n^{(1)}, \\ S_i &= S_1 S_i^{(1)}, \quad V_i = S_1 V_i^{(1)}. \end{aligned}$$

Die Unbekannte S_1 ist so zu bestimmen, daß die gesamte Formänderungsarbeit

$$(3.40) \qquad W = \frac{1}{2EI} \int_0^\ell M^2(x)\,dx + \frac{1}{2EA_b} F_n^2 \ell + \frac{1}{2EA_s} \sum_{i=1}^{n} S_i^2 \ell_i + \frac{1}{2EA_h} \sum_{i=1}^{n-1} V_i^2 h_i = W(S_1)$$

ein Minimum wird. Mit

$$\frac{dM}{dS_1} = M^{(1)}(x), \quad \frac{dF_n}{dS_1} = F_n^{(1)}, \quad \frac{dS_i}{dS_1} = S_i^{(1)}, \quad \frac{dV_i}{dS_1} = V_i^{(1)}$$

erhalten wir aus der notwendigen Bedingung für ein Minimum

$$E \frac{dW}{dS_1} = \frac{1}{I} \int_0^\ell M(x) M^{(1)}(x)\,dx + \frac{S_1}{A_b} F_n^{(1)} F_n^{(1)} \ell + \frac{S_1}{A_s} \sum_{i=1}^{n} S_i^{(1)} S_i^{(1)} \ell_i +$$

$$+ \frac{S_1}{A_h} \sum_{i=1}^{n-1} V_i^{(1)} V_i^{(1)} h_i = 0$$

die gesuchte Gleichung zur Bestimmung von S_1. Aus Symmetriegründen reicht
es, das Integral und die Summen nur für eine Hälfte des Tragwerks zu berechnen. Wir führen die folgenden Abkürzungen ein:

$$Y_o = \int_o^{\ell/2} M^{(0)}(x) M^{(1)}(x) dx, \qquad Y_1 = \int_o^{\ell/2} M^{(1)}(x) M^{(1)}(x) dx,$$

$$Y_2 = F_n^{(1)} F_n^{(1)} \ell/2 \, ,$$

$$(3.41) \qquad Y_3 = \sum_{i=1}^{n_o} S_i^{(1)} S_i^{(1)} \ell_i - g\, S_{n_o}^{(1)} S_{n_o}^{(1)} \ell_{n_o} ,$$

$$Y_4 = \sum_{i=1}^{n_o} V_i^{(1)} V_i^{(1)} h_i - (\tfrac{1}{2}+g)\, V_{n_o}^{(1)} V_{n_o}^{(1)} h_{n_o} ,$$

$$Y = Y_1/I + Y_2/A_b + Y_3/A_s + Y_4/A_h \, .$$

g besitzt in diesen Darstellungen den durch (3.35) festgelegten Zahlen-
wert O oder 1/2. Mit den obigen Größen berechnen wir die unbekannte Stabkraft S_1 zu

$$(3.42) \qquad S_1 = \frac{Y_o}{I\,Y} \, .$$

Zur Berechnung der Y-Werte betrachten wir zunächst das "1"-System. Wir
schneiden einmal das gesamte Tragwerk etwas rechts vom linken Auflager frei und zum anderen den oberen Gelenkpunkt mit dem Hängestab der Nummer i. Aus der Abb.3.13a) folgt

$$F_n^{(1)} = -1 \cdot \cos \varphi_1 = -\frac{\Delta x}{\ell_1} \, .$$

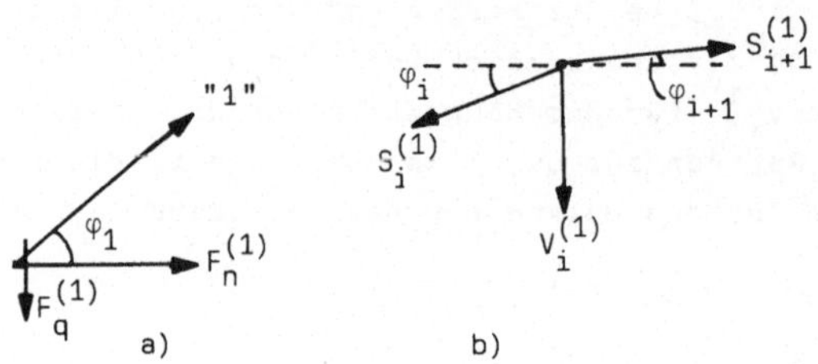

Abb.3.13: Kräfte im "1"-System

Diese Kraft ist die Horizontalkomponente aller $S_i^{(1)}$.

Aus Abb.3.13b) erhalten wir somit

$$S_i^{(1)} \cos \varphi_i = S_{i+1}^{(1)} \cos \varphi_{i+1} = -F_n^{(1)} \, ,$$

$$V_i^{(1)} + S_i^{(1)} \cos \varphi_i = S_{i+1}^{(1)} \cos \varphi_{i+1} \, .$$

Mit

$$\cos \varphi_i = \frac{\Delta x}{\ell_i} \quad \text{und} \quad \sin \varphi_i = \frac{h_i - h_{i-1}}{\ell_i}$$

folgt hieraus

$$S_i^{(1)} = -\frac{\ell_i}{\Delta x} F_n^{(1)} = \frac{\ell_i}{\ell_1} \, ,$$

$$V_i^{(1)} = -F_n^{(1)} \left(\frac{h_{i+1} - h_i}{\Delta x} - \frac{h_i - h_{i-1}}{\Delta x} \right) = \frac{h_{i+1} - 2h_i + h_{i-1}}{\ell_1} \, .$$

Mit den Werten aus (3.36) wird

$$h_{i+1}-2h_i+h_{i-1}=\frac{4h}{n^2-2g}\left[(i+1)(n-i-1)-2i(n-i)+(i-1)(n-i+1)\right]=-\frac{8h}{n^2-2g}$$

Insgesamt erhalten wir für die Kräfte im "1"-System

$$(3.43)\qquad F_n^{(1)}=-\frac{\Delta x}{\ell_1}\,,\qquad S_i^{(1)}=\frac{\ell_i}{\ell_1}\,,\qquad V_i^{(1)}=-\frac{8h}{(n^2-2g)\ell_1}=V_1\,.$$

Insbesondere sind also die Stabkräfte in den Vertikalstäben konstant. Mit den Stabkräften im "1"-System lassen sich die Summen Y_3 und Y_4 sehr einfach berechnen:

$$Y_3=\left[\sum_{i=1}^{n_o}\ell_i^{\,3}-g\ell_{n_o}^{\,3}\right]/\ell_1^{\,2}\,,$$

$$(3.44)$$

$$Y_4=V_1^{\,2}\left[\sum_{i=1}^{n_o}h_i-(\tfrac{1}{2}+g)h_{n_o}\right].$$

Zur Bestimmung von Y_1 integrieren wir zunächst über das Intervall der Länge Δx von x_{i-1} bis x_i:

$$Y_{1i}=\int_{x_{i-1}}^{x_i}M^{(1)}M^{(1)}dx=\int_0^{\Delta x}(M_{i-1}^{(1)}+M_i'\xi)^2 d\xi\quad\text{mit }M_i'=(M_i^{(1)}-M_{i-1}^{(1)})/\Delta x\,.$$

Die Durchführung dieser Integration liefert nach einer kleinen Rechnung

$$(3.45)\qquad Y_{1i}=\frac{\Delta x}{3}(M_{i-1}^{(1)}M_{i-1}^{(1)}+M_{i-1}^{(1)}M_i^{(1)}+M_i^{(1)}M_i^{(1)})\,.$$

Die Biegemomente $M_i^{(1)}$ im "1"-System lassen sich sehr einfach durch $F_n^{(1)}$ und h_i ausdrücken. Legen wir nämlich einen Schnitt durch den Balken und das Hängewerk etwas rechts vom Hängestab der Höhe h_i, so erhalten wir nach nebenstehender Abbildung

$$(3.46)\qquad M_i^{(1)}=S_{i+1}^{(1)}\cos\varphi_{i+1}h_i=-F_n^{(1)}h_i=\frac{\Delta x}{\ell_1}h_i\,.$$

Somit wird

$$Y_{1i}=\frac{\Delta x^3}{3\ell_1^{\,2}}(h_{i-1}^2+h_{i-1}h_i+h_i^2)\,.$$

Bei der Summierung dieser Größen über die halbe Länge des Balkens müssen wir wieder zwischen n gerade und n ungerade unterscheiden. Für n gerade summieren wir die obigen Terme von $i=1$ bis $i=n_o$ mit $h_o=0$. Ist n ungerade, so müssen wir die Hälfte des letzten Terms wieder subtrahieren. Mit $h_{n_o}=h_{n_o-1}$ erhalten wir schließlich

$$(3.47)\qquad Y_1=\frac{\Delta x^3}{3\ell_1^{\,3}}\left[\sum_{i=1}^{n_o}(h_{i-1}^2+h_{i-1}h_i+h_i^2)-3g\,h_{n_o}^2\right].$$

Es bleibt jetzt nur noch die Bestimmung von Y_o. Mit

$$M^{(o)}(x) = \frac{q}{2}(\ell x - x^2) \quad \text{und} \quad M^{(1)}(x) = M^{(1)}_{i-1} + M'_i(x - x_{i-1}) \quad \text{für} \quad x_{i-1} \leq x \leq x_i$$

berechnen wir zunächst

$$Y_{oi} = \int_{x_{i-1}}^{x_i} (\ell x - x^2)(M^{(1)}_{i-1} + M'_i(x - x_{i-1})) dx \; .$$

Die Bestimmung dieses Integrals ist nicht schwierig, aber etwas langwierig:

$$Y_{oi} = \int_{x_{i-1}}^{x_i} [\, M^{(1)}_{i-1}(\ell x - x^2) + M'_i(-\ell x_{i-1} x + (\ell + x_{i-1})x^2 - x^3)\,] dx \; ,$$

$$Y_{oi} = M^{(1)}_{i-1}\Big[\frac{\ell}{2}(x_i^2 - x_{i-1}^2) - \frac{1}{3}(x_i^3 - x_{i-1}^3)\Big] + M'_i\Big[-\frac{\ell}{2}x_{i-1}(x_i^2 - x_{i-1}^2) +$$

$$\frac{1}{3}(\ell + x_{i-1})(x_i^3 - x_{i-1}^3) + \frac{1}{4}(x_i^4 - x_{i-1}^4)\Big] \; .$$

Setzen wir $x_i = i\,\Delta x$ und $\ell = n\,\Delta x$, so wird

$$Y_{oi} = M^{(1)}_{i-1}\Delta x^3\Big[\frac{n}{2}(i^2 - (i-1)^2) - \frac{1}{3}(i^3 - (i-1)^3)\Big] + M'_i\Delta x^4\Big[-\frac{n}{2}(i-1)(i^2 -$$

$$(i-1)^2) + \frac{1}{3}(n+i-1)(i^3 - (i-1)^3) + \frac{1}{4}(i^4 - (i-1)^4)\Big] \; .$$

Nach einer kleinen algebraischen Rechnung erhalten wir mit

$$M^{(1)}_{i-1} = \frac{\Delta x}{\ell_1} h_{i-1} \quad \text{und} \quad M'_i\Delta x = M^{(1)}_i - M^{(1)}_{i-1} = \frac{\Delta x}{\ell_1}(h_i - h_{i-1}) \quad \text{nach (3.46)}$$

$$(3.48) \qquad Y_{oi} = \frac{\Delta x^4}{6\ell_1}\Big[(3(n-i)(2i-1) + 3i - 2)h_{i-1} + ((n-i)(3i-1) + i - \tfrac{1}{2})(h_i - h_{i-1})\Big] \; .$$

Diese Terme sind mit $\frac{q}{2}$ zu multiplizieren und zu summieren über i. Ist n gerade, so wird von i=1 bis $i = n_o$ summiert. Für n ungerade haben wir von dieser Summe $\frac{q}{4}Y_{o,n_o} = \frac{q}{2}g\,Y_{o,n_o}$ zu subtrahieren. Insgesamt wird also mit $h_{n_o} = h_{n_o-1}$

$$(3.49) \qquad Y_o = \frac{q\Delta x^4}{12\ell_1}\Big[\sum_{i=1}^{n_o}[(3(n-i)(2i-1) + 3i - 2)h_{i-1} + ((n-i)(3i-1) + i - \tfrac{1}{2})(h_i - h_{i-1})]$$

$$-g(3(n-n_o)(2n_o-1) + 3n_o - 2)h_{n_o}\Big] \; .$$

Der Algorithmus zur Berechnung aller in (3.41) eingeführten Y-Werte ist damit abgeschlossen. Mit S_1 nach (3.42) können alle Stabkräfte und die Längskraft berechnet werden. Mit

$$(3.50) \qquad F_{qo} = \frac{q}{2} - \frac{n-1}{2}V \; , \quad M_o = 0$$

lassen sich in jedem Teilpunkt i die Querkraft und das Biegemoment nach

$$(3.51) \qquad F_{qi} = F_{q,i-1} - q\,\Delta x + V, \quad M_i = M_{i-1} + F_{q,i-1}\Delta x - \frac{q}{2}\Delta x^2$$

berechnen. Für die maximalen Feldmomente (sofern sie vorhanden sind) muß

$$F_q = F_{q,i-1} - q\, t = 0$$

werden:

$$(3.52) \qquad t = F_{q,i-1}/q \,, \qquad M_F = M_{i-1} + F_{q,i-1}^2/(2q) \,.$$

Die t-Werte sind noch auf $0 < t < \Delta x$ zu überprüfen (bei sinnvoller Dimensionierung der Stäbe und des Balkens wird diese Bedingung stets erfüllt sein).

Programm "LB": Langerscher Balken

```
 10:"LB":REM  LANG
    ERSCHER BALKEN
 20:INPUT "LAENGE
    DES BALKENS: "
    ;L
 25:LPRINT "L=";L
 30:INPUT "HOEHE D
    ER PARABEL: ";
    H
 35:LPRINT "H=";H
 40:INPUT "ANZAHL
    DER UNTERTEILU
    NGEN: ";N
 45:LPRINT "N=";N
 50:DX=L/N
 60:G=N/2-INT (N/2
    )
 70:NO=N/2+G
 80:DIM L(NO),H(NO
    )
 90:INPUT "BELASTU
    NG Q= ";Q
 95:LPRINT "Q=";Q
100:INPUT "FLAECHE
    BOGENSTAEBE:
    ";AS
105:LPRINT "AS=";A
    S
110:INPUT "FLAECHE
    HAENGESTAEBE:
    ";AH
115:LPRINT "AH=";A
    H
120:INPUT "FLAECHE
    BALKEN: ";AB
125:LPRINT "AB=";A
    B
130:INPUT "TRAEGHE
    ITSMOM. BALKEN
    ";IT
135:LPRINT "I=";IT
136:LPRINT
140:IF UM=1THEN 32
    0
145:LPRINT "GEOMET
    RIE:"
150:FOR I=1TO NO
160:H(I)=4*H*I*(N-
    I)/(N*N-2*G)
170:L(I)=SQR (DX^2
    +(H(I)-H(I-1))
    ^2)
180:LPRINT "L";I;"
    =";L(I)
190:LPRINT "H";I;"
    =";H(I)
200:YO=YO+(3*(N-I)
    *(2*I-1)+3*I-2
    )*H(I-1)+((N-I
    )*(3*I-1)+I-.5
    )*(H(I)-H(I-1)
    )
210:Y1=Y1+H(I-1)^2
    +H(I-1)*H(I)+H
    (I)^2
220:Y3=Y3+L(I)^3
230:Y4=Y4+H(I)
240:NEXT I
245:LPRINT
250:V1=-8*H/L(1)/(
    N*N-2*G)
260:FN=-DX/L(1)
270:YO=Q*DX^4/12/L
    (1)*(YO-G*(3*(
    N-NO)*(2*NO-1)
    +3*NO-2)*H(NO)
    )
280:Y1=DX^3/3/L(1)
    ^2*(Y1-3*G*H(N
    O)^2)
290:Y2=FN*FN*L/2
300:Y3=(Y3-G*L(NO)
    ^3)/L(1)^2
310:Y4=V1*V1*(Y4-(
    .5+G)*H(NO))
320:Y=Y1/IT+Y2/AB+
    Y3/AS+Y4/AH
330:S1=-YO/IT/Y
335:LPRINT "STABKR
    AEFTE:"
340:FOR I=1TO NO
350:LPRINT "S";I;"
    =";S1*L(I)/L(1
    )
360:NEXT I
370:V=S1*V1
380:LPRINT "V=";V
384:LPRINT
385:LPRINT "SCHNIT
    TGROESSEN:"
390:LPRINT "FN=";S
    1*FN
400:FQ=Q*L/2-(N-1)
    /2*V
410:I=0:X=0:M=0
420:GOSUB "AUSG"
430:FOR I=1TO NO
440:T=FQ/Q
450:IF T<0OR T>DX
    THEN 480
460:LPRINT "X=";X+
    T
470:LPRINT "M=";M+
    FQ*FQ/2/Q
480:X=X+DX
490:M=M+FQ*DX-Q/2*
    DX*DX
500:FQ=FQ-Q*DX+V
510:GOSUB "AUSG"
520:NEXT I
530:INPUT "NEUE FL
    AECHENWERTE: J
    /N? ";NF$
531:IF NF$<>"J"AND
    NF$<>"N"THEN 5
    30
540:IF NF$="J"THEN
    LET UM=1:GOTO
    100
550:END
560:"AUSG":LPRINT
570:LPRINT "X=";X
580:IF I=0THEN 600
590:LPRINT "FQL=";
    FQ-V
600:LPRINT "FQR=";
    FQ
610:LPRINT "M=";M
615:LPRINT
620:RETURN
```

Im Programm "LB" werden alle erforderlichen Eingabedaten ℓ, h, n, q, A_s, A_h, A_b und I über eine INPUT-Anweisung eingegeben.

Beispiel 3.6: Für einen Langerschen Balken sind gegeben:

$$\ell=42\ m,\quad h=8\ m,\quad q=40\ kN/cm^2,\quad A_s=A_h=150\ cm^2,\quad A_b=200\ cm^2,\quad I=50\ 000\ cm^4.$$

Es sind für n= 6, 7, 8 Unterteilungen die Stabkräfte und Schnittgrößen zu
ermitteln.

```
L= 42
H= 8
N= 6                    n = 7                          n = 8
Q= 40
AS= 0.015
AH= 0.015               STABKRAEFTE:                   STABKRAEFTE:
AB= 0.02                S 1=-1317.675821               S 1=-1339.661734
I= 0.0005               S 2=-1199.77971                S 2=-1234.593735
                        S 3=-1123.117279               S 3=-1159.270076
                        S 4=-1096.372555               S 4=-1119.709703
GEOMETRIE:              V= 243.6383455                 V= 212.317322
L 1= 8.291748092
H 1= 4.444444444        SCHNITTGROESSEN:               SCHNITTGROESSEN:
L 2= 7.490735018        FN= 1096.372555                FN= 1114.66594
H 2= 7.111111111
L 3= 7.056211693        X= 0                           X= 0
H 3= 8                  FQR= 109.0849635               FQR= 96.889373
                        M= 0                           M= 0
STABKRAEFTE:
S 1=-1333.881987        X= 2.727124088                 X= 2.422234325
S 2=-1205.024127        M= 148.7441158                 M= 117.3443825
S 3=-1135.122964
V= 285.9886394          X= 6                           X= 5.25
                        FQL=-130.9150365               FQL=-113.110627
SCHNITTGROESSEN:        FQR= 112.723309                FQR= 99.206695
FN= 1126.080267         M=-65.490219                   M=-42.58079175

X= 0                    X= 8.818082725                 X= 7.730167375
FQR= 125.0284015        M= 93.3415859                  M= 80.44381241
M= 0
                        X= 12                          X= 10.5
X= 3.125710038          FQL=-127.276691                FQL=-110.793305
M= 195.4012648          FQR= 116.3616545               FQR= 101.524017
                        M=-109.150365                  M=-72.995643
X= 7
FQL=-154.9715985        X= 14.90904136                 X= 13.03810043
FQR= 131.0170409        M= 60.10006797                 M= 55.84343235
M=-104.8011895
                        X= 18                          X= 15.75
X= 10.27542602          FQL=-123.6383455               FQL=-108.475983
M= 109.7671231          FQR= 120                       FQR= 103.841339
                        M=-130.980438                  M=-91.24455375
X= 14
FQL=-148.9829591        X= 21                          X= 18.34603348
FQR= 137.0056803        M= 49.019562                   M= 43.54324232
M=-167.6819032
                        X= 24                          X= 21
X= 17.42514201         FQL=-120                        FQL=-106.158661
M= 66.95005223          FQR= 123.6383455               FQR= 106.158661
                        M=-130.980438                  M=-97.327524
X= 21
FQL=-142.9943197
FQR= 142.9943197
M=-188.6421411
```

Aus den Ergebnissen erkennen wir, daß das maximale Biegemoment in
allen drei Fällen im ersten Feld angenommen wird.

3.5 Einfache offene Rahmen

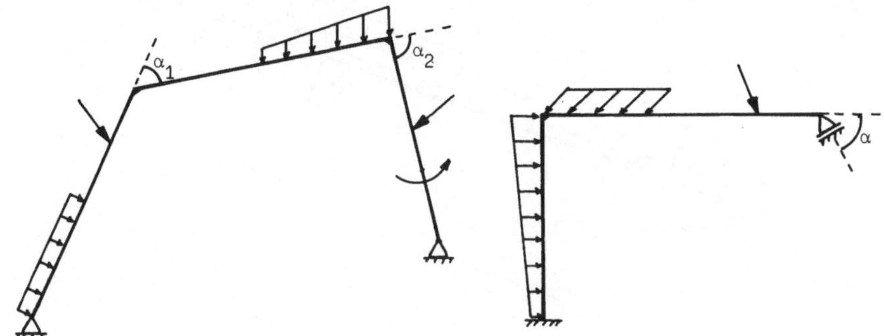

Abb.3.14: Einfache offene Rahmen

Für einfache offene Rahmen, wie sie z.B. durch Abb.3.14 dargestellt werden, sollen die Schnitt- und Verformungsgrößen ermittelt werden. Für die
Berechnung treffen wir die folgenden Voraussetzungen:

(1) Die Berechnungen werden nach der Theorie I.Ordnung durchgeführt,
    Gleichgewichtsbedingungen werden also am unverformten System aufge-
    stellt. Die Verformungen der Stäbe aufgrund der Längskräfte werden
    vernachlässigt, d.h. wir setzen $EA=\infty$.

(2) Der Rahmen kann links fest eingespannt oder gelenkig gelagert sein.
    Rechts ist eine feste Einspannung, ein festes Gelenklager oder ein
    Rollenlager zulässig. Die Normale des Rollenlagers bildet mit der
    letzten Stabrichtung einen Winkel α.

(3) Der Rahmen besteht aus n geraden Stäben, die eine verschiedene Biege-
    steifigkeit $EI_j=k_j EI_o$ (j=1, 2, ..., n) besitzen dürfen. Der Stab mit
    der Nummer j+1 besitzt gegenüber dem Stab j eine Richtungsänderung,
    die durch den rechtsdrehend positiv zählenden Winkel α_j (j=1, 2,....,
    n-1) beschrieben wird.

(4) Jeder Stab besteht aus n_j Balkenelementen, die durch eine Trapezlast
    in Richtung des Stabes und senkrecht zum Stab, eine Einzellast F_j
    unter einem Winkel β_j zur Stabrichtung und ein Moment M_{aj} belastet
    sein dürfen (s.Abb.3.15). Die Gesamtzahl der Balkenelemente beträgt
$$n_g = \sum_{j=1}^{n} n_j \ .$$

(5) Die x-Koordinate wird fortlaufend vom linken bis zum rechten Auflager
    in die Richtung des jeweiligen Stabes gelegt. Die Verschiebung eines
    Punktes des Rahmens wird in x-Richtung mit u und senkrecht dazu (in
    z-Richtung) mit w bezeichnet. Da wir die Verformungen in x-Richtung
    vernachlässigen ($EA=\infty$), ändern sich die Verschiebungen u eines Stabes

nur beim Übergang vom Stab j zum Stab j+1.

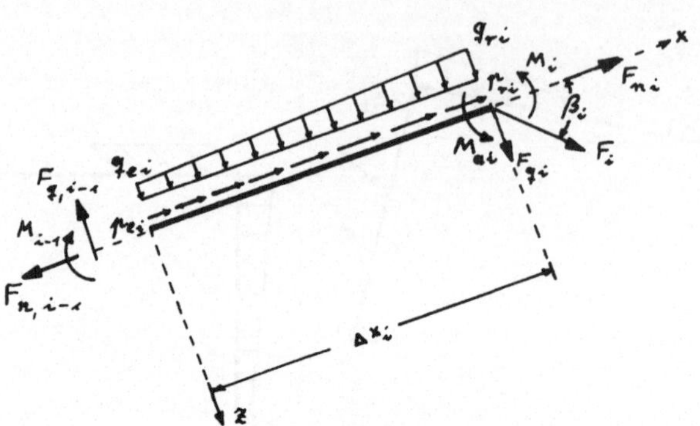

<u>Abb.3.15</u>: Balkenelement beim offenen Rahmen

Für ein Balkenelement der Länge t berechnen wir die Schnitt- und Verformungsgrößen ähnlich wie früher beim geraden Balken (Abschn. 2.1) nach den
Gleichungen

$$F_n(t) = F_{n,i-1} - (p_{1i} + p_i' t/2)t \qquad \text{mit } p_i' = (p_{ri} - p_{1i})/\Delta x_i \ ,$$

$$F_q(t) = F_{q,i-1} - (q_{1i} + q_i' t/2)t \qquad " \quad q_i' = (q_{ri} - q_{1i})/\Delta x_i \ ,$$

$$M(t) = M_{i-1} + (F_{q,i-1} - (q_{1i} + q_i' t/3)t/2)t \ ,$$

(3.53)

$$\bar{\varphi}(t) = \bar{\varphi}_{i-1} - (M_{i-1} + (F_{q,i-1} - (q_{1i} + q_i' t/4)t/3)t/2)t/k_i$$

$$\bar{w}(t) = \bar{w}_{i-1} + (\bar{\varphi}_{i-1} - (M_{i-1} + (F_{q,i-1} - (q_{1i} + q_i' t/5)t/4)t/3)t/2)/k_i)t \ ,$$

$$\bar{u}(t) = \bar{u}_{i-1} \ .$$

Für eine Verformungsgröße $\cdot$ haben wir wie früher $\bar{\cdot} = EI_o \cdot$ gesetzt. Am Ende
eines Balkenelements der Länge Δx_i sind in (3.53) die Einzelkraft F_i und
das Belastungsmoment M_{ai} zu berücksichtigen:

$$(3.54) \qquad F_{ni} = F_n(\Delta x_i) - F_i \cos \beta_i \ , \quad F_{qi} = F_q(\Delta x_i) - F_i \sin \beta_i \ , \quad M_i = M_{i-1} - M_{ai} \cdot$$

Mit den Gleichungen (3.53) und (3.54) könnten wir für einen Stab des Rahmens alle Zustandsgrößen am Ende des Stabes berechnen, wenn diese Größen
am Anfang des Stabes bekannt wären. Dieses ist aber nicht der Fall, denn
am Auflager des ersten Stabes sind von den sechs Zustandsgrößen immer
nur drei bekannt. Die Anfangsrandbedingung liefert

$$(3.55) \qquad \bar{u}_o = \bar{w}_o = 0 \quad \text{und} \quad \begin{cases} M_o = 0 & \text{für gelenkige Lagerung,} \\ \bar{\varphi}_o = 0 & \text{für feste Einspannung.} \end{cases}$$

Bevor wir auf die Endrandbedingung eingehen, wollen wir zunächst die
Übergangsbedingung an einer Ecke untersuchen. Aus der Abb.3.16 lesen wir

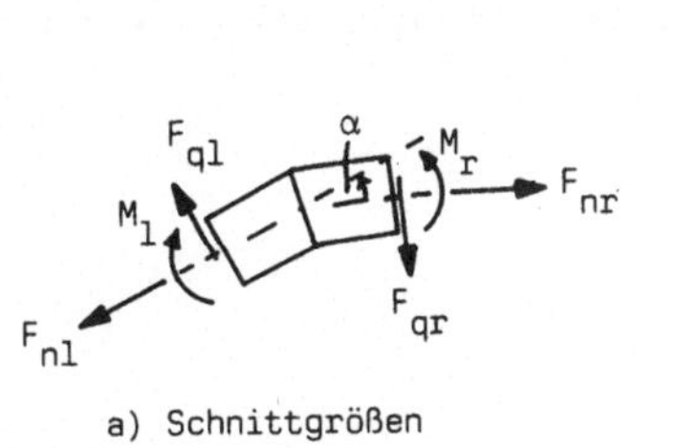
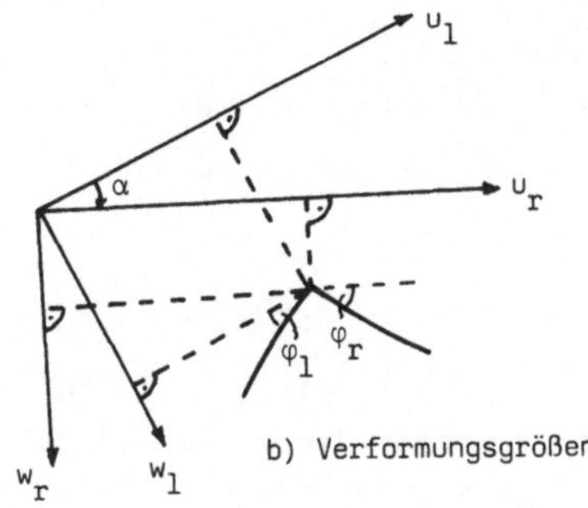

<u>Abb.3.16</u>: Übergangsbedingungen der Schnittgrößen und Verformungen an einer Ecke

für die Schnittgrößen ab (wobei l für links und r für rechts steht):

$$F_{nr}=F_{nl}\cos\alpha+F_{ql}\sin\alpha\,,$$

(3.56) $$F_{qr}=F_{ql}\cos\alpha-F_{nl}\sin\alpha\,,$$

$$M_r=M_l\,.$$

Aus der Darstellung 3.16b) folgt (Drehung eines Koordinatensystems) für
die Verformungsgrößen:

(3.57) $$u_r=u_l\cos\alpha+w_l\sin\alpha\,,\quad w_r=w_l\cos\alpha-u_l\sin\alpha\,,\quad \varphi_r=\varphi_l\,.$$

Die letzte Beziehung folgt aus der Bedingung, daß die Tangenten des ver-
formten Systems denselben Winkel einschließen wie die Stäbe des unverformten Systems.
Mit den Gleichungen (3.53) bis (3.57) sind wir in der Lage, die Zustandsgrößen am rechten Lager durch die Anfangszustandsgrößen am rechten Lager
auszudrücken. Allgemein erhalten wir

$$F_{n,ng}=v_{o1}F_{no}+v_{o2}F_{qo}+v_{o3}M_o+v_{o4}\bar{\varphi}_o+v_{o5}\bar{w}_o+v_{o6}\bar{u}_o+v_{oo}\,,$$

$$F_{q,ng}=v_{11}F_{no}+v_{12}F_{qo}+v_{13}M_o+v_{14}\bar{\varphi}_o+v_{15}\bar{w}_o+v_{16}\bar{u}_o+v_{1o}\,,$$

$$M_{ng}=v_{21}F_{no}+v_{22}F_{qo}+v_{23}M_o+v_{24}\bar{\varphi}_o+v_{25}\bar{w}_o+v_{26}\bar{u}_o+v_{2o}\,,$$

(3.58) $$\bar{\varphi}_{ng}=v_{31}F_{no}+v_{32}F_{qo}+v_{33}M_o+v_{34}\bar{\varphi}_o+v_{35}\bar{w}_o+v_{36}\bar{u}_o+v_{3o}\,,$$

$$\bar{w}_{ng}=v_{41}F_{no}+v_{42}F_{qo}+v_{43}M_o+v_{44}\bar{\varphi}_o+v_{45}\bar{w}_o+v_{46}\bar{u}_o+v_{4o}\,,$$

$$\bar{u}_{ng}=v_{51}F_{no}+v_{52}F_{qo}+v_{53}M_o+v_{54}\bar{\varphi}_o+v_{55}\bar{w}_o+v_{56}\bar{u}_o+v_{5o}\,,$$

wobei noch einige der v_{rs} den Wert Null annehmen. Wir wollen dieses und
auch sonst die Struktur der Matrix $\underline{V}=(v_{rs})$ nicht weiter untersuchen, da
dieses für den weiteren Rechengang mit einem programmierbaren Rechner
keine Vorteile bietet. Es zeigt sich aber weiter unten aufgrund unserer
Lagerbedingung, daß wir die v_{r5} und v_{r6} nicht benötigen. Diese Werte werden wir daher auch nicht berechnen.

Die übrigen v_{rs} (r=0, 1, ..., 5; s=0, 1, 2, 3, 4) bestimmen wir nach dem Algorithmus (3.53) bis (3.57), indem wir für den Anfangszustandsvektor spezielle Werte einsetzen. Mit

$$F_{no}=F_{qo}=M_o=\bar{\varphi}_o=\bar{w}_o=\bar{u}_o=0$$

erhalten wir die v_{ro}, mit

$$F_{no}=1, \quad F_{qo}=M_o=\bar{\varphi}_o=\bar{w}_o=\bar{u}_o=0 \quad \text{die } v_{r1}, \text{ mit}$$

$$F_{no}=0, \quad F_{qo}=1, \quad M_o=\bar{\varphi}_o=\bar{w}_o=\bar{u}_o=0 \text{ die } v_{r2} \text{ usw.}$$

Wir können somit die v_{rs} in (3.58) als bekannt voraussetzen. Die Anfangs-
werte F_{no}, F_{qo}, M_o bzw. $\bar{\varphi}_o$ (die $\bar{w}_o$ und $\bar{u}_o$ sind nach (3.55) stets Null)
sind nun so zu wählen, daß die Endrandbedingung erfüllt wird. Aufgrund
der Lagerung am Ende des Rahmens erhalten wir

$$(3.59) \quad \bar{w}_{ng}=\bar{u}_{ng}=0, \quad \begin{cases} M_{ng}=0 & \text{für gelenkige Lagerung,} \\ \bar{\varphi}_{ng}=0 & \text{für feste Einspannung.} \end{cases}$$

Für ein Rollenlager ist $M_{ng}=0$, und die
Resultierende aus $F_{n,ng}$ und $F_{q,ng}$ muß
in die Normalenrichtung des Auflagers
fallen. Weiterhin darf keine Verschiebung in Richtung der Normalen auftreten.
Aus Abb.3.17 lesen wir für ein Rollenlager die Endrandbedingungen ab:

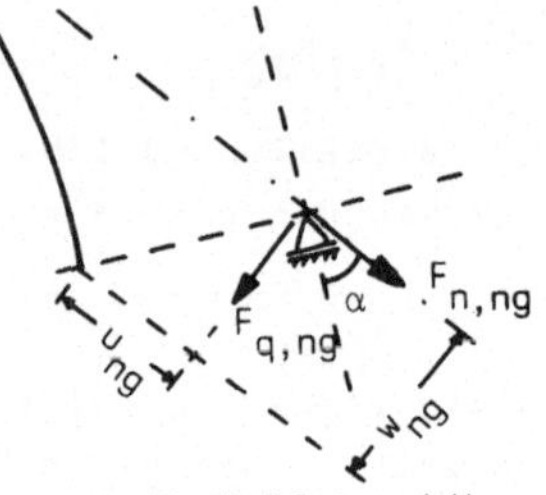

Abb.3.17: Kräfte und Ver-
formungen am Rollenlager

$$(3.60) \quad \begin{aligned} M_{ng}&=0\,, \\ F_{n,ng}\sin\alpha - F_{q,ng}\cos\alpha &=0\,, \\ w_{ng}\sin\alpha + u_{ng}\cos\alpha &=0\,. \end{aligned}$$

Setzen wir die zutreffende ARB und ERB in (3.58) ein, so erhalten wir
ein Gleichungssystem für die drei Unbekannten F_{no}, F_{qo} und M_o bzw. $\bar{\varphi}_o$.
Bezeichnen wir diese drei Unbekannten mit y_1, y_2 und y_3, so können wir
das Gleichungssystem in der Form

$$(3.61) \quad \begin{aligned} a_{01}y_1 + a_{02}y_2 + a_{03}y_3 + a_{00} &= 0\,, \\ a_{11}y_1 + a_{12}y_2 + a_{13}y_3 + a_{10} &= 0\,, \\ a_{21}y_1 + a_{22}y_2 + a_{23}y_3 + a_{20} &= 0 \end{aligned}$$

schreiben. Die Koeffizienten $a_{..}$ ergeben sich aufgrund der Randbedingungen aus den zuvor ermittelten Koeffizienten v_{rs} nach der folgenden Tabelle, die der Leser selbst mit (3.55), (3.59) und (3.60) verfolgen möge.

ARB	ERB	Koeffizienten des Gleichungssystems (3.61)
fest eingespannt	gelenkig gelagert	$a_{o1}=v_{21}$, $a_{o2}=v_{22}$, $a_{o3}=v_{23}$, $a_{oo}=v_{2o}$ $a_{11}=v_{41}$, $a_{12}=v_{42}$, $a_{13}=v_{43}$, $a_{1o}=v_{4o}$ $a_{21}=v_{51}$, $a_{22}=v_{52}$, $a_{23}=v_{53}$, $a_{2o}=v_{5o}$
	fest eingespannt	$a_{o1}=v_{31}$, $a_{o2}=v_{32}$, $a_{o3}=v_{33}$, $a_{oo}=v_{3o}$ $a_{11}=v_{41}$, $a_{12}=v_{42}$, $a_{13}=v_{43}$, $a_{1o}=v_{4o}$ $a_{21}=v_{51}$, $a_{22}=v_{52}$, $a_{23}=v_{53}$, $a_{2o}=v_{5o}$
	Rollenlager	$a_{o1}=v_{21}$, $a_{o2}=v_{22}$, $a_{o3}=v_{23}$, $a_{oo}=v_{2o}$ $a_{11}=v_{o1}\sin\alpha-v_{11}\cos\alpha$, $a_{12}=v_{o2}\sin\alpha-v_{12}\cos\alpha$ $a_{13}=v_{o3}\sin\alpha-v_{13}\cos\alpha$, $a_{1o}=v_{oo}\sin\alpha-v_{1o}\cos\alpha$ $a_{21}=v_{41}\sin\alpha+v_{51}\cos\alpha$, $a_{22}=v_{42}\sin\alpha+v_{52}\cos\alpha$ $a_{23}=v_{43}\sin\alpha+v_{53}\cos\alpha$, $a_{2o}=v_{4o}\sin\alpha+v_{5o}\cos\alpha$
gelenkig gelagert	gelenkig gelagert	$a_{o1}=v_{21}$, $a_{o2}=v_{22}$, $a_{o3}=v_{24}$, $a_{oo}=v_{2o}$ $a_{11}=v_{41}$, $a_{12}=v_{42}$, $a_{13}=v_{44}$, $a_{1o}=v_{4o}$ $a_{21}=v_{51}$, $a_{22}=v_{52}$, $a_{23}=v_{54}$, $a_{2o}=v_{5o}$
	fest eingespannt	$a_{o1}=v_{31}$, $a_{o2}=v_{32}$, $a_{o3}=v_{34}$, $a_{oo}=v_{3o}$ $a_{11}=v_{41}$, $a_{12}=v_{42}$, $a_{13}=v_{44}$, $a_{1o}=v_{4o}$ $a_{12}=v_{51}$, $a_{22}=v_{52}$, $a_{23}=v_{54}$, $a_{2o}=v_{5o}$
	Rollenlager	$a_{o1}=v_{21}$, $a_{o2}=v_{22}$, $a_{o3}=v_{24}$, $a_{oo}=v_{3o}$ $a_{11}=v_{o1}\sin\alpha-v_{11}\cos\alpha$, $a_{12}=v_{o2}\sin\alpha-v_{12}\cos\alpha$ $a_{13}=v_{o4}\sin\alpha-v_{14}\cos\alpha$, $a_{1o}=v_{oo}\sin\alpha-v_{1o}\cos\alpha$ $a_{21}=v_{41}\sin\alpha+v_{51}\cos\alpha$, $a_{22}=v_{42}\sin\alpha+v_{52}\cos\alpha$ $a_{23}=v_{44}\sin\alpha+v_{54}\cos\alpha$, $a_{2o}=v_{4o}\sin\alpha+v_{5o}\cos\alpha$

Die Bestimmung der Koeffizienten $a_{..}$ aus den v_{rs} ist keineswegs so kompliziert und aufwendig, wie es auf den ersten Blick nach dieser Zusammenstellung erscheint. Es treten viele gleiche Blöcke auf (so z.B. die in der Tabelle umrahmten), so daß die Programmierung, die ja ohnehin nur ein einziges Mal durchgeführt zu werden braucht, nicht sehr mühsam ist. Im Programm "OR" erscheinen diese Wiederholungen in den Zeilen 620 bis 910.

Im nächsten Schritt wird die Lösung (y) des Gleichungssystems (3.61) ermittelt. Mit den Determinanten

$$(3.62) \quad D = a_{01}a_{12} - a_{02}a_{11}, \quad D_1 = a_{03}a_{12} - a_{02}a_{13}, \quad D_2 = a_{00}a_{12} - a_{02}a_{10},$$
$$D_3 = a_{01}a_{13} - a_{03}a_{11}, \quad D_4 = a_{01}a_{10} - a_{00}a_{11}$$

erhalten wir aus den ersten beiden Gleichungen (3.61)

$$Dy_1 = -D_1 y_3 - D_2 \quad \text{und} \quad Dy_2 = -D_3 y_3 - D_4 \, .$$

Einsetzen dieser Terme in die letzte Gleichung (3.61) liefert (für $D \neq 0$)
die Lösung

$$(3.63) \quad y_3 = (a_{21}D_2 + a_{22}D_4 - a_{20}D)/(a_{23}D - a_{21}D_1 - a_{22}D_3) \, ,$$
$$y_1 = -(D_1 y_3 + D_2)/D \, , \quad y_2 = -(D_3 y_3 + D_4)/D \, .$$

Hiermit werden die Freigrößen des Zustandsvektors am Anfang des Rahmens

$$(3.64) \quad F_{no} = y_1, \quad F_{qo} = y_2, \quad \begin{cases} \bar{\varphi}_o = y_3 & \text{für gelenkige Lagerung,} \\ M_o = y_3 & \text{für feste Einspannung.} \end{cases}$$

Mit den bekannten Zustandsgrößen am Anfang des Rahmens können nach (3.53),
(3.54), (3.56) und (3.57) alle weiteren Zustandsgrößen berechnet werden.
Wir führen diese Berechnung für die Schnittgrößen an den Stellen x_i aus
und ermitteln weiterhin $M_{max} = \text{Max}|M|$. Die Verformungsgrößen bestimmen
wir für äquidistante x-Werte oder einen einzelnen x-Wert. Diese Berechnung wurde ausführlich in Abschn. 2.2 beschrieben und braucht hier nicht
wiederholt zu werden.

Hinweise zum Programm "OR":

(1) Mit dem Programm "OR" werden Schnitt- und Verformungsgrößen für einen
    einfachen offenen Rahmen aus n Stäben berechnet. Der Stab j+1 ist ge-
    genüber dem Stab j um einen Winkel α_j (rechtsdrehend positiv) ge-
    knickt. Die Flächenträgheitsmomente EI_j eines Stabes sind konstant
    und werden auf EI_o bezogen dargestellt: $EI_j = k_j EI_o$. Jeder Stab besteht
    aus n_j Balkenelementen, die nach Abb.3.15 belastet werden können.
(2) Über eine DATA-Anweisung werden eingegeben:

$$n, n_1, \ \alpha_1, n_2, \alpha_2, \ \ldots, n_{n-1}, \alpha_{n-1}, n_n$$
$$\Delta x_1, P_{11}, P_{r1}, q_{11}, q_{r1}, F_1, \beta_1, M_{a1}, \Delta x_2, P_{12}, \ \ldots, F_{n_g}, \beta_{n_g}, M_{an_g}$$

(3) Die Lagerungsbedingungen, EI_o und k_j werden über eine INPUT-Anwei-
    sung abgefragt.
(4) Ausgegeben werden:

$$x_i, F_{ni}, F_{qi}, M_i \quad (i=0, 1, 2, \ldots, n_g) \quad \text{und} \quad M_{max}, x_m$$

Die Berechnung und Ausgabe der Schnittgrößen kann für neue Querschnittswerte beliebig oft wiederholt werden.
(5) Verformungen werden nach Abfrage für äquidistante x-Werte bzw. für

Programm "OR": Einfacher offener Rahmen

```
10:"OR":REM  EINF
   ACHER OFFENER
   RAHMEN
15:DEGREE
20:READ N
25:LPRINT "N=";N
30:DIM N(N),U(N),
   AL(N),V(5,4),K
   (N),A(2,3)
40:FOR J=1TO N
50:READ N(J)
55:LPRINT "N";J;"
   =";N(J)
60:N(J)=N(J-1)+N(
   J)
70:IF J=NTHEN 90
80:READ AL(J)
85:LPRINT "ALPHA"
   ;J;"=";AL(J)
90:NEXT J
95:LPRINT
100:NG=N(N)
110:DIM DX(NG),X(N
   G),PL(NG),QL(N
   G),F(NG),BE(NG
   ),P1(NG),Q1(NG
   ),FN(NG)
120:DIM FQ(NG),M(N
   G),P(NG),W(NG)
   ,MA(NG)
130:FOR I=1TO NG
140:READ DX(I),PL(
   I),PR,QL(I),QR
   ,F(I),BE(I),MA
   (I)
142:LPRINT "DX=";D
   X(I)
143:LPRINT "PL=";P
   L(I)
144:LPRINT "PR=";P
   R
145:LPRINT "QL=";Q
   L(I)
146:LPRINT "QR=";Q
   R
147:LPRINT "F= ";F
   (I)
148:LPRINT "BE=";B
   E(I)
149:LPRINT "MA=";M
   A(I)
150:X(I)=X(I-1)+DX
   (I)
160:P1(I)=(PR-PL(I
   ))/DX(I)
170:Q1(I)=(QR-QL(I
   ))/DX(I)
175:LPRINT
180:NEXT I
190:INPUT "LINKS E
   INGESPANNT: J/
   N? ";LE$
191:IF LE$<>"J"AND
   LE$<>"N"THEN 1
   90

193:IF LE$="J"THEN
   196
194:LPRINT "LINKS
   GELENKLAGER"
195:GOTO 200
196:LPRINT "LINKS
   EINGESPANNT"
200:INPUT "RECHTS
   EINGESPANNT: J
   /N? ";RE$
201:IF RE$<>"J"AND
   RE$<>"N"THEN 2
   00
210:IF RE$<>"J"
   THEN 220
212:LPRINT "RECHTS
   EINGESPANNT"
213:GOTO 250
220:INPUT "RECHTS
   ROLLENLAGER: J
   /N? ";RR$
221:IF RR$<>"J"AND
   RR$<>"N"THEN 2
   20
230:IF RR$="J"THEN
   239
235:LPRINT "RECHTS
   GELENKLAGER"
236:RG$="J":GOTO 2
   50
239:LPRINT "RECHTS
   ROLLENLAGER"
240:INPUT "NORMALE
   NRICHTUNG: ";A
   L
245:LPRINT "ALPHA=
   ";AL
250:INPUT "BIEGEST
   EIFIGKEIT E*IO
   =";B
255:LPRINT "E*IO="
   ;B
260:INPUT "KONST.Q
   UERSCHNITT: J/
   N? ";Q$
261:IF Q$<>"J"AND
   Q$<>"N"THEN 26
   0
270:WAIT 0:FOR J=1
   TO N
280:IF Q$="J"THEN
   LET K(J)=1:
   GOTO 310
290:PRINT "I";J;"/
   IO=";
300:INPUT K(J):
   PRINT
305:LPRINT "I";J;"
   /IO=";K(J)
310:NEXT J
315:LPRINT
320:FN(0)=0:FQ(0)=
   0:M(0)=0:P(0)=
   0:W(0)=0:U(0)=
   0

330:V(0,0)=0:V(1,0
   )=0:V(2,0)=0,V
   (3,0)=0:V(4,0)
   =0:V(5,0)=0
340:PRINT "ICH REC
   HNE, NICHT STO
   EREN!"
350:FOR S=0TO 4
360:FOR J=1TO N
370:K=K(J)
380:FOR I=N(J-1)+1
   TO N(J)
390:T=DX(I):GOSUB
   "ZG"
400:FN(I)=FN-F(I)*
   COS BE(I)
410:FQ(I)=FQ-F(I)*
   SIN BE(I)
420:M(I)=M-MA(I)
430:P(I)=P:W(I)=W
440:NEXT I
450:GOSUB "ECKE"
460:NEXT J
470:V(0,S)=FN(NG)-
   U(0,0)
480:V(1,S)=FQ(NG)-
   U(1,0)
490:V(2,S)=M(NG)-U
   (2,0)
500:V(3,S)=P(NG)-U
   (3,0)
510:V(4,S)=W(NG)-U
   (4,0)
520:V(5,S)=U(N)-V(
   5,0)
530:IF S=4THEN 610
540:IF S=3THEN 600
550:IF S=2THEN 590
560:IF S=1THEN 580
570:FN(0)=1:GOTO 6
   10
580:FN(0)=0:FQ(0)=
   1:GOTO 610
590:FQ(0)=0:M(0)=1
   :GOTO 610
600:M(0)=0:P(0)=1
610:NEXT S
620:IF RR$="J"THEN
   780
630:A(1,1)=V(4,1):
   A(1,2)=V(4,2):
   A(1,0)=V(4,0)
640:A(2,1)=V(5,1):
   A(2,2)=V(5,2):
   A(2,0)=V(5,0)
650:IF RG$="J"THEN
   720
660:A(0,1)=V(3,1):
   A(0,2)=V(3,2):
   A(0,0)=V(3,0)
670:IF LE$="J"THEN
   700
680:A(0,3)=V(3,4):
   A(1,3)=V(4,4):
   A(2,3)=V(5,4)
```

```
 690:GOTO 920
 700:A(0,3)=V(3,3):
     A(1,3)=V(4,3):
     A(2,3)=V(5,3)
 710:GOTO 920
 720:A(0,1)=V(2,1):
     A(0,2)=V(2,2):
     A(0,0)=V(2,0)
 730:IF LE$="J"THEN
     760
 740:A(0,3)=V(2,4):
     A(1,3)=V(4,4):
     A(2,3)=V(5,4)
 750:GOTO 920
 760:A(0,3)=V(2,3):
     A(1,3)=V(4,3):
     A(2,3)=V(5,3)
 770:GOTO 920
 780:A(1,1)=V(0,1)*
     SIN AL-V(1,1)*
     COS AL
 790:A(1,2)=V(0,2)*
     SIN AL-V(1,2)*
     COS AL
 800:A(2,1)=V(4,1)*
     SIN AL+V(5,1)*
     COS AL
 810:A(2,2)=V(4,2)*
     SIN AL+V(5,2)*
     COS AL
 820:A(1,0)=V(0,0)*
     SIN AL-V(1,0)*
     COS AL
 830:A(2,0)=V(4,0)*
     SIN AL+V(5,0)*
     COS AL
 840:A(0,1)=V(2,1):
     A(0,2)=V(2,2):
     A(0,0)=V(2,0)
 850:IF LE$="J"THEN
     890
 860:A(1,3)=V(0,4)*
     SIN AL-V(1,4)*
     COS AL
 870:A(2,3)=V(4,4)*
     SIN AL+V(5,4)*
     COS AL
 880:A(0,3)=V(2,4):
     GOTO 920
 890:A(0,3)=V(2,3)
 900:A(1,3)=V(0,3)*
     SIN AL-V(1,3)*
     COS AL
 910:A(2,3)=V(4,3)*
     SIN AL+V(5,3)*
     COS AL
 920:D=A(0,1)*A(1,2
     )-A(1,1)*A(0,2
     )
 930:D1=A(0,3)*A(1,
     2)-A(1,3)*A(0,
     2)
 940:D2=A(0,0)*A(1,
     2)-A(1,0)*A(0,
     2)

 950:D3=A(0,1)*A(1,
     3)-A(1,1)*A(0,
     3)
 960:D4=A(0,1)*A(1,
     0)-A(1,1)*A(0,
     0)
 970:Y=(A(2,1)*D2+A
     (2,2)*D4-A(2,0
     )*D)/(A(2,3)*D
     -A(2,1)*D1-A(2
     ,2)*D3)
 980:FN(0)=-(D1*Y+D
     2)/D
 990:FQ(0)=-(D3*Y+D
     4)/D
1000:IF LE$<>"J"
     THEN LET P(0
     )=Y:GOTO 102
     0
1010:M(0)=Y:P(0)=
     0
1020:I=0:GOSUB "A
     USG SG"
1030:MM=ABS M(0):
     XM=0
1040:FOR J=1TO N
1050:K=K(J)
1060:FOR I=1+N(J-
     1)TO N(J)
1070:T=DX(I):
     GOSUB "ZG"
1080:FN(I)=FN-F(I
     )*COS BE(I)
1090:FQ(I)=FQ-F(I
     )*SIN BE(I)
1100:M(I)=M-MA(I)
1110:P(I)=P:W(I)=
     W
1120:IF MM>ABS M
     THEN 1140
1130:MM=ABS M:XM=
     X(I)
1140:IF Q1(I)=0
     THEN 1190
1150:R=2*Q1(I)*FQ
     (I-1)+QL(I)*
     QL(I)
1160:IF R<0THEN 1
     280
1170:T=(SQR R-QL(
     I))/Q1(I)
1180:GOTO 1210
1190:IF QL(I)=0
     THEN 1280
1200:T=FQ(I-1)/QL
     (I)
1210:IF T<0OR T>D
     X(I)THEN 128
     0
1220:GOSUB "ZG"
1230:LPRINT "X=";
     X(I-1)+T
1240:LPRINT "M=";
     M
1245:LPRINT
1250:IF MM>ABS M
     THEN 1280

1260:MM=ABS M
1270:XM=X(I-1)+T
1280:GOSUB "AUSG
     SG"
1290:NEXT I
1300:GOSUB "ECKE"
1310:IF I=NG+1
     THEN 1330
1315:LPRINT "NACH
     DER ECKE";J
     ;":"
1320:I=N(J):GOSUB
     "AUSG SG"
1330:NEXT J
1340:LPRINT "MAX
     M=";MM
1350:LPRINT "BEI
     X=";XM
1355:LPRINT
1360:INPUT "NEUE
     QUERSCHNITTE
     : J/N? ";NQ$
1361:IF NQ$<>"J"
     AND NQ$<>"N"
     THEN 1360
1370:IF NQ$="J"
     THEN 250
1380:INPUT "VERFO
     RMUNG: J/N?
     ";V$
1381:IF V$<>"J"
     AND V$<>"N"
     THEN 1380
1390:IF V$="N"
     THEN 1630
1400:INPUT "AEQUI
     D. STELLEN:
     J/N ";A$
1401:IF A$<>"J"
     AND A$<>"N"
     THEN 1400
1410:IF A$="J"
     THEN 1440
1420:INPUT "X=";X
1430:NO=0:GOTO 14
     60
1440:INPUT "ANZAH
     L DER INTERV
     ALLE: ";NO
1450:DX=X(NG)/NO:
     X=0
1460:FOR J=1TO N
1470:K=K(J)
1480:FOR I=1+N(J-
     1)TO N(J)
1490:IF X>X(I)
     THEN 1590
1500:T=X-X(I-1):U
     =U(J-1)
1510:GOSUB "VG"
1520:GOSUB "AUSG
     VG"
1530:IF X<X(N(J))
     OR I=NGTHEN
     1570
1540:P=P(I):W=W(I
     ):U=U(J)
```

```
1550:LPRINT "NACH          1700:"VG":P=P(I-1        1810:IF F(I)*COS
     DER ECKE";J                )-(M(I-1)+(F            BE(I)=0THEN
     ;":"                       Q(I-1)-(QL(I            1830
1560:GOSUB "AUSG               )+Q1(I)*T/4)       1820:LPRINT "FNL=
     VG"                       *T/3)*T/2)*T            ";FN(I)+F(I)
1570:IF NO=0THEN                /K                      *COS BE(I)
     1610                 1710:W=W(I-1)+(P.(       1830:LPRINT "FN="
1580:X=X+DX:GOTO               I-1)-(M(I-1)            ;FN(I)
     1490                      +(FQ(I-1)-(Q       1840:IF F(I)*SIN
1585:LPRINT                    L(I)+Q1(I)*T            BE(I)=0THEN
1590:NEXT I                    /5)*T/4)*T/3            1860
1600:NEXT J                    )*T/2/K)*T         1850:LPRINT "FQL=
1610:INPUT "WEITE         1720:RETURN                 ";FQ(I)+F(I)
     RE VERFORMUN         1730:"ECKE":NL=FN            *SIN BE(I)
     G: ";W$                   (N(J)):FL=FQ       1860:LPRINT "FQ="
1611:IF W$<>"J"                (N(J))                  ;FQ(I)
     AND W$<>"N"          1740:FN(N(J))=NL*       1870:IF MA(I)=0
     THEN 1610                 COS AL(J)+FL            THEN 1890
1620:IF W$="J"                 *SIN AL(J)         1880:LPRINT "ML="
     THEN 1400           1750:FQ(N(J))=FL*            ;M(I)+MA(I)
1630:END                       COS AL(J)-NL       1890:LPRINT "M=";
1670:"ZG":FN=FN(I              *SIN AL(J)              M(I)
     -1)-(PL(I)+P         1760:WL=W(N(J))        1895:LPRINT
     1(I)*T/2)*T          1770:U(J)=U(J-1)*       1900:RETURN
1680:FQ=FQ(I-1)-(              COS AL(J)+WL       1910:"AUSG VG":
     QL(I)+Q1(I)*              *SIN AL(J)              LPRINT "X=";
     T/2)*T              1780:W(N(J))=-U(J            X
1690:M=M(I-1)+(FQ              -1)*SIN AL(J       1920:LPRINT "PHI=
     (I-1)-(QL(I)              )+WL*COS AL(            ";P/B
     +Q1(I)*T/3)*              J)                 1930:LPRINT "W=";
     T/2)*T              1790:RETURN                  W/B
                         1800:"AUSG SG":        1940:LPRINT "U=";
                              LPRINT "X=";            U/B
                              X(I)               1945:LPRINT
                                                 1950:RETURN
```

einen einzelnen x-Wert berechnet und ausgegeben. Dieser Schritt kann beliebig oft wiederholt werden.

Beispiel 3.7:

Für den statisch bestimmten offenen Rahmen der Abb.3.18 sind die Schnitt- und Verformungsgrößen für $I_2=2\,I_1$ zu ermitteln.

Aus den Abmessungen der Zeichnung berechnen wir:

$$\alpha_1 = \arctan \frac{8}{2} = 75,964^\circ,$$

$$\Delta x_2 = 8,246\,m,$$

$$\alpha = 180^\circ - \alpha_1 = 104,036^\circ.$$

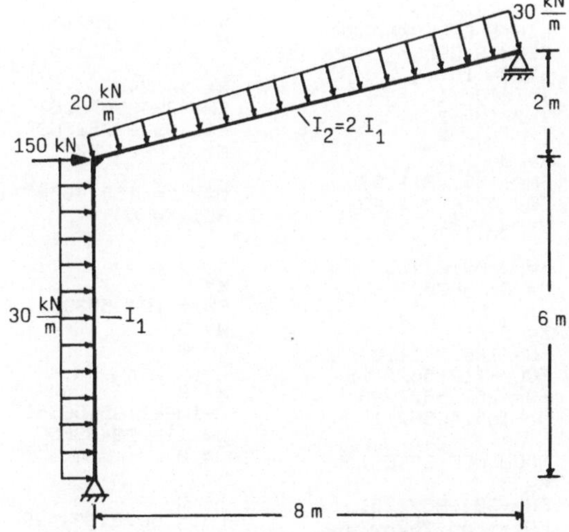

Abb.3.18: Statisch bestimmter Rahmen

Nach der Eingabe liefert uns der Rechner die folgenden Ergebnisse (die
Verformungsgrößen als Vielfache von $EI_o = EI_1$):

```
N= 2                    X= 0                    X= 0
N 1= 1                  FN= 130.8389975         PHI= 8439.420473
ALPHA 1= 75.964         FQ= 379.9978834         W= 0
N 2= 1                  M= 0                    U= 0

DX= 6                   X= 6                    X= 3
PL= 0                   FN= 130.8389975         PHI= 6864.429998
PR= 0                   FQL= 199.9978834        W= 23709.52094
QL= 30                  FQ= 49.9978834          U= 0
QR= 30                  M= 1739.9873
F= 150                                          X= 6
BE= 90                  NACH DER ECKE 1:        PHI= 2679.458572
MA= 0                   X= 6                    W= 38576.59904
                        FN= 80.23770179         U= 0
DX= 8.246               FQL= 35.1934548
PL= 0                   FQ=-114.8065452         NACH DER ECKE 1:
PR= 0                   M= 1739.9873            X= 6
QL= 20                                          PHI= 2679.458572
QR= 30                  X= 14.246               W= 9356.04053
F= 0                    FN= 80.23770179         U= 37424.838
BE= 0                   FQ=-320.9565452
MA= 0                   M=-0.00015835           X= 10.123
                                                PHI=-295.5093091
LINKS GELENKLAGER       MAX M= 1739.9873        W= 13805.84673
RECHTS ROLLENLAGER      BEI X= 6                U= 37424.838
ALPHA= 104.036
E*IO= 1                                         X= 14.246
I 1/IO= 1                                       PHI=-1491.586661
I 2/IO= 2                                       W= 9356.032363
                                                U= 37424.838
```

<u>Beispiel 3.8</u>: Beim Rahmen der Abb.3.18 ersetzen wir das rechte Rollenla-
ger durch ein festes Gelenklager.

Bei gleicher Eingabe der Eingangsdaten erhalten wir:

```
LINKS GELENKLAGER       X= 11.04229715          NACH DER ECKE 1:
RECHTS GELENKLAGER      M= 140.6637156          X= 6
E*IO= 1                                         PHI= 60.81334428
I 1/IO= 1               X= 14.246               W= 3.143208274E-06
I 2/IO= 2               FN=-304.8673261         U= 1.257306016E-05
                        FQ=-89.88763669
X= 0                    M= 0.00009004           X= 10.123
FN=-186.7311103                                 PHI= 31.82258872
FQ= 62.43222149         MAX M= 165.4066711      W= 401.056318
M= 0                    BEI X= 6                U= 1.257306016E-05

X= 2.08107405                                   X= 14.246
M= 64.963038            X= 0                    PHI=-182.2627294
                        PHI= 104.5933311        W= 4.874184193E-04
X= 6                    W= 0                    U= 1.257306016E-05
FN=-186.7311103         U= 0
FQL=-117.5677785
FQ=-267.5677785         X= 3
M=-165.4066711          PHI=-41.35166561
                        W= 134.0849966
NACH DER ECKE 1:        U= 0
X= 6
FN=-304.8673261         X= 6
FQL= 266.2623633        PHI= 60.81334428
FQ= 116.2623633         W= 0.00001296
M=-165.4066711          U= 0
```

<u>Beispiel 3.9</u>:

Für den eingespannten
Rahmen der Abb.3.19 sind
die Schnittgrößen für
konstante Biegesteifig-
keit und die EI_o-fachen
Verformungsgrößen zu be-
stimmen. Diese Größen
sind zeichnerisch darzu-
stellen.

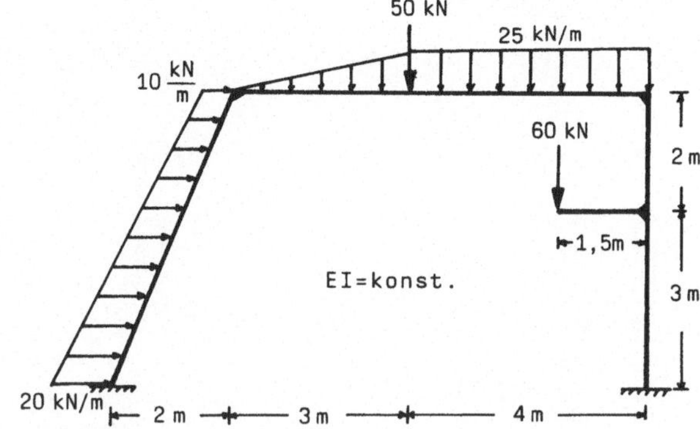

<u>Abb.3.19</u>: Eingespannter Rahmen

Wir berechnen:

$$\alpha_1 = \arctan\frac{5}{2} = 68,2^o \; ; \quad \Delta x_1 = \sqrt{29} = 5,385\,m \; ;$$

$$p_{11} = 20\cos\alpha_1 = 7,428\,kN/m \; ; \quad p_{r1} = \frac{1}{2}p_{11} = 3,714\,kN/m \; ;$$

$$q_{11} = 20\sin\alpha_1 = 18,570\,kN/m \; ; \quad q_{r1} = \frac{1}{2}q_{11} = 9,285\,kN/m \; .$$

Die Kraft 60 kN am Kragarm verschieben wir in den Rahmen und berücksichtigen das Versetzungsmoment $M_a = 60\,kN \cdot 1,5\,m = +90\,kNm$.

Mit diesen Werten erhalten wir die folgenden Ergebnisse:

```
N= 3            DX= 4           X= 0             X= 12.385
N 1= 1          PL= 0           FN=-64.59443668  FN=-69.50608285
ALPHA 1= 68.2   PR= 0           FQ= 37.97499119  FQ=-113.4203036
N 2= 2          QL= 25          M=-46.79035508   M=-135.6109189
ALPHA 2= 90     QR= 25
N 3= 2          F= 0                             NACH DER ECKE 2:
                BE= 0           X= 2.287997631   X= 12.385
                MA= 0           M=-5.068013282   FN=-113.4203036
DX= 5.385                                        FQ= 69.50608285
PL= 7.428                       X= 5.385         M=-135.6109189
PR= 3.714       DX= 2           FN=-94.59427168
QL= 18.57       PL= 0           FQ=-37.02459631
QR= 9.285       PR= 0           M=-66.66879347   X= 14.385
F= 0            QL= 0                            FNL=-113.4203036
BE= 0           QR= 0           NACH DER ECKE 1: FN=-173.4203036
MA= 0           F= 60           X= 5.385         FQ= 69.50608285
                BE= 0           FN=-69.50608285  ML= 3.4012468
                MA= 90          FQ= 74.07969637  M=-86.5987532
DX= 3                           M=-66.66879347
PL= 0           DX= 3                            X= 17.385
PR= 0           PL= 0                            FN=-173.4203036
QL= 0           PR= 0           X= 8.385         FQ= 69.50608285
QR= 25          QL= 0           FN=-69.50608285  M= 121.9194954
F= 50           QR= 0           FQL= 36.57969637
BE= 90          F= 0            FQ=-13.42030363
MA= 0           BE= 0           M= 118.0702956   MAX M= 135.6109189
                MA= 0                            BEI X= 12.385

                LINKS EINGESPANNT
                RECHTS EINGESPANNT
                E*IO= 1
```

Verformungsgrößen:

X= 5.385
PHI= 124.250848
W= 275.664721
U= 0

NACH DER ECKE 1:
X= 5.385
PHI= 124.250848
W= 102.3730108
U= 255.9507864

X= 8.385
PHI= 19.02359475
W= 458.6514918
U= 255.9507864

X= 12.385
PHI=-79.22849195
W= 0.000078048
U= 255.9507864

NACH DER ECKE 2:
X= 12.385
PHI=-79.22849195
W=-255.9507864
U= 0.000078048

X= 14.385
PHI= 52.98118015
W=-235.8607096
U= 0.000078048

X= 17.385
PHI= 0.000066925
W=-0.000152575
U= 0.000078048

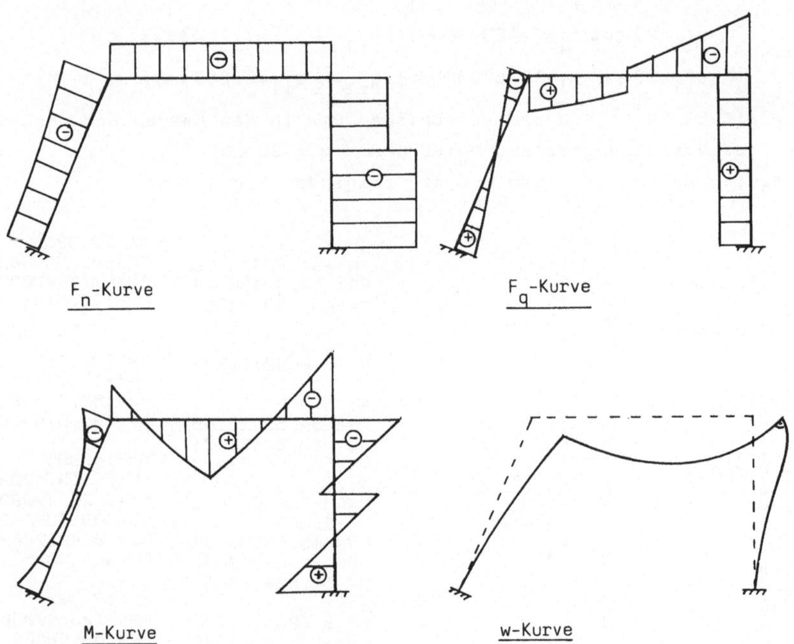

Abb.3.20: Verlauf der Schnittgrößen und der Durchbiegung

4 STABILITÄTSPROBLEME

4.1 Der durch Einzelkräfte beanspruchte Einfeldstab mit feldweise konstanter Biegesteifigkeit

Der durch Abb.4.1 dargestellte Stab ist links starr drehelastisch und rechts weg- und drehelastisch gelagert. Die Federkonstanten bezeichnen wir mit c_{dl} bzw. c_{wr} und c_{dr}. Sie können insbesondere die Werte 0 oder auch ∞ annehmen. So wird z.B. durch

$$c_{dl}=\infty, \quad c_{wr}=\infty, \quad c_{dr}=0$$

der links fest eingespannte und rechts starr gelenkig gelagerte Stab beschrieben.

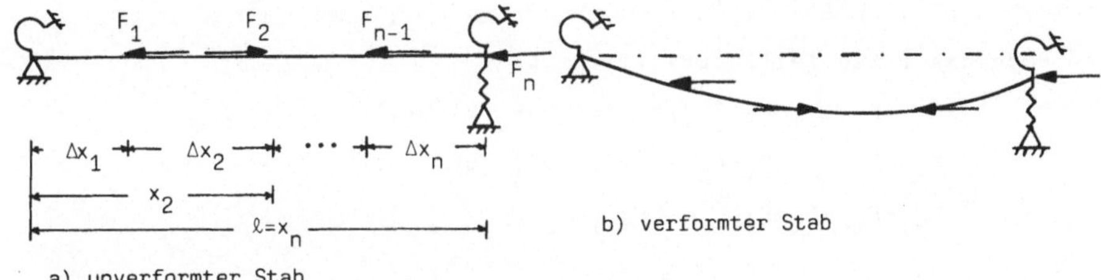

<u>Abb.4.1</u>: Der durch Einzelkräfte belastete Einfeldstab

Der Stab besitzt in den Intervallen der Länge Δx_i ein konstantes Flächenträgheitsmoment I_i, das wir wie früher auf I_o beziehen:

$$(4.1) \qquad I_i = k_i\, I_o \qquad (i=1, 2, \ldots, n).$$

Am Ende eines Intervalls wird der Stab durch Längskräfte F_i belastet, die wir durch

$$(4.2) \qquad F_i = f_i\, F \quad \text{mit } F > 0$$

darstellen. Die f_i dürfen positiv, negativ oder auch Null sein. Wird der Stab in einigen Intervallen auf Druck beansprucht, so wird er bei genügend kleinem F seine unverformte Lage beibehalten. Wir fragen nach Kräften F_K, bei denen der Stab ausknickt. Für diesen Fall ist die kleinste positive Knickkraft zu berechnen.
Zur Bestimmung der Knickkraft F_K stellen wir zunächst die Gleichungen auf, die dieses Problem beschreiben. Wir verwenden hierbei das in Abschn. 2 beschriebene Reduktionsverfahren, indem wir einen Zusammenhang zwischen den Zustandsgrößen F_q, M, φ, w am Anfang des Stabes mit denen am Ende des Stabes herstellen.

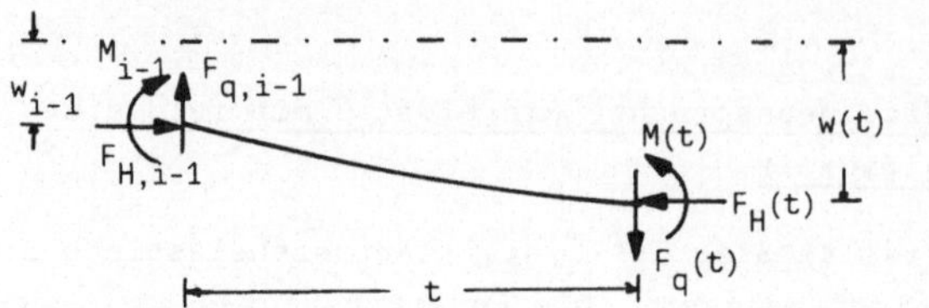

Abb.4.2: Kräfte am Stabelement der Länge t

Für eine Länge $t<\Delta x_i$ im i-ten Teilintervall gelten die Gleichungen (s. Abb.4.2)

$$F_H(t)=F_{H,i-1} \ , \qquad F_q(t)=F_{q,i-1} \ ,$$

(4.3)
$$M(t)=M_{i-1}+F_{q,i-1}\,t+F_{H,i-1}(w(t)-w_{i-1}) \ ,$$

$$EI_i\,w''(t)=-M(t) \ .$$

Am Ende des i-ten Teilintervalls gilt

$$F_{qi}=F_{q,i-1}=F_{q,i-2}=\ \dots\ =F_{qo}=F_q=\text{konst.}$$

$$F_{Hi}=F_{H,i-1}-F_i=F_{H,i-2}-F_{i-1}-F_i \quad \text{usw. bis}$$

$$F_{Hi}=F_{Ho}-F_1-F_2-\ \dots\ -F_{i-1}-F_i \ .$$

Mit

$$F_{Ho} = \sum_{i=1}^{n} F_i = \sum_{i=1}^{n} f_i\,F \quad \text{wegen } F_{Hn}=0$$

erhalten wir für die Längskraft

(4.4)
$$F_{Hi} = \sum_{i=1}^{n} f_i\,F - \sum_{j=1}^{i} f_j\,F = \sum_{j=i+1}^{n} f_j\,F = \mu_{i+1}\,F$$

mit

(4.5)
$$\mu_i = \sum_{j=i}^{n} f_j \ .$$

Die μ_i berechnen wir am besten rekursiv nach

(4.6)
$$\mu_n=f_n, \qquad \mu_{n-i}=\mu_{n-i+1}+f_{n-i} \quad (i=1,\,2,\,\dots,\,n-1).$$

Mit diesen Darstellungen folgt aus (4.3) für w(t) die Differentialgleichung

$$EI_i\,w''+\mu_i\,F\,w=-M_{i-1}-F_q\,t+\mu_i\,F\,w_{i-1} \ .$$

Mit den Abkürzungen

(4.7)
$$\lambda^2 = F\ell^2/(EI_o) \ , \qquad \lambda_i^2=\mu_i F\ell^2/(EI_i) = \mu_i/k_i\,\lambda^2$$

wird

(4.8)
$$w'' + (\lambda_i/\ell)^2\,w = (-M_{i-1}-F_q t+\mu_i F w_{i-1})/(EI_i) \ .$$

Diese Differentialgleichung besitzt stets die triviale Lösung

$$w(t)\equiv 0, \quad M_{i-1}=0, \quad F_q=0$$

für den nicht ausgeknickten Stab. Wir fragen nach λ-Werten, für die
$w(t)\neq 0$ wird, für die der Stab also ausknickt. Für den kleinsten aller
λ-Werte erhalten wir dann die gesuchte Knickkraft

$$(4.9) \qquad F_K = \lambda^2 \,\frac{EI_o}{\ell^2} \ .$$

Bei der Lösung der Differentialgleichung (4.8) haben wir die drei Fälle

$$\lambda_i^2 > 0, \quad \lambda_i^2 = 0, \quad \lambda_i^2 < 0$$

zu unterscheiden.

Für $\lambda_i^2 > 0$, d.h. $\mu_i > 0$, lautet die Lösung der Differentialgleichung und
ihre Ableitung $\varphi = w'$

$$(4.10) \qquad \begin{aligned}
w &= C_1 \cos(\lambda_i t/\ell) + C_2 \sin(\lambda_i t/\ell) - (M_{i-1} + F_q t)/(\mu_i F) + w_{i-1} \ , \\
\varphi &= -C_1 \lambda_i/\ell \, \sin(\lambda_i t/\ell) + C_2 \lambda_i/\ell \, \cos(\lambda_i t/\ell) - F_q/(\mu_i F) \ .
\end{aligned}$$

Die Konstanten werden aus den Anfangsbedingungen

$$w(0)=w_{i-1} \quad \text{und} \quad \varphi(0)=\varphi_{i-1}$$

bestimmt:

$$C_1 = M_{i-1}/(\mu_i F), \qquad C_2 = \frac{\ell}{\lambda_i}\left(\varphi_{i-1} + F_q/(\mu_i F)\right) \ .$$

Das Einsetzen der Integrationskonstanten liefert für $t=\Delta x_i$ nach
(4.3) und (4.10) die Zustandsgrößen am Ende des i-ten Balkenelements. Die
Rechnung ist nicht schwierig, wir übergehen sie daher hier und teilen nur
das Ergebnis mit:

$$(4.11) \qquad \begin{aligned}
\tau_i &= \lambda_i \Delta x_i/\ell \ , \\
M_i &= \ell/\lambda_i \, \sin\tau_i \, F_q + \cos\tau_i \, M_{i-1} + \ell\mu_i F/\lambda_i \, \sin\tau_i \, \varphi_{i-1} \\
\varphi_i &= 1/(\mu_i F)(\cos\tau_i - 1)F_q - \lambda_i/(\ell\mu_i F)\sin\tau_i \, M_{i-1} + \cos\tau_i \, \varphi_{i-1} \ , \\
w_i &= \ell/(\lambda_i \mu_i F)(\sin\tau_i - \tau_i)F_q + 1/(\mu_i F)(\cos\tau_i - 1)M_{i-1} + \\
&\quad \ell/\lambda_i \, \sin\tau_i \, \varphi_{i-1} + w_{i-1} \ .
\end{aligned}$$

Diese Gleichungen lassen sich noch etwas übersichtlicher schreiben, wenn
wir die folgenden Größen einführen:

$$(4.12) \qquad h_i = \sqrt{\mu_i/k_i} \ , \quad \bar{M} = \frac{\lambda}{\ell}M \ , \quad \bar{\varphi} = \frac{\lambda^2}{\ell^2}EI_o \, \varphi = F\varphi \ , \quad \bar{w} = \frac{\lambda^3}{\ell^3}EI_o w = \frac{\lambda}{\ell}F w \ .$$

Mit (4.7) und $\lambda_i = h_i \lambda$ folgt dann aus (4.11)

$$(4.13) \qquad \tau_i = h_i \lambda \Delta x_i/\ell$$

und für die Zustandsgrößen die Matrizengleichung

(4.14) $\quad \underline{z}_i = \underline{U}_i \, \underline{z}_{i-1}$

mit

$$(4.15) \quad \underline{z}_i = \begin{bmatrix} F_{qi} \\ \bar{M}_i \\ \bar{\varphi}_i \\ \bar{w}_i \end{bmatrix} \quad \text{und} \quad \underline{U}_i = \begin{bmatrix} 1, & 0, & 0, & 0 \\ \dfrac{1}{h_i}\sin\tau_i, & \cos\tau_i, & \dfrac{\mu_i}{h_i}\sin\tau_i, & 0 \\ \dfrac{1}{\mu_i}(\cos\tau_i -1), & -\dfrac{h_i}{\mu_i}\sin\tau_i, & \cos\tau_i, & 0 \\ \dfrac{1}{h_i\mu_i}(\sin\tau_i -\tau_i), & \dfrac{1}{\mu_i}(\cos\tau_i -1), & \dfrac{1}{h_i}\sin\tau_i, & 1 \end{bmatrix}$$

Für $\underline{\lambda_i^2 = 0}$, d.h. $\mu_i = h_i = 0$, lauten die Gleichungen (4.3)

$$M(t) = M_{i-1} + F_q t, \qquad k_i\, EI_0\, w'' = -M_{i-1} - F_q t \ .$$

Durch Integration und Anpassung an die Anfangsbedingungen lautet mit

(4.16) $\quad \tau_i = \lambda\, \Delta x_i / \ell$

die Übertragungsmatrix (s. auch Abschn. 2.1)

$$(4.17) \quad \underline{U}_i = \begin{bmatrix} 1 & 0 & 0 & 0 \\ \tau_i & 1 & 0 & 0 \\ -\tau_i^2/(2k_i) & -\tau_i/k_i & 1 & 0 \\ -\tau_i^3/(6k_i) & -\tau_i^2/(2k_i) & \tau_i & 1 \end{bmatrix} \ .$$

Dieses Ergebnis hätte man auch durch Grenzübergang $h_i \rightarrow 0$ aus (4.15) erhalten können.

Für $\underline{\lambda_i^2 < 0}$, d.h. $\mu_i < 0$, wird das i-te Balkenelement auf Zug beansprucht. Setzen wir für diesen Fall

(4.18) $\quad h_i = \sqrt{-\mu_i/k_i} \ ,$

so haben wir in (4.15) das dortige h_i durch $i\, h_i = \sqrt{-1}\, h_i$ zu ersetzen. Mit $\cos i\alpha = \cosh\alpha$ und $\sin i\alpha = i \sinh\alpha$ erhalten wir die Übertragungsmatrix

$$(4.19) \quad \underline{U}_i = \begin{bmatrix} 1, & 0, & 0, & 0 \\ \dfrac{1}{h_i}\sinh\tau_i, & \cosh\tau_i, & \dfrac{\mu_i}{h_i}\sinh\tau_i, & 0 \\ \dfrac{1}{\mu_i}(\cosh\tau_i -1), & \dfrac{h_i}{\mu_i}\sinh\tau_i, & \cosh\tau_i, & 0 \\ \dfrac{1}{h_i\mu_i}(\sinh\tau_i -\tau_i), & \dfrac{1}{\mu_i}(\cosh\tau_i - 1), & \dfrac{1}{h_i}\sinh\tau_i, & 1 \end{bmatrix}$$

mit

$$\tau_i = h_i\, \lambda\, \Delta x_i / \ell \ .$$

Für einen Stab, der nur an den Enden gelagert ist, können wir sofort formal einen Zusammenhang zwischen dem Anfangszustandsvektor $\underline{z}_o$ und dem Endvektor $\underline{z}_n$ angeben:

$$(4.20) \qquad \underline{z}_n = \underline{U}\,\underline{z}_o \quad \text{mit} \quad \underline{U} = \underline{U}_n\,\underline{U}_{n-1} \cdots \underline{U}_1 \; .$$

Die Elemente der Matrix $\underline{U}$ sind Funktionen des noch unbekannten Knickfaktors λ:

$$(4.21) \qquad \underline{z}_n(\lambda) = \underline{U}(\lambda)\,\underline{z}_o \; .$$

λ ist so zu wählen, daß dieses homogene Gleichungssystem mit den zugehörigen homogenen Randbedingungen von Null verschiedene Lösungen besitzt. Die Randbedingungen für den nach Abb.4.1 gelagerten Stab lauten

$$(4.22) \qquad \begin{aligned} &\text{ARB:} &\quad w_o=0 \; , &\qquad M_o=-c_{dl}\varphi_o \; , \\ &\text{ERB:} &\quad F_q=-c_{wr}w_n \; , &\qquad M_n=c_{dr}\varphi_n \; . \end{aligned}$$

Das Umschreiben auf die durch (4.12) eingeführten reduzierten Größen liefert

$$(4.22') \qquad \bar{w}_o=0 \; , \qquad \bar{M}_o=-\frac{1}{\lambda}c_{do}\bar{\varphi}_o \; , \qquad F_q=-\frac{1}{\lambda^3}c_{wn}\bar{w}_n \; , \qquad \bar{M}_n=\frac{1}{\lambda}c_{dn}\bar{\varphi}_n$$

mit

$$(4.23) \qquad c_{do}=c_{dl}\frac{\ell}{EI_o} \; , \qquad c_{wn}=c_{wr}\frac{\ell^3}{EI_o} \; , \qquad c_{dn}=c_{dr}\frac{\ell}{EI_o} \; .$$

Da die Biegelinie im ausgeknickten Zustand durch die Differentialgleichung (4.8) und die Randbedingungen (4.22) nicht eindeutig beschrieben wird, können wir eine Bedingung willkürlich festsetzen. Wir wählen

$$(4.24) \qquad \begin{aligned} &\bar{M}_o=1 \quad \text{für den links fest eingespannten Stab } (c_{dl}=\infty) \text{ und} \\ &\bar{\varphi}_o=1 \quad \text{für den drehelastisch gelagerten Stab } (c_{dl}\neq\infty) \; . \end{aligned}$$

Aufgrund der ARB erhalten wir

$$(4.25) \qquad \begin{aligned} &\bar{\varphi}_o=0 \quad \text{für feste Einspannung,} \\ &\bar{M}_o=-c_{do}/\lambda \quad \text{für drehelastische Lagerung.} \end{aligned}$$

Insbesondere wird für $c_{do}=0$ (gelenkige Lagerung) die erforderliche Bedingung $\bar{M}_o=0$ erfüllt. Die ERB liefern nach (4.22') die Gleichungen

$$(4.26) \qquad \begin{aligned} g_1(F_q,\lambda) &= \lambda^3 F_q + c_{wn}\bar{w}_n(F_q,\lambda) = 0 \; , \\ g_2(F_q,\lambda) &= \lambda\,\bar{M}_n(F_q,\lambda) - c_{dn}\bar{\varphi}_n(F_q,\lambda) = 0 \; . \end{aligned}$$

Diese Gleichungen sind, wie aus den obigen Entwicklungen hervorgeht, in F_q linear. Mit

$$(4.27) \qquad a_j(\lambda)=g_j(1,\lambda) \quad \text{und} \quad b_j(\lambda)=g_j(0,\lambda) \qquad (j=1, 2)$$

können wir die Gleichungen (4.26) folgendermaßen schreiben:

$$g_j(F_q,\lambda)=(a_j-b_j)\,F_q+b_j=0 \qquad (j=1,\,2)\,.$$

Durch Elimination von F_q erhalten wir hieraus für λ die Gleichung

$$(4.28)\qquad g(\lambda)=a_1(\lambda)b_2(\lambda)-a_2(\lambda)b_1(\lambda)=0\,.$$

Die Größen a_j und b_j bestimmen wir für ein vorgegebenes λ nach (4.26), indem wir die Zustandsgrößen $\bar{M}_n(F_q,\lambda)$, $\bar{\varphi}_n(F_q,\lambda)$ und $\bar{w}_n(F_q,\lambda)$ mit den Übertragungsmatrizen (4.15), (4.17) bzw. (4.19) (je nach Vorzeichen von μ_i) für $F_q=0$ und $F_q=1$ berechnen.

Unsere Aufgabe besteht nun darin, von der Funktion $g(\lambda)$ die kleinste positive Nullstelle (die weiteren Nullstellen interessieren im allgemeinen nicht) zu ermitteln. Wir wählen zunächst einen einfachen Suchalgorithmus, indem wir die Funktionswerte $g(\lambda)$ für eine Folge λ_o, $\lambda_o+\Delta\lambda_o$, $\lambda_o+2\Delta\lambda_o$ usw. nach dem obigen Algorithmus berechnen. Tritt ein Vorzeichenwechsel in zwei aufeinander folgenden Funktionswerten auf, so liegt in diesem Intervall der Breite $\Delta\lambda_o$ eine Nullstelle. Die weitere Berechnung der Nullstelle nehmen wir dann mit der <u>regula falsi</u> vor.

Sind λ_1 und λ_2 Ausgangswerte mit

$$g_1=g(\lambda_1)\,,\quad g_2=g(\lambda_2)\quad\text{und}\quad g_1\,g_2<0,$$

so wird im allgemeinen

$$(4.29)\qquad \lambda=\lambda_2-\frac{g_2}{g_2-g_1}\,(\lambda_2-\lambda_1)$$

eine bessere Näherung für die gesuchte Nullstelle sein. Im nächsten Schritt setzen wir $\lambda_2=\lambda$ und $g_2=g$. Von λ_1 und λ_2 wird der Wert zum neuen λ_1-Wert gewählt, für den der Funktionswert verschiedenes Vorzeichen von $g(\lambda)$ besitzt. Dann liegt im Intervall $[\lambda_1,\lambda_2]$ bzw. $[\lambda_2,\lambda_1]$ wieder die gesuchte Nullstelle. Dieses Verfahren kann allerdings die unangenehme Eigenschaft besitzen, daß es nur sehr langsam konvergiert, wie es z.B. aus Abb.4.3 (links) zu erkennen ist. Hier wird während der gesamten Iteration λ_1 festgehalten. Man wird in diesem Fall auch nie exakt sagen können, wie

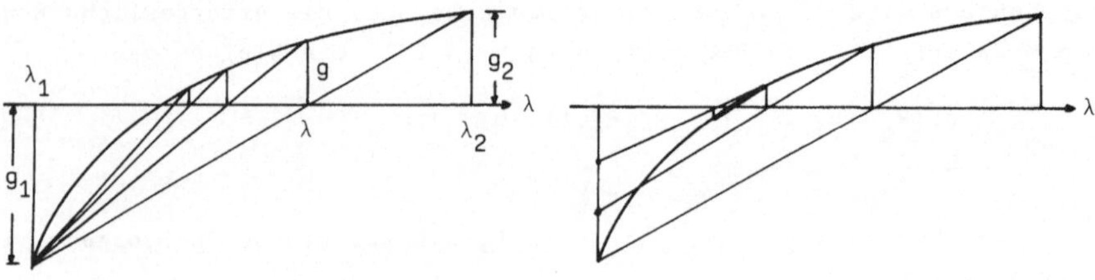

<u>Abb.4.3</u>: Konvergenz bei der regula falsi

genau der jeweilige Näherungswert λ bereits ist. Hier kann eine Konvergenzbeschleunigung mit einer exakten Fehleraussage durch eine Verkürzung der Stützstelle bei λ_1 erreicht werden, wie es in Abb.4.3 (rechts) veranschaulicht wird. Besitzen g und g_2 dasselbe Vorzeichen, so wird im nächsten Schritt

$$g_1 \quad \text{durch} \quad \frac{g_2}{g_2+g}\, g_1$$

ersetzt. Eine genauere Beschreibung und Begründung des Verfahrens findet der Leser in den Lehrbüchern über numerische Mathematik. Diese verfeinerte regula falsi hat nicht nur den Vorteil, daß die Konvergenz verbessert wird (also kürzere Rechenzeiten). In diesem Fall liegt die gesuchte Nullstelle von $g(\lambda)$ in einem Intervall der Breite

$$(4.30) \qquad \Delta\lambda = \left|\lambda-\lambda_1\right| \ .$$

Fordern wir die Berechnung des Knickfaktors λ^2 auf z.B. 0,1% Genauigkeit, so wird diese Forderung mit Gewißheit für

$$(4.31) \qquad \Delta\lambda \leqq 0,0005\,\lambda$$

erfüllt. Diese Forderung benutzen wir als Abbruchkriterium für die Iteration.

Etwas heikel ist selbstverständlich die Vorgabe der Werte λ_o und $\Delta\lambda_o$. Zu klein möchte man diese Werte nicht wählen, weil dann eventuell ein hoher Rechenaufwand anfällt. Bei zu groß gewählten λ_o und $\Delta\lambda_o$ kann es geschehen, daß die erste positive Nullstelle übersprungen wird. Wenn man bedenkt, daß die üblichen Knickfaktoren λ in

$$F_K = \lambda^2\, EI_o / \ell^2$$

etwa zwischen 1 und 10 liegen, so erscheinen die Werte

$$(4.32) \qquad \lambda_o = 0,5 \quad \text{und} \quad \Delta\lambda_o = 2,$$

die im Programm "KN1" benutzt werden, nicht ganz unrealistisch. Natürlich ist es leicht, diese Werte in den Programmzeilen 270 und 290 abzuändern oder auch direkt Startwerte λ_1 und λ_2 für die regule falsi einzugeben. Hier möge jeder Leser sich sein Programm so zurechtbasteln, wie er selbst es für optimal hält.

Es müßte jetzt noch das Verhalten des obigen Algorithmus für sehr große Federkonstanten untersucht werden. Hier könnte wieder eine Auslöschung (s. Abschn.2.2) auftreten. Wir wollen diese etwas mühsame Rechnung hier nicht durchführen. Es zeigt sich, daß das Verfahren für sehr große c_w- und c_d-Werte numerisch stabil ist. Nimmt eine Federkonstante den Wert ∞ an, so ersetzen wir diesen Wert wie früher durch 1E20. Die Funktionswerte g nehmen dann auch sehr große Werte an. Um kein overflow zu erhalten, wurde

$$g \quad \text{durch} \quad g/c_g \quad \text{mit} \quad c_g=(1+c_{dl})(1+c_{wr})(1+c_{dr})$$

ersetzt. Auf die Bestimmung der Nullstelle von g hat dieses keinen Einfluß.

Den gesamten Algorithmus zur Bestimmung von λ stellen wir übersichtlich in einem Struktogramm zusammen.

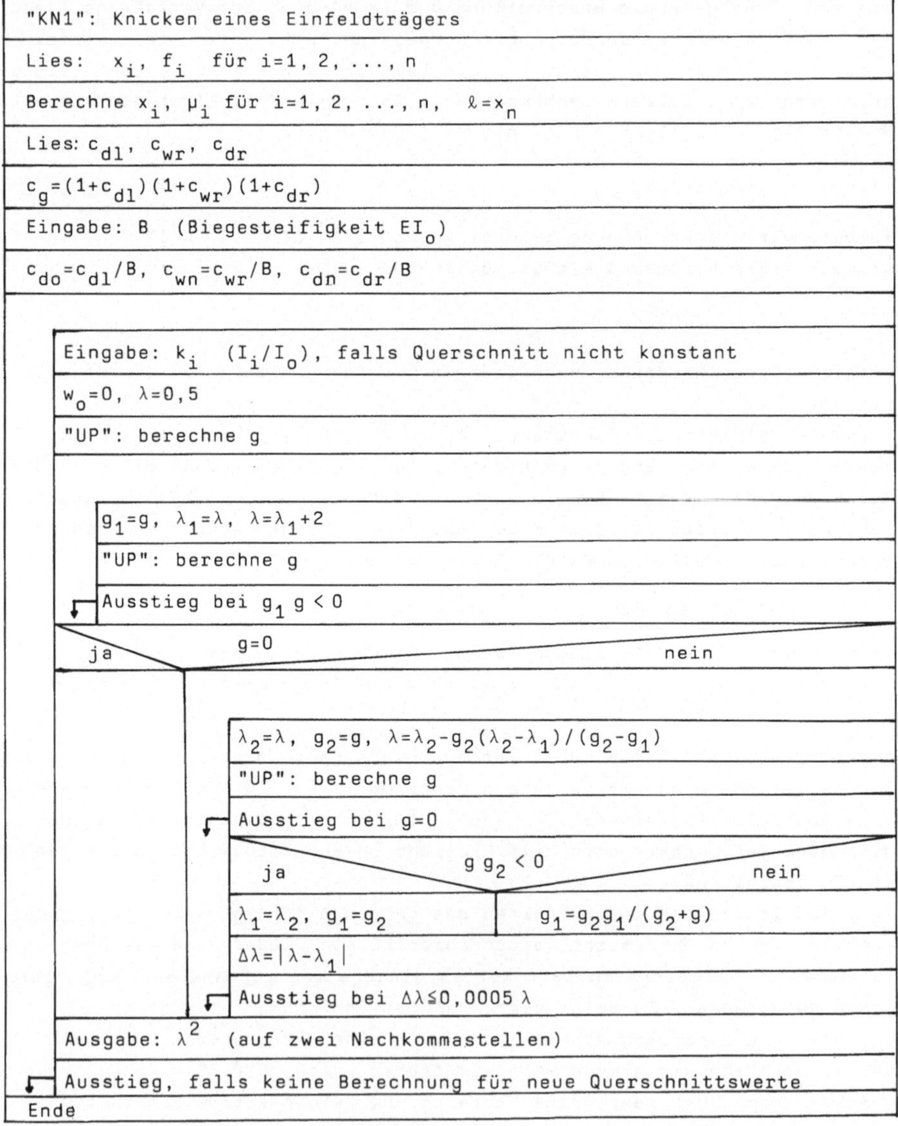

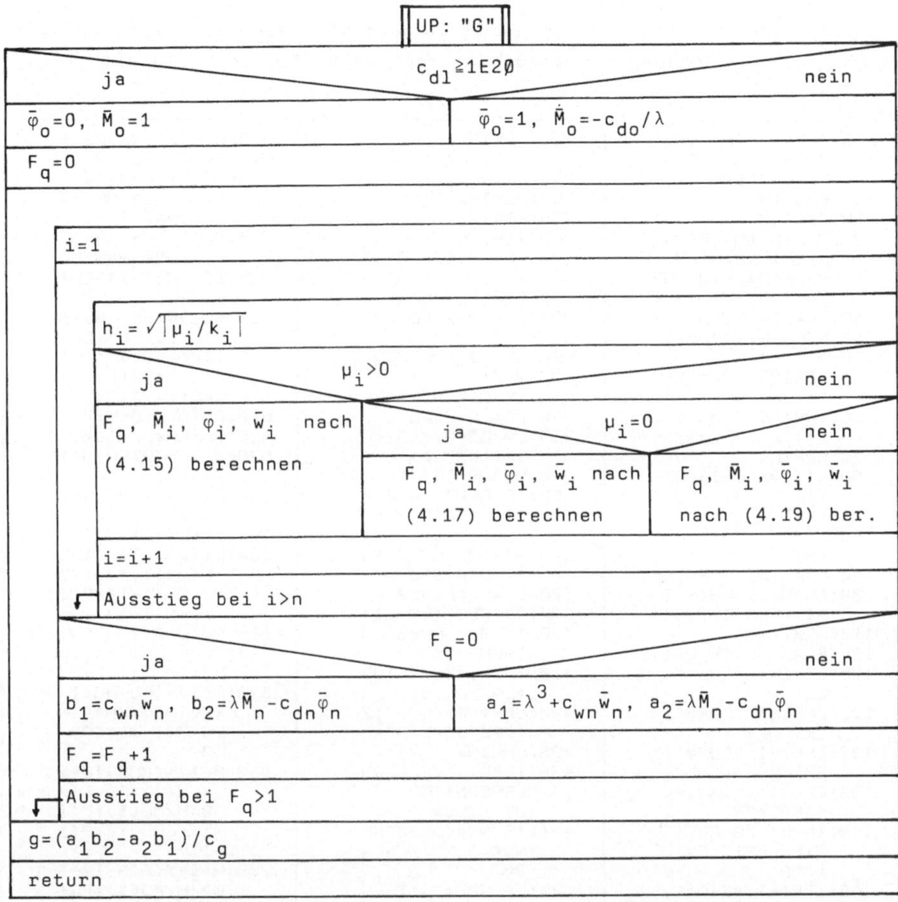

Hinweise zum Programm "KN1":

(1) Mit dem Programm "KN1" wird für einen Einfeldstab der Abb.4.1 die Knickkraft F_K berechnet. Die Belastungskräfte werden durch $F_i = f_i F$ und die Flächenträgheitsmomente durch $I_i = k_i I_o$ dargestellt. Der Stab ist links starr gelenkig und drehelastisch und rechts weg- und drehelastisch gelagert. Für unendliche Federkonstanten wird der Wert 1E2$\emptyset$ eingegeben.

(2) Über eine DATA-Anweisung werden die folgenden Daten eingegeben:

$$n, \Delta x_1, f_1, \Delta x_2, f_2, \ldots, \Delta x_n, f_n$$

$$c_{dl}, c_{wr}, c_{dr}$$

Über eine INPUT-Anweisung werden EI_o und die $k_i = I_i/I_o$ angefordert.

(3) Der Knickfaktor λ^2 in $F_K = \lambda^2 EI_o/\ell^2$ wird auf 0,1 % Genauigkeit berech-

Programm "KN1": Knicken eines durch Einzelkräfte beanspruchten Einfeld-
stabes mit feldweise konstanter Biegesteifigkeit

```
10:"KN1":REM  KNI
   CKEN EINES EIN
   FELDSTABES
15:RADIAN
20:READ N
30:DIM DX(N),F(N)
   ,K(N),MU(N),X(
   N),M(N),P(N),W
   (N)
40:FOR I=1TO N
50:READ DX(I),F(I
   )
55:LPRINT "DX=";D
   X(I)
56:LPRINT "F= ";F
   (I)
57:LPRINT
60:X(I)=X(I-1)+DX
   (I)
70:NEXT I
80:L=X(N):MU(N)=F
   (N)
90:FOR I=1TO N-1
100:MU(N-I)=MU(N-I
    +1)+F(N-I)
110:NEXT I
120:READ DL,CR,DR
125:LPRINT "CDL=";
    DL
126:LPRINT "CWR=";
    CR
127:LPRINT "CDR=";
    DR
130:CG=(1+DL)*(1+C
    R)*(1+DR)
140:INPUT "BIEGEST
    EIFIGKEIT E*IO
    =";B
145:LPRINT "EIO=";
    B
146:LPRINT
150:DO=DL*L/B
160:CN=CR*L^3/B
170:DN=DR*L/B
180:INPUT "KONST.Q
    UERSCHNITT:J/N
    ? ";Q$
181:IF Q$<>"J"AND
    Q$<>"N"THEN 18
    0
190:WAIT 0
200:FOR I=1TO N
210:IF Q$="J"THEN
    LET K(I)=1:
    GOTO 250
220:PRINT "I";I;"/
    IO=";
230:INPUT K(I)

235:LPRINT "I";I;"
    /IO=";K(I)
240:PRINT
250:NEXT I
255:LPRINT
260:W(0)=0
270:LA=.5:GOSUB "G
    "
280:G1=G:L1=LA
290:LA=LA+2:GOSUB
    "G"
300:IF G*G1>0THEN
    280
310:IF G=0THEN 410
320:L2=LA:G2=G
330:LA=L2-G2/(G2-G
    1)*(L2-L1)
340:GOSUB "G"
350:IF G=0THEN 410
360:IF G*G2<0THEN
    380
370:G1=G2/(G2+G)*G
    1:GOTO 390
380:L1=L2:G1=G2
390:DA=ABS (LA-L1)
400:IF DA>.0005*LA
    THEN 320
410:Z=.01*INT (100
    *LA*LA+.5)
420:LPRINT "FK=";Z
    ;"*E*IO/L^2"
425:LPRINT
430:INPUT "NEUE QU
    ERSCHNITTE: J/
    N? ";NQ$
431:IF NQ$<>"J"AND
    NQ$<>"N"THEN 4
    30
440:IF NQ$="J"THEN
    180
450:END
460:"G":IF DL>=1E2
    0THEN 490
470:P(0)=1:M(0)=-D
    O/LA
480:GOTO 500
490:P(0)=0:M(0)=1
500:FOR FQ=0TO 1
510:FOR I=1TO N
520:H=SQR (ABS (MU
    (I)/K(I)))
530:IF MU(I)>0THEN
    670
540:IF MU(I)=0THEN
    620
550:T0=H*LA*DX(I)/
    L
560:E=EXP T0

570:CH=(E+1/E)/2:S
    H=(E-1/E)/2
580:M(I)=SH/H*FQ+C
    H*M(I-1)+MU(I)
    /H*SH*P(I-1)
590:P(I)=(CH-1)/MU
    (I)*FQ+SH*H/MU
    (I)*M(I-1)+CH*
    P(I-1)
600:W(I)=(SH-T0)/H
    /MU(I)*FQ+(CH-
    1)/MU(I)*M(I-1
    )+1/H*SH*P(I-1
    )+W(I-1)
610:GOTO 710
620:T0=LA*DX(I)/L
630:M(I)=T0*FQ+M(I
    -1)
640:P(I)=-(T0/2*FQ
    +M(I-1))*T0/K(
    I)+P(I-1)
650:W(I)=-(T0/3*FQ
    +M(I-1))*T0*T0
    /2/K(I)+T0*P(I
    -1)+W(I-1)
660:GOTO 710
670:T0=H*LA*DX(I)/
    L
680:M(I)=(FQ+MU(I)
    *P(I-1))/H*SIN
    T0+M(I-1)*COS
    T0
690:P(I)=(COS T0-1
    )/MU(I)*FQ-SIN
    T0*H/MU(I)*M(I
    -1)+COS T0*P(I
    -1)
700:W(I)=(SIN T0-T
    0)/H/MU(I)*FQ+
    (COS T0-1)/MU(
    I)*M(I-1)+SIN
    T0/H*P(I-1)+W(
    I-1)
710:NEXT I
720:IF FQ=0THEN 76
    0
730:A1=LA^3+CN*W(N
    )
740:A2=LA*M(N)-DN*
    P(N)
750:GOTO 780
760:B1=CN*W(N)
770:B2=LA*M(N)-DN*
    P(N)
780:NEXT FQ
790:G=(A1*B2-A2*B1
    )/CG
800:RETURN
```

net und auf zwei Nachkommastellen ausgegeben.

(4) Die Berechnung kann für neue Querschnittswerte $k_i = I_i / I_o$ beliebig oft
    wiederholt werden.

__Beispiel 4.1:__ Für die abgebildeten Knickstäbe ist die Knickkraft F_k zu
berechnen.

In allen Beispielen wählen wir $EI_o = 1$ und $\ell = 1$.

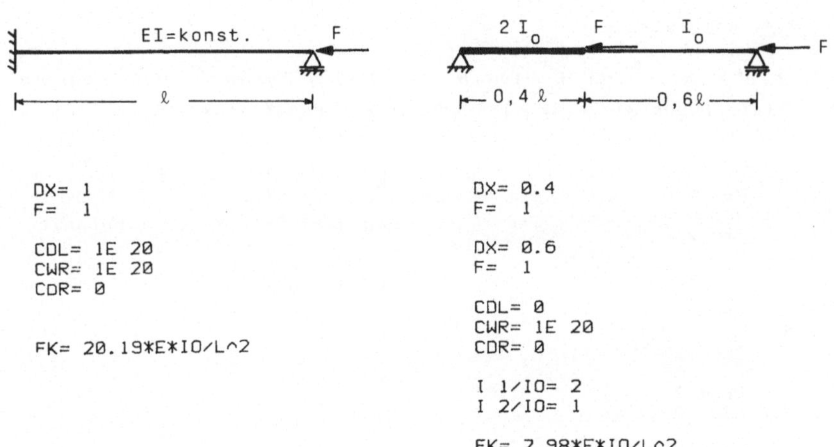

DX= 1
F= 1

CDL= 1E 20
CWR= 1E 20
CDR= 0

FK= 20.19*E*IO/L^2

DX= 0.4
F= 1

DX= 0.6
F= 1

CDL= 0
CWR= 1E 20
CDR= 0

I 1/IO= 2
I 2/IO= 1

FK= 7.98*E*IO/L^2

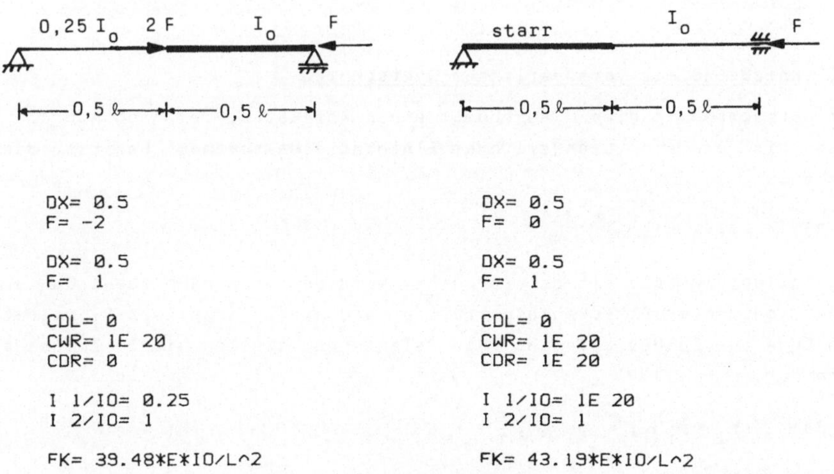

DX= 0.5
F= -2

DX= 0.5
F= 1

CDL= 0
CWR= 1E 20
CDR= 0

I 1/IO= 0.25
I 2/IO= 1

FK= 39.48*E*IO/L^2

DX= 0.5
F= 0

DX= 0.5
F= 1

CDL= 0
CWR= 1E 20
CDR= 1E 20

I 1/IO= 1E 20
I 2/IO= 1

FK= 43.19*E*IO/L^2

<u>Beispiel 4.2</u>: Für den Druckstab der Abb.4.4 ist die Knicksicherheit ν_k
zu berechnen.

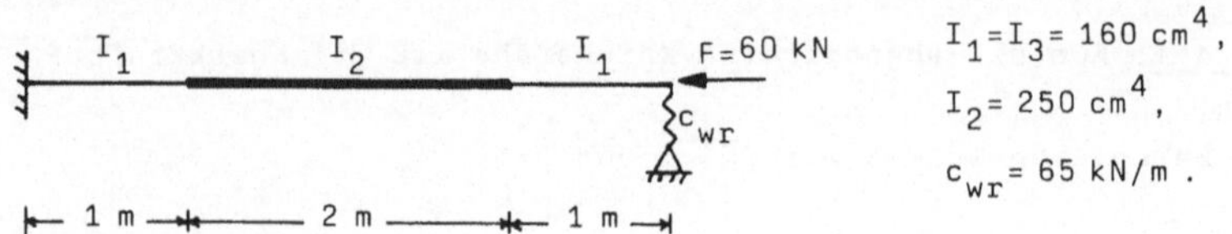

$I_1=I_3= 160$ cm^4 ,

$I_2= 250$ cm^4 ,

$c_{wr}= 65$ kN/m .

<u>Abb.4.4</u>: Knickstab

Mit E=21 000 kN/cm^2 und $I_o= 100$ cm^4 wird $EI_o = 210$ kN m^2. Das Programm
"KN1" liefert uns mit $k_1=k_3=1,6$ und $k_2=2,5$ die Knickkraft

```
DX= 1
F=  0

DX= 2
F=  0

DX= 1
F=  1

CDL= 1E 20
CWR= 65
CDR= 0
EIO= 210

I 1/IO= 1.6
I 2/IO= 2.5
I 3/IO= 1.6

FK= 20.54*E*IO/L^2
```

$$F_K = 20,54 \frac{EI_o}{\ell^2} = 20,54 \frac{210 \text{ kNm}^2}{4^2 \text{ m}^2} = 270 \text{ kN}$$

und damit die Knicksicherheit

$$\nu_k = \frac{F_K}{F} = \frac{270 \text{ kN}}{60 \text{ kN}} = 4,5 \ .$$

4.2   Knickstab mit veränderlichem Querschnitt

Wir betrachten in diesem Abschnitt einen Knickstab, der nach Abb.4.1 gelagert ist und ein veränderliches Flächenträgheitsmoment besitzt, das
wir durch

$$(4.33) \qquad I(x) = I_o f(x)$$

darstellen. Im Feld mit der Länge Δx_i wird der Stab nach Abb.4.5 a) mit
einer konstanten Streckenlängskraft p_i und einer Einzellast F_i am rechten Ende des Feldes belastet. Die Belastungen stellen wir in folgender
Form dar:

$$(4.34) \qquad F_i = f_i F , \qquad p_i = \nu_i \frac{F}{\ell} \ .$$

Für ein Balkenelement der Länge $t<\Delta x_i$ gilt nach Abb.4.5 b) (wobei wir vor-
übergehend M(t) und w(t) statt genauer $M(x_{i-1}+t)$ und $w(x_{i-1}+t)$ schreiben)

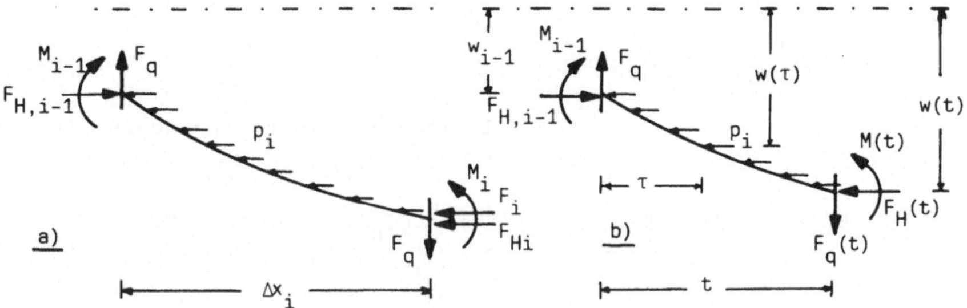

Abb.4.5: Belastung und Schnittgrößen am Balkenelement

$$M(t)=F_q t+F_{H,i-1}(w(t)-w_{i-1})+M_{i-1}-\int_0^t p_i(w(t)-w(\tau))d\tau$$

oder mit

$$\int_0^t p_i(w(t)-w(\tau))d\tau = p_i w(t)\int_0^t d\tau -p_i\int_0^t w(\tau)d\tau = p_i tw(t) - p_i\int_0^t w(\tau)d\tau$$

$$M(t)=F_q t+F_{H,i-1}(w(t)-w_{i-1})+M_{i-1}-p_i tw(t)+p_i\int_0^t w(\tau)d\tau \ .$$

Durch Differentiation nach t erhalten wir hieraus

$$M'=F_q+(F_{H,i-1}-p_i t)w' \ ,$$

(4.35)

$$M''=(F_{H,i-1}-p_i t)w''-p_i w' \ .$$

Weiterhin wird nach Abb.4.5 a)

$$F_{Hi}=F_{H,i-1}-F_i-p_i\Delta x_i=F_{H,i-2}-F_{i-1}-p_{i-1}\Delta x_{i-1}-F_i-p_i\Delta x_i$$

usw. bis

(4.36) $$F_{Hi}=F_{Ho}-\sum_{j=1}^{i}(F_j+p_j\Delta x_j)\ .$$

Mit $F_{Hn}=0$ folgt hieraus und mit (4.34)

(4.37) $$F_{Ho}=\sum_{i=1}^{n}(F_i+p_i\Delta x_i)=\sum_{i=1}^{n}(f_i+\nu_i\Delta x_i/\ell)F\ .$$

Mit dieser Darstellung erhalten wir

(4.38) $$F_{Hi}=\sum_{j=i+1}^{n}(f_j+\nu_j\Delta x_j/\ell)F=\mu_{i+1}F\quad\text{mit}\quad\mu_i=\sum_{j=i}^{n}(f_j+\nu_j\Delta x_j/\ell)\ .$$

Die μ_i berechnen wir wie im Abschn.4.1 rekursiv:

(4.39) $$\mu_n=f_n+\nu_n\Delta x_n/\ell\ ,\quad\mu_{n-i}=\mu_{n-i+1}+f_{n-i}+\nu_{n-i}\Delta x_{n-i}/\ell$$

Mit diesen Größen folgt für die Ableitungen der Biegemomentenfunktion

$$M'=F_q+F(\mu_i-\nu_i\tfrac{t}{\ell})w' ,$$

(4.40)

$$M''=F(\mu_i-\nu_i\tfrac{t}{\ell})w''-F\tfrac{\nu_i}{\ell}w' .$$

Zwischen den Funktionen M(t) und w(t) besteht die Beziehung (Differentialgleichung der Biegelinie)

$$EI(x)w''=-M \quad \text{oder mit (4.33)} \quad EI_of(x_{i-1}+t)w''=-M .$$

Setzen wir

(4.41) $\quad \lambda=\dfrac{F\ell^2}{EI_o} \quad$ und $\quad \bar{w}=\dfrac{EI_o}{\ell^2} w,$

so erhalten wir schließlich für das i-te Stabelement zur Bestimmung von $\bar{w}(t)$ und M(t) das Differentialgleichungssystem

$$\bar{w}''=-\frac{M}{\ell^2 f(x_{i-1}+t)} ,$$

(4.42)

$$M''=-\lambda[(\mu_i-\nu_i\tfrac{t}{\ell})\frac{M}{\ell^2 f(x_{i-1}+t)}+\tfrac{\nu_i}{\ell}\bar{w}'] .$$

Zur übersichtlicheren Darstellung führen wir für das Intervall $[x_{i-1},x_i]$ die folgenden Funktionen ein:

(4.43) $\quad z(t)=\bar{w}(x_{i-1}+t), \quad y(t)=M(x_{i-1}+t), \quad k(t)=f(x_{i-1}+t) .$

Die Funktionen z(t) und y(t) sind aus dem Differentialgleichungssystem

$$z''=-\frac{y}{\ell^2 k(t)} ,$$

(4.44)

$$y''=-\lambda[(\mu_i-\nu_i\tfrac{t}{\ell})\frac{y}{\ell^2 k(t)}+\tfrac{\nu_i}{\ell}z'] $$

mit den Anfangsbedingungen

(4.45) $\quad z(0)=\bar{w}_{i-1}, \quad z'(0)=\bar{\varphi}_{i-1}, \quad y(0)=M_{i-1}, \quad y'(0)=F_q+\lambda\mu_i\bar{\varphi}_{i-1}$

zu bestimmen. Die letzte Bedingung folgt aus (4.40) mit (4.41).
Die Gleichungen (4.44) sind im allgemeinen nicht in geschlossener Form lösbar. Wir bestimmen eine Lösung näherungsweise mit dem <u>gewöhnlichen</u> <u>Differenzenverfahren</u>, indem wir das
Feld der Breite Δx_i in n_o Teilintervalle unterteilen. Mit

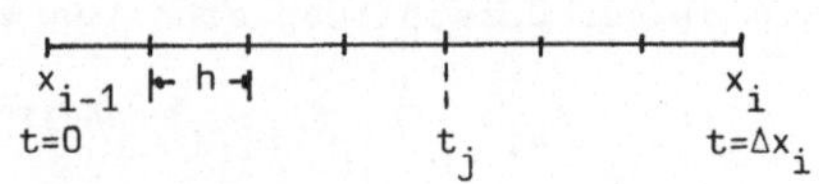

$$h=\Delta x_i/n_o \quad \text{und} \quad k_j=k(t_j)$$

lauten die Differnzengleichungen für das Differentialgleichungssystem (4.44) (wobei wir z_j und y_j als eine Näherung für $z(t_j)$ und $y(t_j)$ betrachten)

$$\frac{z_{j+1}-2z_j+z_{j-1}}{h^2} = -\frac{y_j}{\ell^2 k_j} \, ,$$

$$\frac{y_{j+1}-2y_j+y_{j-1}}{h^2} = -\lambda\left[(\mu_i-\nu_i t_j/\ell)\frac{y_j}{\ell^2 k_j} + \frac{\nu_i}{\ell}\frac{z_{j+1}-z_{j-1}}{2h}\right].$$

Nach z_{j+1} und y_{j+1} aufgelöst ergeben diese Gleichungen

$$(4.46) \qquad \begin{aligned} z_{j+1} &= -z_{j-1}+2z_j-\frac{h^2 y_j}{\ell^2 k_j} \, , \\[2mm] y_{j+1} &= -y_{j-1}+[2-\frac{\lambda h^2}{\ell^2 k_j}(\mu_i-\nu_i t_j/\ell)]y_j-\lambda\frac{h}{2}\frac{\nu_i}{\ell}(z_{j+1}-z_{j-1}) \, . \end{aligned}$$

Wären z_o, z_1, y_o, y_1 bekannt, so ließen sich nach (4.46) für einen vorgegebenen λ-Wert alle weiteren z_j, y_j und damit auch M_i, $\bar{\varphi}_i$, $\bar{w}_i$ berechnen. Aus den Anfangsbedingungen folgt sofort

$$z_o = \bar{w}_{i-1}, \quad y_o = M_{i-1}$$

und durch Taylorentwicklung bis zum zweiten Glied einschließlich

$$z_1 = z_o+hz_o'+\frac{h^2}{2}z_o'' = \bar{w}_{i-1}+h\bar{\varphi}_{i-1}-\frac{h^2}{2\ell^2 k_o}M_{i-1} \, ,$$

$$y_1 = y_o+hy_o'+\frac{h^2}{2}y_o'' = M_{i-1}+h(F_q+\lambda\mu_i\bar{\varphi}_{i-1})-\frac{h^2}{2}\lambda\left[\mu_i\frac{M_{i-1}}{\ell^2 k_o}+\frac{\nu_i}{\ell}\bar{\varphi}_{i-1}\right] \, .$$

Wir stellen die Formeln zur Berechnung der z_o bis y_1 noch einmal übersichtlich zusammen:

$$(4.47) \qquad \begin{aligned} z_o &= \bar{w}_{i-1} \, , \quad y_o = M_{i-1} \, , \\[2mm] z_1 &= \bar{w}_{i-1}+h\bar{\varphi}_{i-1}-\frac{h^2}{2\ell^2 k_o}M_{i-1} \, , \\[2mm] y_1 &= hF_q+(1-\lambda\frac{h^2\mu_i}{2\ell^2 k_o})M_{i-1}+\lambda h(\mu_i-\frac{h\nu_i}{2\ell})\bar{\varphi}_{i-1} \, . \end{aligned}$$

Mit (4.47) und (4.46) liegt der Algorithmus des Differenzenverfahrens
fest. Mit einer vorgegebenen Intervalleinteilung können aus den Anfangs-
werten M_{i-1}, $\bar{\varphi}_{i-1}$, $\bar{w}_{i-1}$ die Zustandsgrößen M_i, $\bar{\varphi}_i$, $\bar{w}_i$ am Ende des Intervalls berechnet werden. Am Ende des Feldes berechnen wir auch noch z_{no+1}
und hiermit

$$(4.48) \qquad \bar{\varphi}_i = (z_{no+1}-z_{no-1})/(2h) \, .$$

Am Ende und Anfang des Stabes sind die Lagerungsbedingungen einzuarbei-
ten. Wir betrachten wieder einen Knickstab, der nach Abb.4.1 gelagert
ist. Dann gilt mit den reduzierten Federkonstanten

$$c_{do}=c_{dl}\ell^2/(EI_o), \quad c_{wn}=c_{wr}\ell^2/(EI_o), \quad c_{dn}=c_{dr}\ell^2/(EI_o)$$

ARB: $\bar{w}_0=0$, $M_0=-c_{dl}\varphi_0=-c_{do}\bar{\varphi}_0$,

ERB: $F_q=-c_{wr}w_n=-c_{wn}\bar{w}_n$, $M_n=c_{dr}\varphi_n=c_{dn}\bar{\varphi}_n$.

Da die Biegelinie des ausgeknickten Stabes nicht eindeutig bestimmt ist,
können wir eine der unbestimmten Anfangswerte willkürlich (aber von Null
verschieden) wählen. Wir setzen wie früher im Abschn.4.1

(4.49) $M_0=1$ für den links fest eingespannten Stab ($c_{dl}=\infty$) und

$\bar{\varphi}_0=1$ für den drehelastisch gelagerten Stab ($c_{dl}\neq\infty$) .

Dann wird

(4.50) $\bar{\varphi}_0=0$ für $c_{dl}=\infty$ und $M_0=-c_{do}$ für $c_{dl}\neq\infty$.

Freie Anfangsparameter in unserem Algorithmus sind F_q und der gesuchte
Knickfaktor λ. Von diesen beiden Variablen hängen alle nach (4.47) und
(4.46) berechneten Größen ab. Die Erfüllung der Endrandbedingung liefert
uns die beiden Gleichungen zur Bestimmung von F_q und λ:

(4.51)
$$g_1=g_1(F_q,\lambda)=F_q+c_{wn}\bar{w}_n(F_q,\lambda)=0 ,$$
$$g_2=g_2(F_q,\lambda)=M_n(F_q,\lambda)-c_{dn}\bar{\varphi}_n(F_q,\lambda)=0 .$$

Die Abhängigkeit der Funktionen g_j ($j=1, 2$) von F_q ist linear, so daß wir

$$g_j(F_q,\lambda)=(a_j(\lambda)-b_j(\lambda))F_q+b_j(\lambda)$$

mit

(4.52) $a_j(\lambda)=g_j(1,\lambda)$ und $b_j(\lambda)=g_j(0,\lambda)$

schreiben können (s. auch Abschn.4.1). Eliminieren wir F_q in den beiden
Gleichungen $g_j=0$, so erhalten wir zur Bestimmung von λ die Gleichung

(4.53) $g(\lambda)=a_1(\lambda)b_2(\lambda)-a_2(\lambda)b_1(\lambda) = 0$.

Die erste positive Nullstelle dieser Gleichung ermitteln wir mit dem
<u>Newtonschen Verfahren</u>. Ist λ_0 eine Näherung dieser Nullstelle, so werden
wir im allgemeinen mit

(4.54) $\lambda_1=\lambda_0-\Delta\lambda$ mit $\Delta\lambda=g(\lambda_0)/\dot{g}(\lambda_0)$ und $\dot{g}=\dfrac{dg}{d\lambda}$

einen besseren Näherungswert erhalten. $\dot{g}$ berechnen wir nach (4.53) zu

(4.55) $\dot{g}=\dot{a}_1b_2+a_1\dot{b}_2-\dot{a}_2b_1-a_2\dot{b}_1$

mit

(4.56)
$$\dot{a}_1=\dot{g}_1(1,\lambda)=c_{wn}\dot{\bar{w}}_n(1,\lambda),   \dot{a}_2=\dot{g}_2(1,\lambda)=\dot{M}_n(1,\lambda)-c_{dn}\dot{\bar{\varphi}}_n(1,\lambda),$$
$$\dot{b}_1=\dot{g}_1(0,\lambda)=c_{wn}\dot{\bar{w}}_n(0,\lambda),   \dot{b}_2=\dot{g}_2(0,\lambda)=\dot{M}_n(0,\lambda)-c_{dn}\dot{\bar{\varphi}}_n(0,\lambda) .$$

Für die nach λ abgeleiteten Zustandsgrößen erhalten wir nach (4.47) und
(4.46):

$$\dot{z}_o = \overset{\star}{\dot{w}}_{i-1}, \quad \dot{y}_o = \dot{M}_{i-1}, \quad \dot{z}_1 = \overset{\star}{\dot{w}}_{i-1} + h\overset{\star}{\dot{\varphi}}_{i-1} - \frac{h^2}{2\ell^2 k_o}\dot{M}_{i-1},$$

$$\dot{y}_1 = (1 - \lambda\frac{h^2\mu_i}{2\ell^2 k_o})\dot{M}_{i-1} - \frac{h^2\mu_i}{2\ell^2 k_o}M_{i-1} + \lambda h(\mu_i - \frac{h\nu_i}{2\ell})\overset{\star}{\dot{\varphi}}_{i-1} + h(\mu_i - \frac{h\nu_i}{2\ell})\bar{\varphi}_{i-1},$$

(4.57)

$$\dot{z}_{j+1} = -\dot{z}_{j-1} + 2\dot{z}_j - \frac{h^2}{\ell^2 k_j}\dot{y}_j,$$

$$\dot{y}_{j+1} = -\dot{y}_{j-1} + [2 - \frac{\lambda h^2}{\ell^2 k_j}(\mu_i - \nu_i t_j/\ell)]\dot{y}_j - \frac{h^2}{\ell^2 k_j}(\mu_i - \nu_i t_j/\ell)y_j$$
$$- \lambda\frac{h\nu_i}{2\ell}(\dot{z}_{j+1} - \dot{z}_{j-1}) - \frac{h\nu_i}{2\ell}(z_{j+1} - z_{j-1}).$$

Mit diesen Größen berechnen wir für eine vorgegebene Intervallunterteilung am Ende eines Stabelements die nach λ abgeleiteten Zustandsgrößen

$$\dot{M}_i = \dot{y}_{no}, \quad \overset{\star}{\dot{\varphi}}_i = (\dot{z}_{no+1} - \dot{z}_{no-1})/(2h), \quad \overset{\star}{\dot{w}}_i = \dot{z}_{no},$$

die alle noch von F_q und λ abhängen. Für $F_q = 0$ und $F_q = 1$ folgen für i=n
die Ableitungen der Funktionen $a_j(\lambda)$ und $b_j(\lambda)$ und hiermit nach (4.55) $\dot{g}$.

Die Iteration nach Newton starten wir mit $\lambda_o = 0$ und brechen sie ab, wenn
für λ eine gewünschte Genauigkeit erreicht worden ist, z.B nach

$$|\Delta\lambda| \leq 0{,}01|\lambda|.$$

Hierin bedeuten λ den zuletzt berechneten Näherungswert und $\Delta\lambda$ die Differenz der beiden letzten Näherungswerte.
Der so errechnete λ-Wert hängt natürlich noch von der gewählten Intervallunterteilung n_o des Differenzenverfahrens ab. Da dieses Verfahren
von zweiter Ordnung ist, gilt

$$\lambda = \bar{\lambda} + c_2 h^2 + c_4 h^4 + c_6 h^6 + \ldots,$$

wenn λ der exakte Eigenwert und $\bar{\lambda}$ eine mit der Schrittweite h berechnete
Näherung von λ ist. Bezeichnen wir die mit h, h/2, h/4, h/8, ... errechneten Näherungswerte mit λ_{00}, λ_{01}, λ_{02}, λ_{03}, ... , so erhalten wir durch
Extrapolation mit

(4.58) $\lambda_{kl} = (4^k\lambda_{k-1,l} - \lambda_{k-1,l-1})/(4^k - 1)$ (l=1, 2, 3, ...; k=1, 2, ...l).

eine weitere Verbesserung der Näherungswerte. Den gesamten Algorithmus
brechen wir ab, wenn

(4.59) $|\lambda_{ll} - \lambda_{l-1,l-1}| \leq 0{,}01|\lambda_{ll}|$

wird.Den mit der Extrapolation zuletzt berechneten Näherungswert λ_{ll} betrachten wir als den besten Näherungswert für den gesuchten Knickfaktor.

Im Programm "KN2" haben wir für die Ableitungen nach λ die folgenden Bezeichnungen benutzt:

$$\dot{M}=M1, \quad \dot{\varphi}=P1, \quad \dot{w}=W1, \quad \dot{a}_j=CJ, \quad \dot{b}_j=DJ \quad (j=1, 2), \quad \dot{y}=U, \quad \dot{z}=V .$$

Programm "KN2": Knickstab mit veränderlichem Querschnitt

```
10:"KN2":REM  KNI
   CKSTAB MIT VER
   AENDERLICHEM Q
   UERSCHNITT
20:READ N
30:DIM DX(N),F(N)
   ,MU(N),X(N),M(
   N),P(N),W(N),N
   U(N),M1(N),P1(
   N),W1(N),LA(6,
   6)
40:FOR I=1TO N
50:READ DX(I),F(I
   ),NU(I)
55:LPRINT "DX=";D
   X(I)
56:LPRINT "F= ";F
   (I)
57:LPRINT "P=";NU
   (I)
58:LPRINT
60:X(I)=X(I-1)+DX
   (I)
70:NEXT I
80:XN=X(N)
90:READ DL,CR,DR
95:LPRINT "CDL=";
   DL
96:LPRINT "CWR=";
   CR
97:LPRINT "CDR=";
   DR
98:LPRINT
100:INPUT "BIEGEST
    EIFIGKEIT E*IO
    =";B
105:LPRINT "E*IO="
    ;B
106:LPRINT
110:DO=DL*XN^2/B
120:CN=CR*XN^2/B
130:DN=DR*XN^2/B
140:MU(N)=F(N)+NU(
    N)*DX(N)/XN
150:FOR I=1TO N-1
160:MU(N-I)=MU(N-I
    +1)+F(N-I)+NU(
    N-I)*DX(N-I)/X
    N
170:NEXT I
180:IF DL>=1E20
    THEN 210
190:P(0)=1:M(0)=-D
    O*P(0)
200:GOTO 220
210:P(0)=0:M(0)=1
220:W(0)=0:M1(0)=0
    :P1(0)=0:W1(0)
    =0
230:N0=1:L=-1
240:N0=2*N0:L=L+1
250:FOR FQ=0TO 1
260:FOR I=1TO N
270:H=DX(I)/N0
280:Z0=W(I-1):Y0=M
    (I-1)
290:V0=W1(I-1):U0=
    M1(I-1)
300:X=X(I-1):GOSUB
    "FKT"
310:Z1=Z0+H*P(I-1)
    -H*H/2/XN^2*M(
    I-1)/FX
320:U1=W1(I-1)+H*P
    1(I-1)-(H/XN)^
    2/2/FX*M1(I-1)
330:K1=1-LA*(H/XN)
    ^2/2/FX*MU(I)
340:K2=H*(MU(I)-H/
    2*NU(I)/XN)
350:Y1=H*FQ+K1*M(I
    -1)+LA*K2*P(I-
    1)
360:U1=K1*M1(I-1)-
    (H/XN)^2/2/FX*
    MU(I)*M(I-1)+L
    A*K2*P1(I-1)+K
    2*P(I-1)
370:FOR J=1TO N0
380:T=J*H:X=X(I-1)
    +T
390:GOSUB "FKT"
400:Z2=-Z0+2*Z1-(H
    /XN)^2/FX*Y1
410:U2=-U0+2*U1-(H
    /XN)^2/FX*U1
420:P=Z2-Z0:P1=V2-
    U0
430:K3=(H/XN)^2*(M
    U(I)-NU(I)*T/X
    N)/FX
440:Y2=-Y0+(2-LA*K
    3)*Y1-LA*H/2*N
    U(I)/XN*P
450:U2=-U0+(2-LA*K
    3)*U1-K3*Y1-H/
    2*NU(I)/XN*(LA
    *P1+P)
460:Z0=Z1:Z1=Z2:Y0
    =Y1:Y1=Y2
470:U0=U1:U1=U2:V0
    =V1:V1=V2
480:NEXT J
490:M(I)=Y0:P(I)=P
    /2/H:W(I)=Z0
500:M1(I)=U0:P1(I)
    =P1/2/H:W1(I)=
    V0
510:NEXT I
520:IF FQ=0THEN 58
    0
530:A1=1+CN*W(N)
540:C1=CN*W1(N)
550:A2=M(N)-DN*P(N
    )
560:C2=M1(N)-DN*P1
    (N)
570:GOTO 620
580:B1=CN*W(N)
590:D1=CN*W1(N)
600:B2=M(N)-DN*P(N
    )
610:D2=M1(N)-DN*P1
    (N)
620:NEXT FQ
630:G=A1*B2-A2*B1
640:G1=C1*B2+A1*D2
    -C2*B1-A2*D1
650:DL=G/G1
660:LA=LA-DL
670:IF ABS DL>.01*
    LATHEN 250
680:LA(0,L)=LA
690:IF L=0THEN 240
700:C=1
710:FOR K=1TO L
720:C=4*C
730:LA(K,L)=(C*LA(
    K-1,L)-LA(K-1,
    L-1))/(C-1)
740:NEXT K
750:LA=LA(L,L)
760:IF L<6THEN 790
770:LPRINT "GENAUI
    GKEIT NICHT ER
    REICHT:"
780:GOTO 810
790:DL=ABS (LA-LA(
    L-1,L-1))
800:IF DL>.01*ABS
    LATHEN 240
810:LA=.01*INT (10
    0*LA+.5)
820:LPRINT "FK=";L
    A;"E*IO/L^2"
830:END
900:"FKT":FX=
910:RETURN
```

Hinweise zum Programm "KN2":

(1) Mit dem Programm "KN2" wird für einen Knickstab, der nach Abb.4.1
    gelagert ist, die Knickkraft F_K mit dem gewöhnlichen Differenzenver-
    fahren mit anschließender Extrapolation berechnet. Ein Stabelement
    (s. Abb.4.5) wird in Längsrichtung durch die Einzelkraft $F_i=f_i\, F$ und
    die konstante Streckenlast $p_i=v_i\,\dfrac{F}{\ell}$ belastet. Das veränderliche Flä-
    chenträgheitsmoment wird durch $I(x)=I_0\, f(x)$ dargestellt. Für eine
    unendliche Federkonstante wird der Wert 1E2Ø eingegeben.
(2) Über eine DATA-Anweisung werden eingegeben:

$$n,\ \Delta x_1,\ f_1,\ v_1,\ \Delta x_2,\ f_2,\ v_2,\ \ldots,\ \Delta x_n,\ f_n,\ v_n$$

$$c_{dl},\ c_{wr},\ c_{dr}$$

   Die Funktion f(x) wird in Zeile 9ØØ in der Form FX=... eingegeben.
   Die Biegesteifigkeit EI_0 wird über eine INPUT-Anweisung abgefragt.
(3) Der Knickfaktor λ wird auf 1% genau berechnet und auf zwei Nachkom-
    mastellen ausgegeben.

Beispiel 4.3: Für die skizzierten Knickstäbe der Abb.4.6 sind F_K bzw. p_K
zu berechnen.

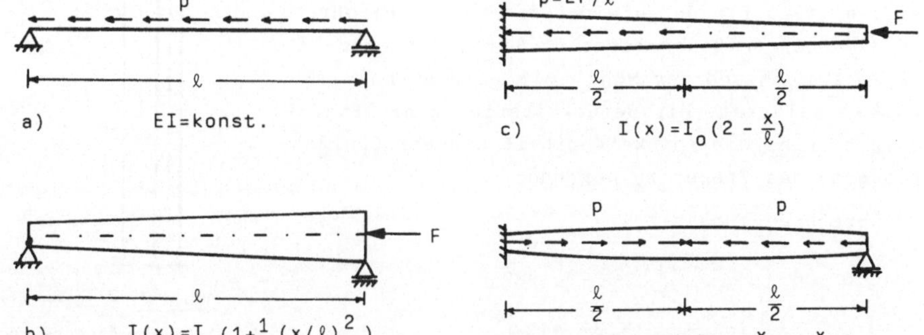

Abb.4.6: Knickstäbe

In allen Beispielen setzen wir $\ell=1$, $EI_0=1$ und in

    a) $n=1$, $f_1=0$, $v_1=1$,
    b) $n=1$, $f_1=1$, $v_1=0$,
    c) $n=2$, $f_1=0$, $v_1=2$, $f_2=1$, $v_2=0$,
    d) $n=2$, $f_1=0$, $v_1=-1$, $f_2=0$, $v_2=1$.

Hiermit erhalten wir die aufgelisteten Ergebnisse. Insbesondere wird für

$$\text{a)}\quad p_K=18,57\,\frac{EI_0}{\ell^3}\qquad \text{und}\quad \text{d)}\quad p_K=178\,\frac{EI_0}{\ell^3}\,.$$

Ergebnisse zu den Beispielen 4.3 a) - d):

a)

```
DX= 1
F=  0
P= 1

CDL= 0
CWR= 1E 20
CDR= 0

E*IO= 1

FK= 18.57E*IO/L^2
```

b)

```
DX= 1
F=  1
P= 0

CDL= 0
CWR= 1E 20
CDR= 0

E*IO= 1

FK= 11.17E*IO/L^2
```

c)

```
DX= 0.5
F=  0
P= 2

DX= 0.5
F=  1
P= 0

CDL= 1E 20
CWR= 0
CDR= 0

E*IO= 1

FK= 3.97E*IO/L^2
```

d)

```
DX= 0.5
F=  0
P=-1

DX= 0.5
F=  0
P= 1

CDL= 1E 20
CWR= 1E 20
CDR= 0

E*IO= 1

FK= 177.86E*IO/L^2
```

Beispiel 4.4: Ein unten eingespanntes Stahlrohr
mit dem äußeren Durchmesser d_a=80 mm, der Wandstärke s=10 mm und der Höhe ℓ =4 m wird durch
F=0,8 kN belastet. Mit Berücksichtigung des Eigengewichts sind die Knicksicherheit und der Schlankheitsgrad des Stabes zu berechnen.

Wir berechnen zunächst

$$A=\frac{\pi}{4}(d_a^2 - d_i^2)=22 \text{ cm}^2 \text{ und}$$

$$I=\frac{\pi}{64}(d_a^4 - d_i^4)=137,44 \text{ cm}^4.$$

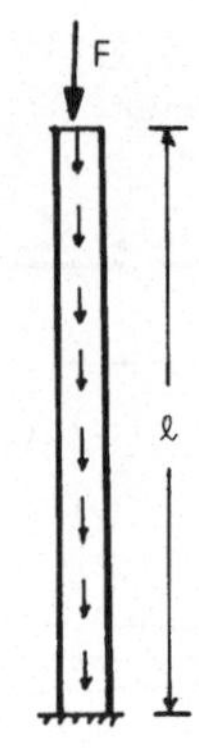

Abb.4.7: Knicken mit
Eigengewicht

Die gesamte Gewichtskraft des Stabes beträgt

$$F_g=\rho A\ell g=7,85\frac{to}{m^3}\cdot 22\cdot 10^{-4}m^2\cdot 4m\cdot 9,81\frac{m}{s^2}=0,677 \text{ kN}.$$

Als Bezugsgröße für die Knickkraft wählen wir F. Damit wird f=1 und

$$p=\frac{F_g}{\ell}=\frac{F_g}{F}\frac{F}{\ell}=\nu\frac{F}{\ell} \quad \text{mit} \quad \nu=\frac{F_g}{F}=0,847.$$

Mit diesen Werten und f(x)=1 erhalten wir die nebenstehenden Ergebnisse. Die Knickkraft beträgt somit

$$F_K=1,97\frac{EI}{\ell^2}=1,97\frac{2100\cdot 137,44 \text{ kNcm}^2}{400^2 \text{ cm}^2}=3,55 \text{ kN}$$

und die Knicksicherheit

```
DX= 1
F=  1
P= 0.847

CDL= 1E 20
CWR= 0
CDR= 0

E*IO= 1

FK= 1.97E*IO/L^2
```

$$\nu_K = \frac{F_K}{F} = 4,44.$$

Die Knicklänge berechnen wir aus

$$F_K = \pi^2 \frac{EI}{\ell_k^2} = 1,97 \frac{EI}{\ell^2} \quad zu \quad \ell_k = \frac{\pi \cdot \ell}{\sqrt{1,97}} = 895 \text{ cm}$$

und die Schlankheit des Stabes mit $i = \sqrt{I/A} = 2,50$ cm zu

$$\frac{\ell_k}{i} = 358 > 100.$$

Es liegt also elastisches Knicken nach Euler vor.

4.3   Knicken eines Durchlaufträgers

Der in Abb.4.8 dargestellte Durchlaufträger wird durch die Kräfte F_1, F_2, ..., F_n auf Druck beansprucht. Der Träger kann links fest eingespannt oder starr gelenkig gelagert sein. Am rechten Ende ist eine feste Einspannung, ein Gelenklager oder auch ein freies Ende zulässig. Der Stab besitzt in den Feldern der Länge Δx_i ein konstantes Flächenträgheitsmoment, das wir wie früher durch $I_i = k_i I_0$ darstellen. Der Elastizitätsmodul E ist über die gesamte Länge konstant. Die Längskräfte schreiben wir wieder in der Form (s. Abschn.4.1)

$$F_i = f_i F \quad (i=1, 2, ..., n) \quad \text{mit } F>0 \text{ und } f_i \text{ beliebig.}$$

Zu berechnen ist die kleinste Kraft F_K, bei der der Stab ausknickt.

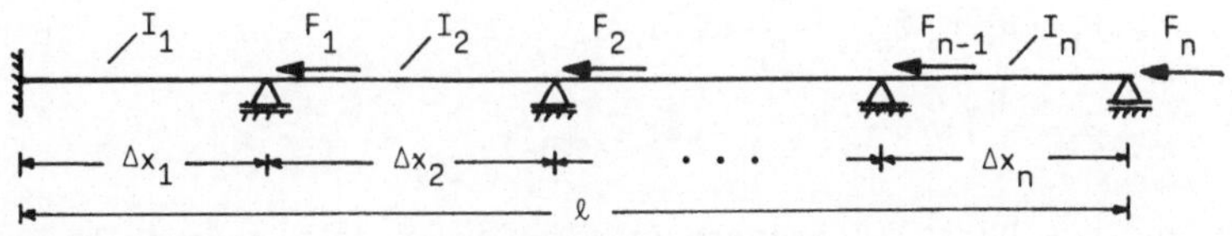

Abb.4.8: Knicken eines Durchlaufträgers

Für ein Stabelement der Länge Δx_i gelten die im Abschn. 4.1 abgeleiteten Gleichungen (4.15), (4.17) und (4.19). Jedoch ist die Querkraft wegen der Auflager jetzt lediglich innerhalb des i-ten Intervalls konstant und nicht mehr für die gesamte Länge .
Ist die durch (4.5) eingeführte Größe μ_i positiv, so erhalten wir nach (4.15) mit $\tau_i = h_i \lambda \Delta x_i / \ell$ die Gleichungen

$$\bar{M}_i = \frac{1}{h_i} \sin \tau_i \, F_{qi} + \cos \tau_i \, \bar{M}_{i-1} + \frac{\mu_i}{h_i} \sin \tau_i \, \bar{\varphi}_{i-1},$$

$$(4.60) \qquad \bar{\varphi}_i = \frac{1}{\mu_i} (\cos \tau_i - 1) \, F_{qi} - \frac{h_i}{\mu_i} \sin \tau_i \, \bar{M}_{i-1} + \cos \tau_i \, \bar{\varphi}_{i-1}$$

$$\bar{w}_i = \frac{1}{h_i \mu_i} (\sin \tau_i - \tau_i) \, F_{qi} + \frac{1}{\mu_i} (\cos \tau_i - 1) \, \bar{M}_{i-1} + \frac{1}{h_i} \sin \tau_i \, \bar{\varphi}_{i-1} + \bar{w}_{i-1}.$$

Aufgrund der Lagerung des Durchlaufträgers gilt

$$\bar{w}_i = 0 \quad \text{für } i = 0, 1, 2, \ldots, n-1 \quad \text{für ein freies rechtes Ende,}$$

$$\bar{w}_i = 0 \quad \text{für } i = 0, 1, 2, \ldots, n \quad \text{für rechts feste Einspannung oder}$$
gelenkige Lagerung.

Aus der dritten Gleichung von (4.60) folgt somit

$$F_{qi} = [h_i (\cos \tau_i - 1) \bar{M}_{i-1} + \mu_i \sin \tau_i \, \bar{\varphi}_{i-1}] / (\tau_i - \sin \tau_i).$$

Setzen wir diesen Term in die ersten beiden Gleichungen (4.60), so erhalten wir nach einer kleinen Rechnung

$$\bar{M}_i = [(\tau_i \cos \tau_i - \sin \tau_i) \bar{M}_{i-1} + \frac{\mu_i}{h_i} \tau_i \sin \tau_i \, \bar{\varphi}_{i-1}] / (\tau_i - \sin \tau_i),$$

$$(4.61) \qquad \bar{\varphi}_i = [\frac{h_i}{\mu_i} (2 - 2\cos \tau_i - \tau_i \sin \tau_i) \bar{M}_{i-1} + (\tau_i \cos \tau_i - \sin \tau_i) \bar{\varphi}_{i-1}] / (\tau_i - \sin \tau_i).$$

Diese Gleichungen gelten für i=1, 2, ..., n-1 für ein rechtes freies Ende und für i=1, 2, ..., n für feste Einspannung oder gelenkige Lagerung am rechten Ende. Für ein rechtes freies Ende ist $F_{qn} = 0$, und wir erhalten aus (4.60)

$$\bar{M}_n = \cos \tau_n \, \bar{M}_{n-1} + \frac{\mu_n}{h_n} \sin \tau_n \, \bar{\varphi}_{n-1},$$

$$(4.62) \qquad \bar{\varphi}_n = -\frac{h_n}{\mu_n} \sin \tau_n \, \bar{M}_{n-1} + \cos \tau_n \, \bar{\varphi}_{n-1}.$$

Am Anfang des Durchlaufträgers gilt aufgrund der Lagerung bzw. der willkürlichen Festsetzung einer Anfangsgröße (s. Abschn. 4.1)

$$\bar{M}_0 = 0, \quad \bar{\varphi}_0 = 1 \quad \text{für gelenkige Lagerung,}$$

$$(4.63) \qquad \bar{\varphi}_0 = 1, \quad \bar{M}_0 = 1 \quad \text{für feste Einspannung.}$$

Nach (4.61) und (4.62) lassen sich für ein vorgegebenes λ somit alle $\bar{M}_i$, $\bar{\varphi}_i$ bis $\bar{M}_n$, $\bar{\varphi}_n$ berechnen. λ ist nun so zu wählen, daß auch die ERB erfüllt wird. Hier gilt

$$g(\lambda) = \bar{M}_n(\lambda) = 0 \quad \text{für gelenkige Lagerung oder freies Ende,}$$

$$(4.64) \qquad g(\lambda) = \bar{\varphi}_n(\lambda) = 0 \quad \text{für feste Einspannung.}$$

Aus der Gleichung $g(\lambda) = 0$ ist der gesuchte Eigenwert λ zu bestimmen. Die

Berechnung von λ nehmen wir wie im Abschn. 4.1 mit der regula falsi mit der Genauigkeitsforderung von 0,1% für λ^2 vor.

Für $\underline{\mu_i < 0}$ erhalten wir ganz entsprechend

$$\bar{M}_i = [(\tau_i \cosh \tau_i - \sinh \tau_i)\bar{M}_{i-1} + \frac{\mu_i}{h_i}\tau_i \sinh \tau_i \,\bar{\varphi}_{i-1}]/(\tau_i - \sinh \tau_i),$$

(4.65)

$$\bar{\varphi}_i = [\frac{h_i}{\mu_i}(2-2\cosh \tau_i + \tau_i \sinh \tau_i)\bar{M}_{i-1} + (\tau_i \cosh \tau_i - \sinh \tau_i)\bar{\varphi}_{i-1}]/(\tau_i - \sinh \tau_i).$$

und

$$\bar{M}_n = \cosh \tau_n \,\bar{M}_{n-1} + \frac{\mu_n}{h_n}\sinh \tau_n \,\bar{\varphi}_{n-1}\ ,$$

(4.66)

$$\bar{\varphi}_n = \frac{h_n}{\mu_n}\sinh \tau_n \,\bar{M}_{n-1} + \cosh \tau_n \,\bar{\varphi}_{n-1}\ .$$

Durch Vergleich von (4.61) und (4.65) sehen wir, daß (4.65) aus (4.61) entsteht, indem wir die trigonometrischen Funktionen durch die entsprechenden hyperbolischen Funktionen zu ersetzen haben und das Vorzeichen des Terms $\tau_i \sin \tau_i$ in der Gleichung für $\bar{\varphi}_i$ ändern müssen. Diese Gemeinsamkeit können wir beim Programmieren ausnutzen. Setzen wir

(4.67)

$$s_i = \sin \tau_i, \quad c_i = \cos \tau_i \quad \text{für } \mu_i > 0,$$

$$s_i = \sinh \tau_i, \quad c_i = \cosh \tau_i \quad \text{für } \mu_i < 0,$$

so können wir (4.61) und (4.65) gemeinsam durch

(4.68)

$$\begin{bmatrix} \bar{M}_i \\ \bar{\varphi}_i \end{bmatrix} = \frac{1}{\tau_i - s_i} \begin{bmatrix} \tau_i c_i - s_i & , & \frac{\mu_i}{h_i}\tau_i s_i \\ \frac{h_i}{\mu_i}(2-2c_i - \tau_i c_i \operatorname{sgn}\mu_i), & \tau_i c_i - s_i \end{bmatrix} \cdot \begin{bmatrix} \bar{M}_{i-1} \\ \bar{\varphi}_{i-1} \end{bmatrix}$$

darstellen. Entsprechend folgt für (4.62) und (4.66)

(4.69)

$$\begin{bmatrix} \bar{M}_n \\ \bar{\varphi}_n \end{bmatrix} = \begin{bmatrix} c_n & , & \frac{\mu_n}{h_n}s_n \\ -\frac{h_n}{\mu_n}s_n \operatorname{sgn}\mu_n, & c_n \end{bmatrix} \cdot \begin{bmatrix} \bar{M}_{n-1} \\ \bar{\varphi}_{n-1} \end{bmatrix}$$

Für $\underline{\mu_i = 0}$ gilt nach (4.17) mit $\tau_i = \lambda \,\Delta x_i / \ell$

$$\bar{M}_i = \tau_i F_{qi} + \bar{M}_{i-1}\ ,$$

$$\bar{\varphi}_i = -\frac{\tau_i^2}{2k_i}F_{qi} - \frac{\tau_i}{k_i}\bar{M}_{i-1} + \bar{\varphi}_{i-1}\ ,$$

$$\bar{w}_i = -\frac{\tau_i^3}{6k_i}F_{qi} - \frac{\tau_i^2}{2k_i}\bar{M}_{i-1} + \tau_i \,\bar{\varphi}_{i-1} + \bar{w}_{i-1}\ .$$

Mit $\bar{w}_i = 0$ folgt hieraus

$$F_{qi} = -\frac{3}{\tau_i}\bar{M}_{i-1} + \frac{6k_i}{\tau_i^2}\bar{\varphi}_{i-1}$$

und somit

$$(4.70) \qquad \begin{bmatrix} \bar{M}_i \\ \bar{\varphi}_i \end{bmatrix} = \begin{bmatrix} -2 & , & \dfrac{6k_i}{\tau_i} \\ \dfrac{\tau_i}{2k_i} & , & -2 \end{bmatrix} \cdot \begin{bmatrix} \bar{M}_{i-1} \\ \bar{\varphi}_{i-1} \end{bmatrix}$$

Diese Beziehung gilt wieder für i=1, 2, ..., n-1 für ein freies rechtes
Ende und für I=1, 2, ..., n für feste Einspannung oder gelenkige Lagerung
am rechten Ende. Mit $F_{qn}=0$ für ein rechtes freies Ende folgt schließlich

$$(4.71) \qquad \begin{bmatrix} \bar{M}_n \\ \bar{\varphi}_n \end{bmatrix} = \begin{bmatrix} 0 & , & 1 \\ -\dfrac{\tau_n}{k_n} & , & 1 \end{bmatrix} \cdot \begin{bmatrix} \bar{M}_{n-1} \\ \bar{\varphi}_{n-1} \end{bmatrix}$$

Somit liegt der gesamte Algorithmus zur Berechnung von $g(\lambda)$ nach (4.64)
vor. Das Programm "KN3", insbesondere die Berechnung von λ nach der regula falsi, wird im wesentlichen nach dem Struktogramm aus Abschn. 4.1 ge-
schrieben.

Hinweise zum Programm "KN3":

(1) Mit dem Programm "KN3" wird für einen Durchlaufträger der Abb.4.8
    die Knickkraft F_K berechnet. Die Längskräfte werden durch $F_i=f_i F$ und
    die in einem Feld zwischen zwei Auflagern konstanten Flächenträg-
    heitsmomente durch $I_i=k_i I_o$ dargestellt. Der Durchlaufträger ist
    links gelenkig gelagert oder fest eingespannt. Rechts ist ein Gelenk-
    lager, eine feste Einspannung oder ein freies Ende zulässig.
(2) Über eine DATA-Anweisung werden eingegeben:

$$n, \ \Delta x_1, \ f_1, \ \Delta x_2, \ f_2, \ ..., \ \Delta x_n, \ f_n$$

    Die Art der Lagerung und die $k_i=I_i/I_o$ werden über eine INPUT-Anwei-
    sung angefordert.
(3) Der Knickfaktor λ^2 in $F_K=\lambda^2 EI_o/\ell^2$ wird auf 0,1% Genauigkeit berech-
    net und auf zwei Nachkommastellen ausgegeben.
(4) Die Berechnung von F_K kann für neue Querschnittswerte $k_i=I_i/I_o$ be-
    liebig oft wiederholt werden.

Programm "KN3": Knicken eines Durchlaufträgers

```
10:"KN3":REM  KNI
   CKEN EINES DUR
   CHLAUTRAEGERS
15:RADIAN
20:READ N
25:LPRINT "N=";N
26:LPRINT
30:DIM DX(N),F(N)
   ,K(N),MU(N),X(
   N),M(N),P(N)
40:FOR I=1TO N
50:READ DX(I),F(I
   )
55:LPRINT "DX=";D
   X(I)
56:LPRINT "F=";F(
   I)
57:LPRINT
60:X(I)=X(I-1)+DX
   (I)
70:NEXT I
80:L=X(N):MU(N)=F
   (N)
90:FOR I=1TO N-1
100:MU(N-I)=MU(N-I
   +1)+F(N-I)
110:NEXT I
120:INPUT "LINKS E
   INGESPANNT:J/N
   ? ";L$
121:IF L$<>"J"AND
   L$<>"N"THEN 12
   0
125:IF L$="N"THEN
   128
126:LPRINT "LINKS
   EINGESPANNT"
127:GOTO 130
128:LPRINT "LINKS
   GELENKLAGER"
130:INPUT "RECHTS
   EINGESPANNT:J/
   N? ";RE$
131:IF RE$<>"J"AND
   RE$<>"N"THEN 1
   30
136:IF RE$="N"THEN
   150
137:LPRINT "RECHTS
   EINGESPANNT"
140:GOTO 160
150:INPUT "RECHTS
   GELENKLAGERT:J
   /N? ";RG$
151:IF RG$<>"J"AND
   RG$<>"N"THEN 1
   50

155:IF RG$="N"THEN
   158
156:LPRINT "RECHTS
   GELENKLAGER"
157:GOTO 160
158:LPRINT "RECHTS
   FREIES ENDE"
160:INPUT "KONST.Q
   UERSCHNITT:J/N
   ? ";Q$
161:IF Q$<>"J"AND
   Q$<>"N"THEN 16
   0
165:LPRINT
170:WAIT 0
180:FOR I=1TO N
190:IF Q$="J"THEN
   LET K(I)=1:
   GOTO 230
200:PRINT "I";I;"/
   IO=";
210:INPUT K(I)
220:PRINT
225:LPRINT "I";I;"
   /IO=";K(I)
230:NEXT I
235:LPRINT
240:LA=.5:GOSUB "G
   "
250:G1=G:L1=LA
260:LA=LA+2:GOSUB
   "G"
270:IF G*G1>0THEN
   250
280:IF G=0THEN 380
290:L2=LA:G2=G
300:LA=L2-G2/(G2-G
   1)*(L2-L1)
310:GOSUB "G"
320:IF G=0THEN 380
330:IF G*G2<0THEN
   350
340:G1=G2/(G2+G)*G
   1:GOTO 360
350:L1=L2:G1=G2
360:DA=ABS (LA-L1)
370:IF DA>.0005*LA
   THEN 290
380:Z=.01*INT (100
   *LA*LA+.5)
390:LPRINT "FK=";Z
   ;"*E*IO/L^2"
400:INPUT "NEUE QU
   ERSCHNITTE: J/
   N? ";NQ$
401:IF NQ$<>"J"AND
   NQ$<>"N"THEN 4
   00

410:IF NQ$="J"THEN
   160
420:END
450:"G":IF L$="J"
   THEN 480
460:M(0)=0:P(0)=1
470:GOTO 490
480:M(0)=1:P(0)=0
490:FOR I=1TO N
500:H=SQR (ABS (MU
   (I)/K(I)))
510:IF MU(I)=0THEN
   600
520:T0=H*LA*DX(I)/
   L
530:IF MU(I)<0THEN
   560
540:S=SIN T0:C=COS
   T0
550:GOTO 570
560:E=EXP T0:S=(E-
   1/E)/2:C=(E+1/
   E)/2
570:M(I)=((T0*C-S)
   *M(I-1)+MU(I)/
   H*T0*S*P(I-1))
   /(T0-S)
580:P(I)=(H/MU(I)*
   (2-2*C-T0*S*
   SGN MU(I))*M(I
   -1)+(T0*C-S)*P
   (I-1))/(T0-S)
590:GOTO 630
600:T0=LA*DX(I)/L
610:M(I)=-2*M(I-1)
   +6*K(I)/T0*P(I
   -1)
620:P(I)=T0/2/K(I)
   *M(I-1)-2*P(I-
   1)
630:NEXT I
640:IF RE$="J"THEN
   710
650:IF RG$="J"THEN
   700
660:IF MU(N)=0THEN
   690
670:G=C*M(N-1)+MU(
   N)/H*S*P(N-1)
680:GOTO 720
690:G=M(N-1):GOTO
   720
700:G=M(N):GOTO 72
   0
710:G=P(N)
720:RETURN
```

Beispiel 4.5: Für die skizzierten Durchlaufträger sind die Knickkräfte F_K zu bestimmen.

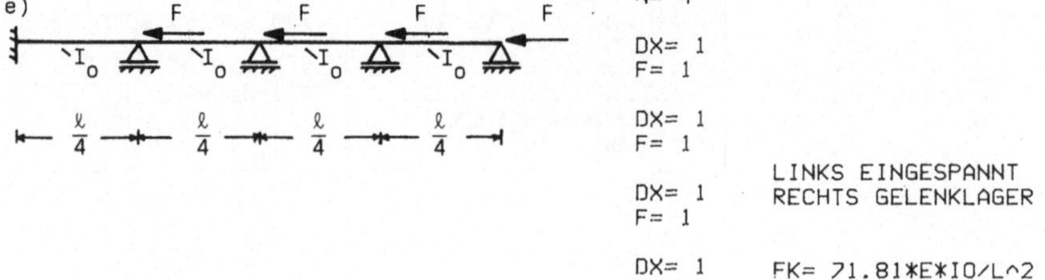

a)

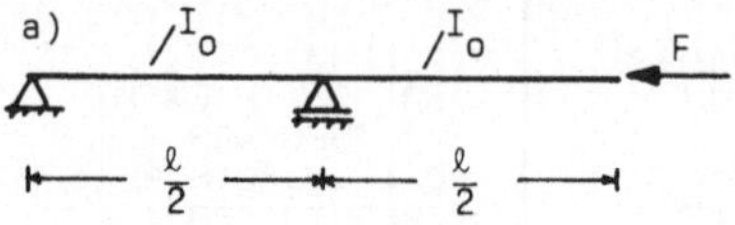

N= 2

DX= 0.5
F= 0

DX= 0.5
F= 1

LINKS GELENKLAGER
RECHTS FREIES ENDE

FK= 5.43*E*IO/L^2

b)

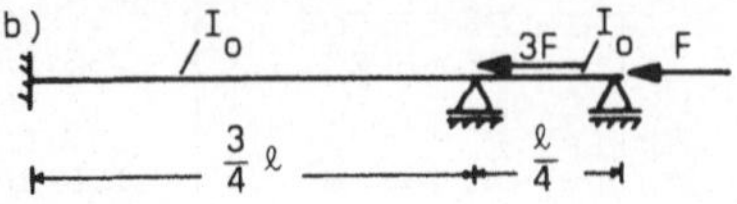

N= 2

DX= 3
F= 3

DX= 1
F= 1

LINKS EINGESPANNT
RECHTS GELENKLAGER

FK= 14.37*E*IO/L^2

c)

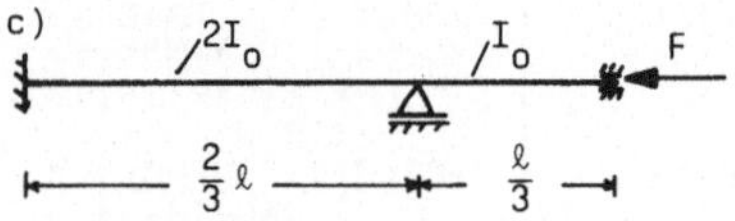

N= 2

DX= 2
F= 0

DX= 1
F= 1

LINKS EINGESPANNT
RECHTS EINGESPANNT

I 1/IO= 2
I 2/IO= 1

FK= 112.86*E*IO/L^
2

d)

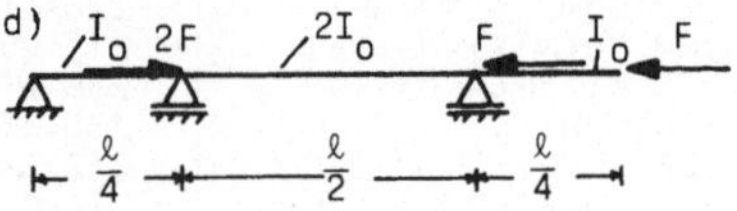

N= 3

DX= 1
F=-2

DX= 2
F= 1

DX= 1
F= 1

LINKS GELENKLAGER
RECHTS FREIES ENDE

I 1/IO= 1
I 2/IO= 2
I 3/IO= 1

FK= 20.78*E*IO/L^2

e)

N= 4

DX= 1
F= 1

DX= 1
F= 1

DX= 1
F= 1

LINKS EINGESPANNT
RECHTS GELENKLAGER

DX= 1
F= 1

FK= 71.81*E*IO/L^2

Beispiel 4.6: Für den Brückenpylon der Abb.4.9 a) ist die Sicherheit gegen Knicken in der Brückenebene und aus der Brückenebene heraus zu berechnen.

Gegeben: F_{S1}=1200 kN, F_{S2}=1000 kN, I_y=2 500 cm^4, I_z=60 000 cm^4, E=21 000$\frac{kN}{cm^2}$.

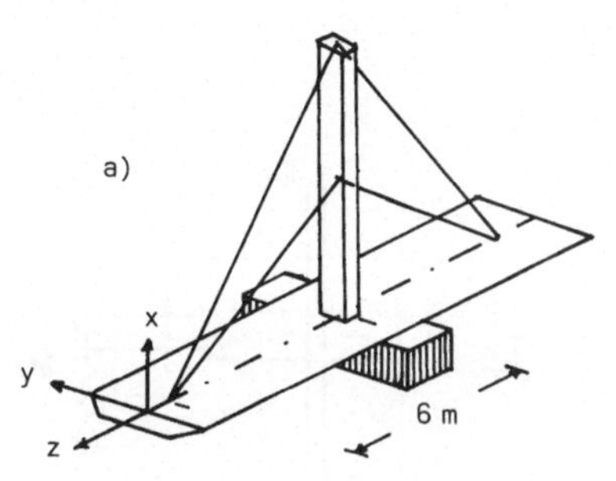

Abb.4.9: Knicken eines Brückenpylons

Wir berechnen zunächst

$$F_1=2\,F_{S1}\,\cos\alpha_1 = 1330 \text{ kN}, \qquad F_2=2\,F_{S2}\,\cos\alpha_2 = 1600 \text{ kN}.$$

Als Bezugsgröße für die Längskräfte wählen wir $F = F_2 = 1600$ kN und erhalten damit

$$f_2=1 \quad \text{und} \quad f_1=F_1/F_2=0,831.$$

Für das Knicken in der Brückenebene (Abb.4.9 b) berechnen wir mit dem Programm "KN3" die Knickkraft zu

$$F_K=41,9\,EI_y/\ell^2 = 3437 \text{ kN}$$

und damit die Knicksicherheit

$$\nu_K=F_K/F = \frac{3437}{1600} = 2,15.$$

Für das Knicken aus der Brückenebene heraus betrachten wir den Pylon als einseitig eingespannten Stab (Abb.4.9 c). Hier nehmen wir die Berechnung mit dem Programm "KN1" vor und erhalten

$$F_K=2,13\,EI_z/\ell^2 = 4193 \text{ kN}$$

und

$$\nu_K=F_K/F=\frac{4193}{1600} = 2,62.$$

```
DX= 4
F= 0.831

DX= 4
F= 1

LINKS EINGESPANNT
RECHTS GELENKLAGER


FK= 41.89*E*IO/L^2

DX= 4
F= 0.831

DX= 4
F= 1

CDL= 1E 20
CWR= 0
CDR= 0
EIO= 1


FK= 2.13*E*IO/L^2
```

4.4 Biegekritische Drehzahlen einer Welle

In diesem Abschnitt wollen wir uns mit der numerischen Bestimmung biege-
kritischer Drehzahlen von Wellen beschäftigen. Wir setzen dabei voraus,
daß der Leser in den Grundvorlesungen über Technische Mechanik die Grundbegriffe dieses mechanischen Instabilitätsproblems kennengelernt hat.

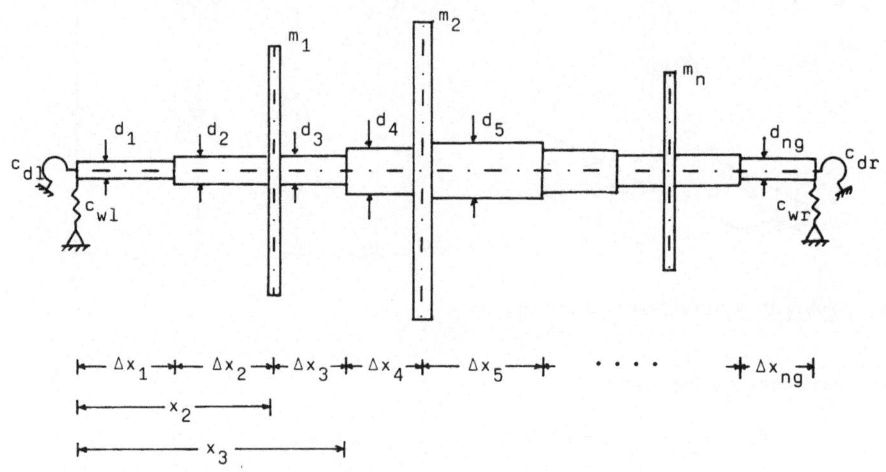

<u>Abb.4.10:</u> Kritische Drehzahlen einer Welle

Wir betrachten eine Welle nach Abb.4.10, die an den Enden weg- und drehelastisch gelagert ist. Wir erfassen damit insbesondere die starre ge-
lenkige Lagerung ($c_w = \infty$, $c_d = 0$), die feste Einspannung ($c_w = \infty$, $c_d = \infty$) und
ein freies Ende ($c_w = 0$, $c_d = 0$). Die Welle trägt n Scheiben der Masse m_j
($j = 1, 2, \ldots, n$). Die Masse der Welle selbst soll vernachlässigt oder den
Scheibenmassen näherungsweise zugeschlagen werden. Die Welle besteht aus
n_g Teilintervallen mit konstanten Durchmessern d_i ($i = 1, 2, \ldots, n_g$). Die
Anzahl der Teilintervalle zwischen zwei Massen bzw. der ersten und der
letzten Masse und den Auflagern bezeichnen wir mit n_1, n_2, $\ldots$, n_{n+1}.
Dann gilt

(4.72) $n_g = n_1 + n_2 + n_3 + \ldots + n_{n+1}$.

Die Flächenträgheitsmomente I_i der einzelnen Intervalle stellen wir wie
früher dar durch

(4.73) $I_i = k_i I_0$ ($i = 1, 2, \ldots, n_g$) .

Für die so beschriebene Welle sind die n biegekritischen Drehzahlen n_{Kj}

(j=1, 2, ..., n). Die Kreiselwirkung der Scheiben ist dabei zu vernachläs-
sigen. Wir werden die Berechnung der n_{Kj} nach dem bewährten Reduktionsverfahren vornehmen und oft auf die Entwicklungen der vorhergehenden Abschnitte verweisen.

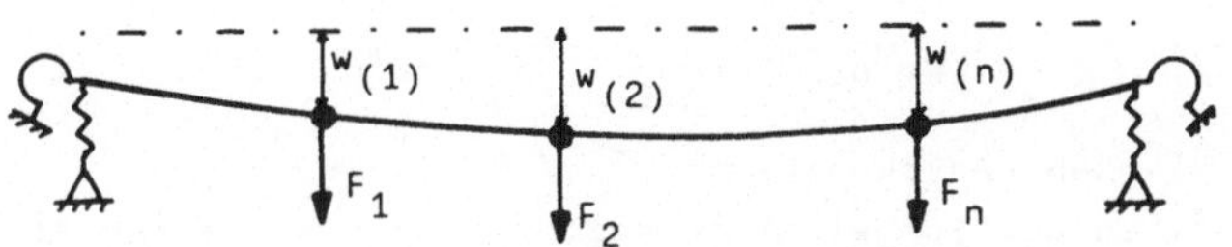

Abb.4.11: Durchbiegung einer umlaufenden Welle

Für eine ausgelenkte Welle (s. Abb.4.11), die mit der Winkelgeschwindigkeit ω umläuft, betragen die Fliehkräfte

$$(4.74) \qquad F_j = m_j \omega^2 w_{(j)},$$

wobei $w_{(j)}$ die Durchbiegung der Welle an der Scheibe m_j bedeutet. Mit w_i
bezeichnen wir die Durchbiegung an der Stelle x_i. Schreiben wir wie früher

$$(4.75) \qquad \bar{w}_i = EI_0 w_i \quad \text{und} \quad \bar{\varphi}_i = EI_0 \varphi_i,$$

so wird

$$(4.76) \qquad F_j = m_j \frac{\omega^2}{EI_0} \bar{w}_{(j)} = \frac{1}{\lambda} m_j \bar{w}_{(j)} \quad \text{mit} \quad \lambda = EI_0/\omega^2 .$$

Für die Zustandsgrößen gilt nach (2.5)

$$\begin{aligned}
&F_{qi} = F_{q,i-1}, \qquad M_i = F_{q,i-1} \Delta x_i + M_{i-1}, \\
(4.77) \quad &\bar{\varphi}_i = -(F_{q,i-1} \Delta x_i/2 + M_{i-1}) \Delta x_i/k_i + \bar{\varphi}_{i-1}, \\
&\bar{w}_i = -(F_{q,i-1} \Delta x_i/3 + M_{i-1}) \Delta x_i^2/(2k_i) + \bar{\varphi}_{i-1} \Delta x_i + \bar{w}_{i-1}.
\end{aligned}$$

An den Übergangsstellen der Massen m_j haben wir von der jeweiligen Querkraft F_j zu subtrahieren. Der Zusammenhang zwischen den Zustandsgrößen
am Anfang und am Ende der Welle läßt sich nach (2.15) durch

$$\begin{aligned}
&F_{qn_g} = F_{qo} + u_{10}, \\
(4.78) \quad &M_{n_g} = u_{21} F_{qo} + M_0 + u_{20}, \\
&\bar{\varphi}_{n_g} = u_{31} F_{qo} + u_{32} M_0 + \bar{\varphi}_0 + u_{30}, \\
&\bar{w}_{n_g} = u_{41} F_{q0} + u_{42} M_0 + u_{43} \bar{\varphi}_0 + \bar{w}_0 + u_{40}
\end{aligned}$$

darstellen, wobei die u_{21} bis u_{43} sich nach (2.12) berechnen lassen. u_{10}
bis u_{40} sind die Zustandsgrößen am Ende der Welle für $F_{qo} = M_0 = \bar{\varphi}_0 = \bar{w}_0 = 0$ (s.

Abschn. 2.1). Die u_{rs} ($s \neq 0$) hängen lediglich von der Geometrie der Welle
ab, während die u_{ro} von den F_j und damit in erster Linie von ω bzw. λ abhängen.

Aus der Art der Lagerung erhalten wir die (s. Abschn. 2.2)

$$(4.79) \quad \begin{aligned} &\text{ARB:} \quad F_{qo} = c_{wl} w_o = \bar{c}_{wl} \bar{w}_o, \quad M_o = -c_{dl} \varphi_o = \bar{c}_{dl} \bar{\varphi}_o, \\ &\text{ERB:} \quad F_{qn_g} = -c_{wr} w_{n_g} = -\bar{c}_{wr} \bar{w}_{n_g}, \quad M_{n_g} = c_{dr} \varphi_{n_g} = \bar{c}_{dr} \bar{\varphi}_{n_g} \end{aligned}$$

mit den reduzierten Federkonstanten $\bar{c} = c/(EI_o) = c/B$.
Da die Biegelinie der ausgelenkten Welle nur bis auf einen freien Parameter bestimmt ist, wählen wir

$$(4.80) \quad \begin{aligned} &M_o = 1 \quad \text{für die links eingespannte Welle } (c_{dl} = \infty) \text{ und} \\ &\bar{\varphi}_o = 1 \quad \text{für die links drehelastisch gelagerte Welle } (c_{dl} \neq \infty). \end{aligned}$$

Ein freies Ende der Welle legen wir stets in das rechte Ende der Welle.
Nach der ARB wird dann

$$(4.81) \quad \begin{aligned} &\bar{\varphi}_o = 0 \quad \text{für feste Einspannung,} \\ &M_o = -\bar{c}_{dl} \quad \text{für drehelastische Lagerung,} \\ &\bar{w}_o = 0 \quad \text{für starres Gelenklager } (c_{wl} = \infty), \\ &\bar{w}_o = F_{qo}/\bar{c}_{wl} \quad \text{für wegelastische Lagerung } (c_{wl} \neq \infty). \end{aligned}$$

In dem Algorithmus (4.78) sind hiernach F_{qo} und λ freie Parameter, die
so zu wählen sind, daß auch die ERB erfüllt wird:

$$(4.82) \quad \begin{aligned} &g_1(F_{qo}, \lambda) = F_{qn_g}(F_{qo}, \lambda) + \bar{c}_{wr} \bar{w}_{n_g}(F_{qo}, \lambda) = 0, \\ &g_2(F_{qo}, \lambda) = M_{n_g}(F_{qo}, \lambda) - \bar{c}_{dr} \bar{\varphi}_{n_g}(F_{qo}, \lambda) = 0. \end{aligned}$$

Aus diesem Gleichungssystem sind F_{qo} und λ zu berechnen. Da hier nur λ
interessiert, eliminieren wir F_{qo} und bestimmen λ aus der verbleibenden
Gleichung $g(\lambda) = 0$. Diese Berechnung von λ wird ganz entsprechend wie
in Abschn. 4.1 mit der regula falsi durchgeführt. Der Leser möge die dortigen Erläuterungen nachlesen. Wir wollen ω mit einer Genauigkeit von
0,1% berechnen. Wegen $\lambda = EI_o/\omega^2$ ist λ dann auf 0,2% zu bestimmen.
Größere Schwierigkeiten als beim Knickstab bereiten die Ausgangswerte λ_o
und $\Delta\lambda_o$ bei der regula falsi. Um einen möglichst günstigen (und sicheren)
Näherungswert λ_o für die exakte Nullstelle der Gleichung $g(\lambda) = 0$ zu bestimmen, gehen wir folgendermaßen vor. Wir setzen alle Fliehkräfte bis
auf F_k gleich Null. Für F_k setzen wir die Einheitskraft "1" ein und bezeichnen mit α_{jk} die Durchsenkungen der Welle an der Stelle (j) infolge
der Last "1" an der Stelle (k). Mit diesen Einflußzahlen α_{kj} wird die
Durchbiegung $w_{(k)}$ an der Stelle (k) infolge aller Fliehkräfte $F_j = m_j \omega^2 w_{(j)}$

$$(4.83) \qquad w_{(k)} = \alpha_{k1} m_1 \omega^2 w_{(1)} + \alpha_{k2} m_2 \omega^2 w_{(2)} + \cdots + \alpha_{kn} m_n \omega^2 w_{(n)} \qquad (k=1, 2, \ldots, n).$$

Mit
$$\bar{w}_{(j)} = EI_o\, w_{(j)}, \qquad \bar{\alpha}_{kj} = EI_o\, \alpha_{kj} \quad \text{und} \quad \lambda = EI_o / \omega^2$$
wird

$$(4.84) \qquad \lambda \bar{w}_{(k)} = \bar{\alpha}_{k1} m_1 \bar{w}_{(1)} + \bar{\alpha}_{k2} m_2 \bar{w}_{(2)} + \cdots + \bar{\alpha}_{kn} m_n \bar{w}_{(n)} \,.$$

In dieser Darstellung bedeuten die $\bar{\alpha}_{kj}$ die EI_o-fachen Durchbiegungen an
der Stelle (k) infolge der Last "1" an der Stelle (j). Diese reduzierten
Einflußzahlen $\bar{\alpha}_{kj}$ berechnen wir nach dem Algorithmus (4.77) mit den entsprechenden Randbedingungen.

(4.84) stellt ein homogenes Gleichungssystem für die $\bar{w}_{(j)}$ dar, das für
eine ausgelenkte Welle von Null verschiedene Lösungen besitzen muß. Die
Determinante des Gleichungssystems muß demnach den Wert Null annehmen:

$$(4.85) \qquad \begin{vmatrix} m_1 \bar{\alpha}_{11} - \lambda, & m_1 \bar{\alpha}_{12} & , \cdots\cdots\cdots\cdots\cdots, & m_1 \bar{\alpha}_{1n} \\ m_1 \bar{\alpha}_{21} & , m_2 \bar{\alpha}_{22} - \lambda, & \cdots\cdots\cdots\cdots\cdots\cdots, & m_2 \bar{\alpha}_{2n} \\ \cdots & \cdots\cdots\cdots & \cdots\cdots\cdots\cdots\cdots & \cdots \\ m_1 \bar{\alpha}_{n1} & , m_2 \bar{\alpha}_{n2} & , \cdots\cdots\cdots\cdots\cdots, & m_n \bar{\alpha}_{nn} - \lambda \end{vmatrix} = 0 \,.$$

Dieses ist eine Gleichung n-ten Grades für die n positiven charakteri-
stischen Zahlen (Eigenwerte) $\lambda_1, \lambda_2, \ldots, \lambda_n$, aus denen die kritischen
Drehzahlen n_K berechnet werden können. Wir wollen aber diese Gleichung
nicht zur Berechnung der λ_k heranziehen, sondern hieraus nur eine Ab-
schätzung der λ_k vornehmen, um dann mit dem weiter oben beschriebenen
Algorithmus die λ_k bequemer bestimmen zu können.
Die charakteristische Gleichung für λ besitzt die Form

$$(4.86) \qquad a_n \lambda^n + a_{n-1} \lambda^{n-1} + a_{n-2} \lambda^{n-2} + \cdots + a_1 \lambda + a_o = 0 \,.$$

Aus der Entwicklung der Determinante folgt sofort

$$(4.87) \qquad a_n = (-1)^n \quad \text{und} \quad a_{n-1} = (-1)^{n-1} \sum_{k=1}^{n} m_k \bar{\alpha}_{kk}$$

und damit nach dem Vietaschen Wurzelsatz

$$(4.88) \qquad \lambda_1 + \lambda_2 + \cdots + \lambda_n = -a_{n-1}/a_n = \sum_{k=1}^{n} m_k \bar{\alpha}_{kk} = s \,.$$

Aus dieser nach <u>Dunkerley</u> benannten Formel können wir obere Schranken
für die λ_k erhalten. Ordnen wir die Nullstellen λ_k von (4.85) der Größe
nach:
$$\lambda_1 > \lambda_2 > \lambda_3 > \cdots > \lambda_{n-1} > \lambda_n,$$

so gelten die folgenden Ungleichungen:

$$(4.89) \qquad \lambda_1 < s, \quad \lambda_2 < s - \lambda_1, \quad \lambda_3 < s - \lambda_1 - \lambda_2, \quad \lambda_4 < s - \lambda_1 - \lambda_2 - \lambda_3 \text{ usw.}$$

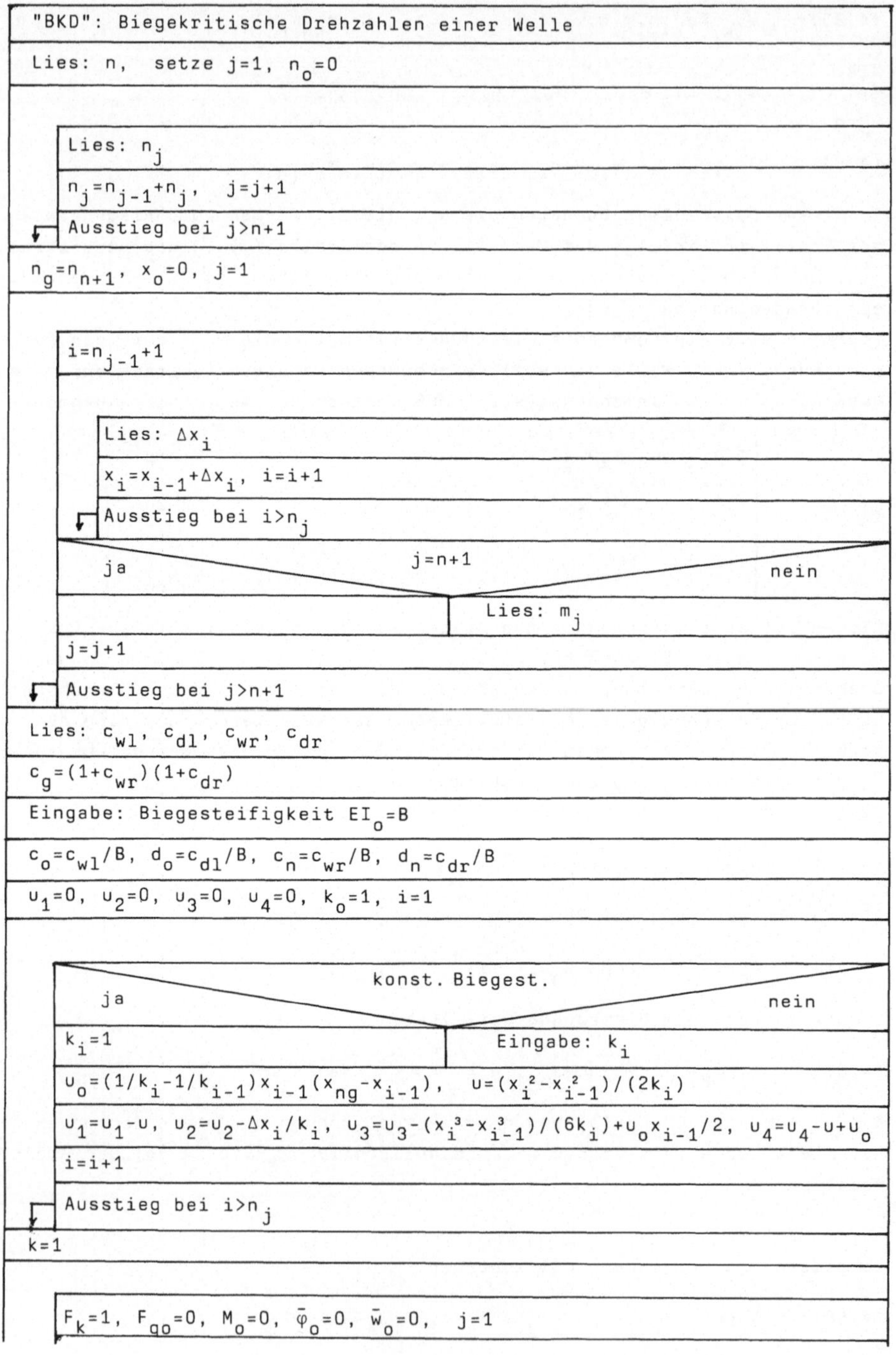

"BKD": Biegekritische Drehzahlen einer Welle

Lies: n,   setze j=1, $n_o=0$

Lies: n_j

$n_j=n_{j-1}+n_j$,   j=j+1

Ausstieg bei j>n+1

$n_g=n_{n+1}$, $x_o=0$, j=1

$i=n_{j-1}+1$

Lies: Δx_i

$x_i=x_{i-1}+\Delta x_i$, i=i+1

Ausstieg bei $i>n_j$

ja	$j=n+1$	nein
	Lies: m_j	

j=j+1

Ausstieg bei j>n+1

Lies: c_{wl}, c_{dl}, c_{wr}, c_{dr}

$c_g=(1+c_{wr})(1+c_{dr})$

Eingabe: Biegesteifigkeit $EI_o=B$

$c_o=c_{wl}/B$, $d_o=c_{dl}/B$, $c_n=c_{wr}/B$, $d_n=c_{dr}/B$

$u_1=0$, $u_2=0$, $u_3=0$, $u_4=0$, $k_o=1$, i=1

ja	konst. Biegest.	nein
$k_i=1$	Eingabe: k_i	

$u_o=(1/k_i-1/k_{i-1})x_{i-1}(x_{ng}-x_{i-1})$, $u=(x_i^2-x_{i-1}^2)/(2k_i)$

$u_1=u_1-u$, $u_2=u_2-\Delta x_i/k_i$, $u_3=u_3-(x_i^3-x_{i-1}^3)/(6k_i)+u_o x_{i-1}/2$, $u_4=u_4-u+u_o$

i=i+1

Ausstieg bei $i>n_j$

k=1

$F_k=1$, $F_{qo}=0$, $M_o=0$, $\bar{\varphi}_o=0$, $\bar{w}_o=0$,   j=1

$i=n_{j-1}+1$

F_{qi}, M_i, $\bar{\varphi}_i$, $\bar{w}_i$ nach (4.77) berechnen, $i=i+1$

Ausstieg bei $i>n_j$

$F_{qn_j}=F_{qn_j}-F_j$, $j=j+1$

Ausstieg bei $j>n+1$

$a_1=c_n(x_{ng}-d_0u_4)$, $b_1=c_0+c_n(1+c_0u_3)$, $c_1=F_{qn_g}+c_nw_{n_g}$

$a_2=-d_0-d_n(1-d_0u_2)$, $b_2=c_0(x_{ng}-d_nu_1)$, $c_2=M_{n_g}-d_n\bar{\varphi}_{n_g}$

$\det=a_1b_2-a_2b_1$, $\bar{\varphi}_0=(c_2b_1-c_1b_2)/\det$, $\bar{w}_0=(a_2c_1-a_1c_2)/\det$

$F_{q0}=c_0\bar{w}_0$, $M_0=-d_0\bar{\varphi}_0$

$c_{wl}\overset{\geq}{}1E20$

ja   nein

$\bar{w}_0=0$

$c_{dl}\overset{\geq}{}1E20$

ja   nein

$\bar{\varphi}_0=0$

$j=1$

$i=n_{j-1}+1$

F_{qi}, M_i, $\bar{\varphi}_i$, $\bar{w}_i$ nach (4.77) berechnen, $i=i+1$

Ausstieg bei $i>n_j$

$F_{qn_j}=F_{qn_j}-F_j$, $j=j+1$

Ausstieg bei $j>n+1$

$s_u=s_u+m_k\bar{w}_k$, $F(k)=0$, $k=k+1$

Ausstieg bei $k>n$

$k=1$

$\lambda=1{,}05\,s_u$, $d=0{,}1\,s_u$

Berechnung von λ auf 0,1% genau mit der regula falsi (s. Struktogramm "KN1"

$s_u=s_u-\lambda$

$$n_{Kk} = \frac{30}{\pi} \sqrt{1000\,B/\lambda}\,, \qquad n_{Kk} = \mathrm{INT}(n_{Kk}+0,5)$$

Ausgabe: n_{Kk}

$k = k+1$

Ausstieg bei $k > n$

Ende

Diese oberen Schranken benutzen wir als Ausgangswerte λ_o für die regula falsi. Wegen der Rundungsfehler beim Berechnen der Größe s setzen wir vorsichtshalber

$$(4.90) \qquad \lambda_o = 1,05\,s \quad \text{und wählen } \Delta\lambda_o = 0,1\,s\,.$$

Damit liegt der gesamte Algorithmus zur Bestimmung der λ_k vor. Um den Rechengang transparent zu machen, haben wir ausführlich das Struktogramm gezeichnet.

Beim Rechnen mit einem programmierbaren Rechner geben wir alle physikalischen Größen in bestimmten Einheiten ein. Wir wählen für Längen m, für Kräfte kN und für Massen kg. Dann erhalten wir die Einheiten

$$\frac{kN\,m^2 \cdot m}{kN} = m^3 \quad \text{für } \bar{\alpha}_{kk} \quad \text{und} \quad kg\,m^3 \quad \text{für } s\,.$$

λ wird also in $kg\,m^3$ berechnet und somit das Quadrat der Winkelgeschwindigkeit in $kN\,m^2/(kg\,m^3) = 1000\ 1/s^2$. Aus der in $\frac{1}{s}$ angegebenen Winkelgeschwindigkeit ω erhalten wir die Drehzahl in 1/min nach

$$n = \frac{30}{\pi}\,\omega \quad (\omega \text{ in } \tfrac{1}{s}\,,\ n \text{ in } \tfrac{1}{min})\,.$$

Programm "BKD": Biegekritische Drehzahlen einer Welle

```
10:"BKD":REM  BIE
   GEKRITISCHE DR
   EHZAHLEN
15:RADIAN
20:READ N
30:DIM N(N+1),MA(
   N+1),F(N+1),A(
   N)
40:FOR J=1TO N+1
50:READ N(J)
60:N(J)=N(J-1)+N(
   J)
70:NEXT J
80:NG=N(N+1)
90:DIM DX(NG),X(N
   G),K(NG),FQ(NG
   ),M(NG),P(NG),
   W(NG)
100:FOR J=1TO N+1

110:FOR I=N(J-1)+1
    TO N(J)
120:READ DX(I)
125:LPRINT "DX";I;
    "=";DX(I)
130:X(I)=X(I-1)+DX
    (I)
140:NEXT I
150:IF J=N+1THEN 1
    70
160:READ MA(J)
165:LPRINT "M";J;"
    =";MA(J)
166:LPRINT
170:NEXT J
175:LPRINT
180:READ CL,DL,CR,
    DR
182:LPRINT "CWL=";
    CL

183:LPRINT "CDL=";
    DL
184:LPRINT "CWR=";
    CR
185:LPRINT "CDR=";
    DR
186:LPRINT
190:CG=(1+CR)*(1+D
    R)
200:INPUT "BIEGEST
    EIFIGKEIT E*IO
    =";B
205:LPRINT "E*IO="
    ;B
210:CO=CL/B:DO=DL/
    B
220:CN=CR/B:DN=DR/
    B
```

```
230: INPUT "KONST.B
     IEGESTEIFIGK.:
     J/N?";B$
231: IF B$<>"J"AND
     B$<>"N"THEN 23
     0
240: WAIT 0:K(0)=1
250: U1=0:U2=0:U3=0
     :U4=0
260: FOR I=1TO NG
270: IF B$="J"THEN
     LET K(I)=1:
     GOTO 300
280: PRINT "I";I;"/
     IO=";
290: INPUT K(I):
     PRINT
295: LPRINT "I";I;"
     /IO=";K(I)
300: UO=(1/K(I)-1/K
     (I-1))*X(I-1)*
     (X(NG)-X(I-1))
310: U=(X(I)^2-X(I-
     1)^2)/2/K(I)
320: U1=U1-U
330: U2=U2-DX(I)/K(
     I)
340: U3=U3-(X(I)^3-
     X(I-1)^3)/6/K(
     I)+UO*X(I-1)/2
350: U4=U4-U+UO
360: NEXT I
365: LPRINT
370: FOR K=1TO N
380: F(K)=1
390: FQ(0)=0:M(0)=0
     :P(0)=0:W(0)=0
400: FOR J=1TO N+1
410: FOR I=N(J-1)+1
     TO N(J)
420: GOSUB "UG"
430: NEXT I
440: FQ(N(J))=FQ(N(
     J))-F(J)
450: NEXT J
460: A1=CN*(X(NG)-D
     O*U4)
470: B1=CO+CN*(1+CO
     *U3)
480: C1=FQ(NG)+CN*W
     (NG)
490: A2=-DO-DN*(1-D
     O*U2)
500: B2=CO*(X(NG)-D
     N*U1)
510: C2=M(NG)-DN*P(
     NG)
520: DET=A1*B2-A2*B
     1

530: P(0)=(C2*B1-C1
     *B2)/DET
540: W(0)=(A2*C1-A1
     *C2)/DET
550: FQ(0)=CO*W(0)
560: M(0)=-DO*P(0)
570: IF CL>=1E20
     THEN LET W(0)=
     0
580: IF DL>=1E20
     THEN LET P(0)=
     0
590: FOR J=1TO N+1
600: FOR I=N(J-1)+1
     TO N(J)
610: GOSUB "UG"
620: NEXT I
630: FQ(N(J))=FQ(N(
     J))-F(J)
640: NEXT J
645: A(K)=W(N(K))
650: SU=SU+MA(K)*W(
     N(K))
660: F(K)=0
670: NEXT K
675: LPRINT "KRITIS
     CHE DREH-"
676: LPRINT "ZAHLEN
     :"
680: FOR K=1TO N
690: LA=1.05*SU
700: D=.1*SU
710: GOSUB "G"
720: G1=G:L1=LA
730: LA=LA-D:GOSUB
     "G"
740: IF G*G1>0THEN
     720
750: IF G=0THEN 850
760: L2=LA:G2=G
770: LA=L2-G2/(G2-G
     1)*(L2-L1)
780: GOSUB "G"
790: IF G=0THEN 850
800: IF G*G2<0THEN
     820
810: G1=G2/(G2+G)*G
     1:GOTO 830
820: L1=L2:G1=G2
830: DA=ABS (LA-L1)
840: IF DA>.002*LA
     THEN 760
850: SU=SU-LA
860: NK=30/π*SQR (B
     *1000/LA)
870: NK=INT (NK+.5)
880: LPRINT "NK";K;
     "=";NK;" 1/MIN
     "

890: NEXT K
895: LPRINT
900: END
950: "UG":FQ(I)=FQ(
     I-1)
960: M(I)=FQ(I-1)*D
     X(I)+M(I-1)
970: P(I)=-(FQ(I-1)
     *DX(I)/2+M(I-1
     ))*DX(I)/K(I)+
     P(I-1)
980: W(I)=-(FQ(I-1)
     *DX(I)/3+M(I-1
     ))*DX(I)^2/2/K
     (I)+P(I-1)*DX(
     I)+W(I-1)
990: RETURN
1000: "G":IF DL>=1
      E20THEN 1020
1010: P(0)=1:M(0)=
      -DO:GOTO 103
      0
1020: P(0)=0:M(0)=
      1
1030: FOR FQ(0)=0
      TO 1
1040: IF CL>=1E20
      THEN LET W(0
      )=0:GOTO 106
      0
1050: W(0)=FQ(0)/C
      O
1060: FOR J=1TO N+
      1
1070: FOR I=N(J-1)
      +1TO N(J)
1080: GOSUB "UG"
1090: NEXT I
1100: FQ(N(J))=FQ(
      N(J))-MA(J)*
      W(N(J))/LA
1110: NEXT J
1120: IF FQ(0)=0
      THEN 1160
1130: A1=FQ(NG)+CN
      *W(NG)
1140: A2=M(NG)-DN*
      P(NG)
1150: GOTO 1180
1160: B1=FQ(NG)+CN
      *W(NG)
1170: B2=M(NG)-DN*
      P(NG)
1180: NEXT FQ(0)
1190: G=(A1*B2-A2*
      B1)/CG
1200: RETURN
```

Hinweise zum Programm "BKD":

(1) Mit dem Programm "BKD" werden für eine an den Enden weg- und drehela-
    stisch gelagerte Welle alle kritischen Drehzahlen n_K unter der Ver-
    nachlässigung der Wellenmasse berechnet. Die Welle trägt n Scheiben
    der Masse m_j (j=1, 2, ..., n). Zwischen den Massen bzw. den Enden und
    einer Masse besteht die Welle aus n_1, n_2, ..., n_{n+1} Teilintervallen
    mit konstanten Durchmessern. Die einzelnen Flächenträgheitsmomente
    werden durch $I_i = k_i I_o$ (i=1, 2, ..., n_g) dargestellt.
(2) Über eine DATA-Anweisung werden die folgenden Daten (s. auch Abb.
    4.10) eingegeben (Längen in m, Kräfte in kN, Massen in kg):

$$n, n_1, n_2, \ldots, n_{n+1}$$

$$\Delta x_1, \Delta x_2, \ldots, \Delta x_{n_1}, m_1, \Delta x_{n_1+1}, \ldots, \Delta x_{n_1+n_2}, m_2, \Delta x_{n_1+n_2+1}, \ldots,$$

$$m_n, \ldots, \Delta x_{n_g}$$

$$c_{wl}, c_{dl}, c_{wr}, c_{dr}$$

Eine unendliche Federkonstante erhält den Wert 1E2Ø.

(3) Über eine INPUT-Anweisung werden EI_o und die $k_i = I_i / I_o$ angefordert.
(4) Die n kritischen Drehzahlen n_{K1}, n_{K2}, ..., n_{Kn} werden auf 0,1% genau
    berechnet und ganzzahlig in 1/min ausgegeben.

In allen folgenden Beispielen wird stets mit E=21 000 kN/cm^2 und
$\rho=7.85 \cdot 10^{-3}$ kg/cm^3 gerechnet.

<u>Beispiel 4.7</u>: Für die Welle der Abb.4.12 sind die kritischen Drehzahlen
a) ohne Wellenmasse und b) mit näherungsweiser Berücksichtigung der Wellenmasse zu berechnen.

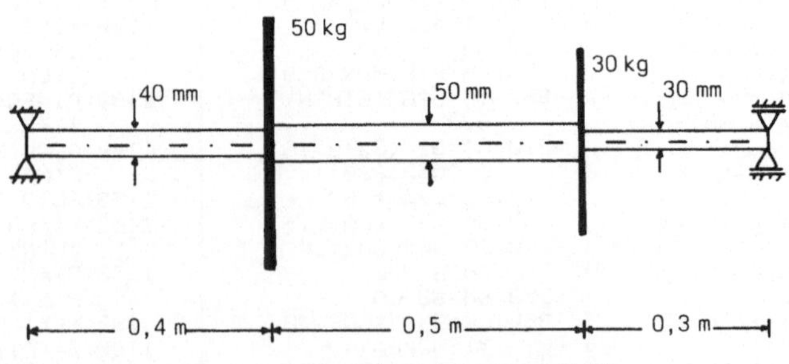

<u>Abb.4.12</u>: An den Enden gelenkig gelagerte Welle

Die Flächenträgheitsmomente betragen

$$I_1 = \frac{\pi}{64} 4^4 = 12,57 \text{ cm}^4, \quad I_2 = \frac{\pi}{64} 5^4 = 30,68 \text{ cm}^4, \quad I_3 = \frac{\pi}{64} 3^4 = 3,98 \text{ cm}^4.$$

Mit $I_o = 10$ cm^4 wird $EI_o = 21 000$ kN/cm$^2 \cdot 10$ cm$^4 = 21$ kN m^2 und

$$k_1 = 1,257, \quad k_2 = 3,068, \quad k_3 = 0,398 .$$

Mit der DATA-Anweisung

```
1:DATA 2,1,1,1,.4,50,.5,30,.3
2:DATA 1E20,0,1E20,0
```

erhalten wir ohne Berücksichtigung der Wellenmasse die folgenden Ergebnisse:

```
DX 1= 0.4          CWL= 1E 20          KRITISCHE DREH-
M 1= 50            CDL= 0              ZAHLEN:
                   CWR= 1E 20          NK 1= 1267 1/MIN
DX 2= 0.5          CDR= 0              NK 2= 3552 1/MIN
M 2= 30
                   E*IO= 21
DX 3= 0.3          I 1/IO= 1.257
                   I 2/IO= 3.068
                   I 3/IO= 0.398
```

Die einzelnen Wellenmassen betragen

$$m_{w1} = 3,95\,kg, \quad m_{w2} = 7,71\,kg, \quad m_{w3} = 1,66\,kg\ .$$

```
DX 1= 0.4
M 1= 55.8
```

Diese Massen schlagen wir jeweils zur Hälfte den
Massen 50 kg und 30 kg hinzu:

```
DX 2= 0.5
M 2= 34.7
```

$$m_1 = 50 + \frac{1}{2}(3,95 + 7,71) = 55,8\,kg,$$

```
DX 3= 0.3
```

$$m_2 = 30 + \frac{1}{2}(7,71 + 1,66) = 34,7\,kg\ .$$

Mit diesen Massen erhalten wir die nebenstehenden
kritischen Drehzahlen.

```
KRITISCHE DREH-
ZAHLEN:
NK 1= 1191 1/MIN
NK 2= 3325 1/MIN
```

Setzen wir dagegen die Wellenmassen in die Schwerpunkte der einzelnen
Teilintervalle, so erhalten wir die folgenden fünf kritischen Drehzahlen
(bei einer kontinuierlichen Massenverteilung existieren unendlich viele
kritische Drehzahlen):

```
KRITISCHE DREH-
ZAHLEN:
NK 1= 1182 1/MIN
NK 2= 3458 1/MIN
NK 3= 19150 1/MIN
NK 4= 31858 1/MIN
NK 5= 42765 1/MIN
```

<u>Beispiel 4.8</u>: Für die Welle der Abb.4.13 sind die kritischen Drehzahlen
bei Vernachlässigung der Wellenmasse zu bestimmen.

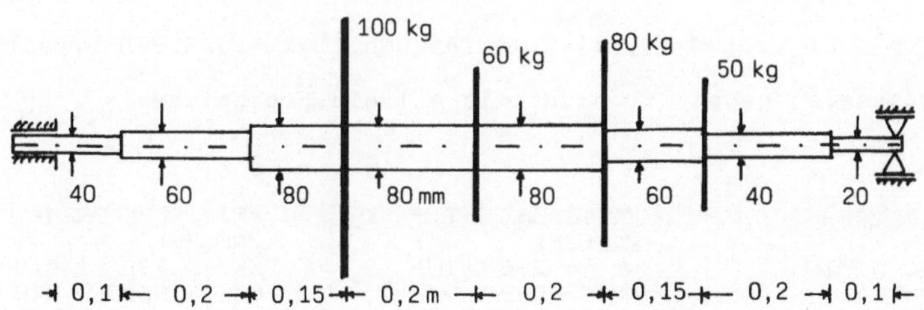

<u>Abb.4.13</u>: Links eingespannte und rechts gelenkig gelagerte Welle

Mit $I_o=10$ cm^4 berechnen wir

$$EI_o=21 \text{ kN m}^2, \quad I_1/I_o=I_7/I_o=1,257, \quad I_2/I_o=I_6/I_o=6,362,$$

$$I_3/I_o=I_4/I_o=I_5/I_o=20,106, \quad I_8/I_o=0,0785$$

und erhalten die folgenden Ergebnisse:

```
DX 1= 0.1          CWL= 1E 20              KRITISCHE DREH-
DX 2= 0.2          CDL= 1E 20              ZAHLEN:
DX 3= 0.15         CWR= 1E 20              NK 1= 1241 1/MIN
M 1= 100           CDR= 0                  NK 2= 5438 1/MIN
                                           NK 3= 17372 1/MIN
DX 4= 0.2          E*IO= 21                NK 4= 36885 1/MIN
M 2= 60            I 1/IO= 1.257
                   I 2/IO= 6.362
DX 5= 0.2          I 3/IO= 20.106
M 3= 80            I 4/IO= 20.106
                   I 5/IO= 20.106
DX 6= 0.15         I 6/IO= 6.362
M 4= 50            I 7/IO= 1.257
                   I 8/IO= 0.0785
DX 7= 0.2
DX 8= 0.1
```

<u>Beispiel 4.9</u>: Für die Welle der Abb. 4.14 sind die kritischen Drehzahlen
ohne Berücksichtigung der Wellenmasse zu bestimmen für die Lagerungsfälle

      a) wegelastische Lagerung mit $c_{wl}=800$ kN/m und $c_{wr}=600$ kN/m,

      b) beidseitige starre gelenkige Lagerung,

      c) beidseitige feste Einspannung.

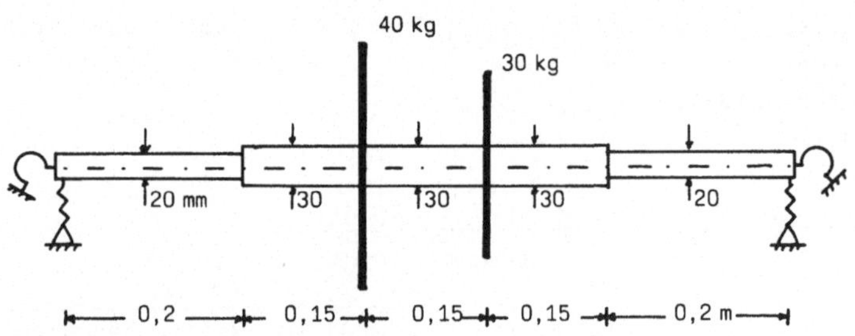

<u>Abb.4.14</u>: Elastisch gelagerte Welle

Mit $I_o= 1$ cm^4, $EI_o=2,1$ kN m^2, $k_1=k_5=0,785$ und $k_2=k_3=k_4=3,976$ erhalten wir
(die Eingabedaten geben wir nicht mit an) die Ergebnisse:

   <u>a)</u>   <u>b)</u>   <u>c)</u>

```
KRITISCHE DREH-      KRITISCHE DREH-      KRITISCHE DREH-
ZAHLEN:              ZAHLEN:              ZAHLEN:
NK 1= 684 1/MIN      NK 1= 796 1/MIN      NK 1= 1387 1/MIN
NK 2= 4203 1/MIN     NK 2= 5031 1/MIN     NK 2= 6523 1/MIN
```

<u>Beispiel 4.10</u>: Für die fliegend gelagerte Welle der Abb.4.15 sind die ersten kritischen Drehzahlen durch Unterteilung der Welle in 2, 4, 6 Teilintervalle zu bestimmen.

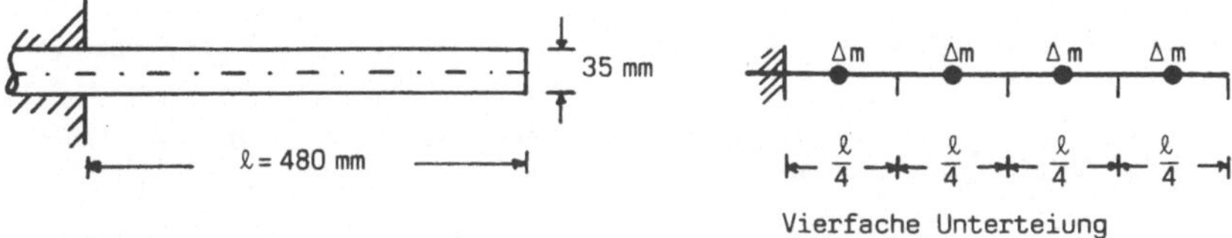

<u>Abb.4.15</u>: Fliegend gelagerte Welle

Die Gesamtmasse der Welle beträgt

$$m = \rho \frac{\pi}{4} d^2 \ell = 7,85 \cdot 10^{-3} \frac{\pi}{4} 3,5^2 \cdot 48 = 3,625 \text{ kg},$$

also bei 2, 4, 6-facher Unterteilung

$$\Delta m = 1,813 \text{ kg}, \quad \Delta m = 0,906 \text{ kg}, \quad \Delta m = 0,604 \text{ kg}.$$

Mit der konstanten Biegesteifigkeit

$$EI = 21\ 000 \frac{\pi}{64} 3,5^4 \text{ kN cm}^2 = 15,47 \text{ kN m}^2$$

erhalten wir die Ergebnisse

```
DX 1= 0.12              KRITISCHE DREH-          KRITISCHE DREH-
M  1= 1.813             ZAHLEN:                  ZAHLEN:
                        NK 1= 6692 1/MIN         NK 1= 6639 1/MIN
DX 2= 0.24              NK 2= 43493 1/MIN        NK 2= 42271 1/MIN
M  2= 1.813             NK 3= 124416 1/MIN       NK 3= 119896 1/MIN
                        NK 4= 264498 1/MIN       NK 4= 236207 1/MIN
DX 3= 0                                          NK 5= 378406 1/MIN
                                                 NK 6= 598182 1/MIN
CWL= 1E 20
CDL= 1E 20
CWR= 0
CDR= 0

E*IO= 15.47

KRITISCHE DREH-
ZAHLEN:
NK 1= 6996 1/MIN
NK 2= 58221 1/MIN
```

Bei kontinuierlicher Massenverteilung betragen die mathematisch exakten Ergebnisse für die ersten vier Drehzahlen

$$n_{K1} = 6595, \quad n_{K2} = 41\ 330, \quad n_{K3} = 115\ 740, \quad n_{K4} = 226\ 810\ \frac{1}{\text{min}}.$$

Der Fehler für die obigen Unterteilungen beträgt für die erste kritische Drehzahl

$$6,1\%, \quad 1,5\%, \quad 0,66\%.$$

Literaturverzeichnis

[1] Betonkalender. Ernst & Sohn, Berlin 1983

[2] Biezeno, C.B./ Grammel, R.: Technische Dynamik. Springer, Berlin
    1939

[3] Collatz, L.: Eigenwertaufgaben mit technischen Anwendungen. Akade-
    mische Verlagsgesellschaft, Leipzig 1963

[4] Collatz, L.: Numerische Behandlung von Differentialgleichungen.
    Springer, Berlin/Göttingen/Heidelberg 1955

[5] Dankert, J.: Numerische Methoden der Mechanik. Springer, Wien/ New
    York 1977

[6] Dimitrov, N.S./ Hoyer, H.F./ Raff, B.: Berechnungen in der Tragwerks-
    lehre mit programmierbaren Taschenrechnern. Oldenbourg, München/
    Wien 1980

[7] Dreyer, H.J.: Leichtbaustatik. Teubner, Stuttgart 1982

[8] Falter, B.: Statikprogramme für Taschen- und Tischrechner, Teil 1
    und Teil 2. Werner, Düsseldorf 1984

[9] Gloistehn, H.H.: Numerische Methoden bei Integralen und gewöhnli-
    chen Differentialgleichungen für programmierbare Taschenrechner.
    Vieweg, Braunschweig/Wiesbaden 1982

[10] Holzmann, G./ Meyer, H./ Schumpich, G.: Technische Mechanik, Teil 2
     und Teil 3. Teubner, Stuttgart 1983

[11] Kersten, R.: Das Reduktionsverfahren der Baustatik. Springer, Ber-
     lin/Heidelberg/New York 1982

[12] Lawo, M./ Thierauf, G.: Stabtragwerke, Matrizenmethoden der Statik
     und Dynamik, Teil 1. Vieweg, Braunschweig/Wiesbaden 1980

[13] Lohse, G.: Knicken und Spannungsberechnung nach Theorie II. Ordnung.
     Werner, Düsseldorf 1979

[14] Lohse, G.: Stabilitätsberechnungen im Stahlbetonbau. Werner, Düssel-
     dorf 1978

[15] Lehmann, Th.: Elemente der Mechanik IV. Vieweg, Braunschweig/Wies-
     baden 1979

[16] Pestel, E./ Wittenburg, J.: Technische Mechanik, Band 2. Wissen-
     schaftsverlag, Mannheim/Wien/Zürich 1981

[17] Petersen, Ch.: Statik und Stabilität der Baukonstruktionen. Vieweg,
     Braunschweig/Wiesbaden 1980

[18] Pflüger, A.: Stabilitätsprobleme der Elastostatik. Springer, Berlin/
     Heidelberg/New York 1975

[19] Schuller, R.: Spannungs- und Stabilitätsberechnung von Rahmentrag-
     werken. Ernst & Sohn, Berlin/München/Düsseldorf 1974

[20] Stein, P.: Die Lösung der linearen gewöhnlichen Differentialglei-
     chungen und simultaner Systeme mit Hilfe der Stabstatik. Springer,
     Wien/New York 1969

[21] Szabo, I.: Höhere Technische Mechanik. Springer, Berlin/Heidelberg/
     New York 1977

[22] Szillard, R.: Finite Berechnungsmethoden der Strukturmechanik.
     Ernst & Sohn, Berlin/München 1982

[23] Szillard, R./ Hartmann, F./ Ziesing, D.: Finite Tragwerksanalyse mit
     dem Taschenrechner TI-59. Ernst & Sohn, Berlin 1983

[24] Wagner, W./ Erlhof, G.: Praktische Baustatik, Teil 2 und Teil 3.
     Teubner, Stuttgart 1983 und 1984

[25] Uhrig, R.: Elastostatik und Elastokinetik in Matrizenschreibweise.
     Springer, Berlin/Heidelberg/New York 1973

[26] Waller, H./ Krings, W.: Matrizenmethoden in der Maschinen- und Bau-
     werksdynamik. Wissenschaftsverlag, Mannheim/Wien/Zürich 1975

[27] Ziegler, G.: Maschinendynamik. Hanser, München/Wien 1977

[28] Ziesing, D.: Berechnung von Dach- und Hallentragwerken mit dem TI-59.
     Oldenbourg, München/Wien 1982

[29] Zurmühl, R.: Praktische Mathematik für Ingenieure und Physiker.
     Springer, Berlin/Heidelberg/New York 1965

[30] Zurmühl, R.: Matrizen und ihre technischen Anwendungen. Springer,
     Berlin/Heidelberg/New York 1984

Sachverzeichnis

Teubner Studienbücher Fortsetzung

Mathematik Fortsetzung

Jeggle: **Nichtlineare Funktionalanalysis.** DM 26,80

Kall: **Analysis für Ökonomen.** DM 28,80 (LAMM)

Kall: **Lineare Algebra für Ökonomen.** DM 24,80 (LAMM)

Kall: **Mathematische Methoden des Operations Research.** DM 25,80 (LAMM)

Kohlas: **Stochastische Methoden des Operations Research.** DM 25,80 (LAMM)

Krabs: **Optimierung und Approximation.** DM 26,80

Lehn/Wegmann: **Einführung in die Statistik.** DM 24,80

Müller: **Darstellungstheorie von endlichen Gruppen.** DM 24,80

Rauhut/Schmitz/Zachow: **Spieltheorie.** DM 32,— (LAMM)

Schwarz: **FORTRAN-Programme zur Methode der finiten Elemente.** DM 24,80

Schwarz: **Methode der finiten Elemente.** 2. Aufl. DM 38,— (LAMM)

Stiefel: **Einführung in die numerische Mathematik.** 5. Aufl. DM 32,— (LAMM)

Stiefel/Fässler: **Gruppentheoretische Methoden und ihre Anwendung.** DM 29,80 (LAMM)

Stummel/Hainer: **Praktische Mathematik.** 2. Aufl. DM 36,—

Topsøe: **Informationstheorie.** DM 16,80

Uhlmann: **Statistische Qualitätskontrolle.** 2. Aufl. DM 38,— (LAMM)

Velte: **Direkte Methoden der Variationsrechnung.** DM 26,80 (LAMM)

Vogt: **Grundkurs Mathematik für Biologen.** DM 21,80

Walter: **Biomathematik für Mediziner.** 2. Aufl. DM 23,80

Winkler: **Vorlesungen zur Mathematischen Statistik.** DM 26,80

Witting: **Mathematische Statistik.** 3. Aufl. DM 26,80 (LAMM)

Preisänderungen vorbehalten